# 可编程序控制器技术与应用

## （三菱）

主　编　任小平

副主编　陈　莉　齐　兵

参　编　胡智波　汪聿岚

　　　　刘　铭　段　宏

中国建材工业出版社

**图书在版编目(CIP)数据**

可编程序控制器技术与应用:三菱/任小平主编. —
北京:中国建材工业出版社,2014.6
ISBN 978 - 7 - 5160 - 0812 - 6

Ⅰ.①可… Ⅱ.①任… Ⅲ.①可编程序控制器—职业
教育—教材 Ⅳ.①TM571.6

中国版本图书馆 CIP 数据核字(2014)第 085663 号

## 内 容 简 介

本书以三菱 FX2N 系列 PLC 为典型机型,主要内容包括认识可编程序控制器、可编程序
控制器的组成与工作原理、学习可编程序控制器的基础知识、学习可编程序控制器的基本指
令应用、学习可编程序控制器的步进指令、学习可编程序控制器的功能指令、PLC 系统综合
设计练习七个项目。以任务驱动的形式组织理论和实践内容,以项目为基本单位,在项目中
把所需的理论与实践知识进行有机地结合。本书在编写过程中力求体现"知识够用、技能实
用"的思想,突出了"做中学、做中教、教学做合一"的职业教育特色,打破理论课、实验课和实
训课的界限,将课程的理论教学、生产、技术服务融为一体。

本书适合作为中、高等职业类院校机电技术应用、电气运行与控制、电子技术应用等专业
的教材,也可作为相关技术人员的参考用书。

本书有配套课件,读者可登录我社网站免费下载。

**可编程序控制器技术与应用(三菱)**
主 编 任小平
副主编 陈 莉 齐 兵
参 编 胡智波 汪聿岚 刘 铭 段 宏
出版发行：中国建材工业出版社
地 址：北京市西城区车公庄大街 6 号
邮 编：100044
经 销：全国各地新华书店
印 刷：北京雁林吉兆印刷有限公司
开 本：787mm×1092mm 1/16
印 张：16
字 数：396 千字
版 次：2014 年 6 月第 1 版
印 次：2014 年 6 月第 1 次
定 价：39.80 元

本社网址：www.jccbs.com.cn 微信公众号：zgjcgycbs
本书如出现印装质量问题,由我社发行部负责调换。联系电话：(010)88386906

# 前　言

为贯彻《国务院关于大力发展职业教育的决定》(国发[2005]35号)精神,落实《教育部关于进一步深化中等职业教育教学改革的若干意见》(教职成[2008]8号)关于"加强中等职业教育教材建设,保证教学资源基本质量"的要求,根据社会需要,不断更新教学内容,改进教学方法,以服务为宗旨,以就业为导向,大力推进精品专业、精品课程和教材建设,参照相关的最新国家职业技能标准和行业职业技能鉴定规范中有关要求编写了《可编程序控制器技术与应用(三菱)》这本教材。

本书以三菱FX2N系列PLC为典型机型,主要内容包括认识可编程序控制器、可编程序控制器的组成与工作原理、学习可编程序控制器的基础知识、学习可编程序控制器的基本指令应用、学习可编程序控制器的步进指令、学习可编程序控制器的功能指令、PLC系统综合设计练习七个项目。以任务驱动的形式组织理论和实践内容,以项目为基本单位,在项目中把所需的理论与实践知识进行有机地结合。本书在编写过程中力求体现"知识够用、技能实用"的思想,突出了"做中学、做中教、教学做合一"的职业教育特色。打破理论课、实验课和实训课的界限,将课程的理论教学、生产、技术服务融为一体,教学环节相对集中,教学场所可直接安排在实验室或实训车间来完成某个教学目标和教学任务。学生通过该课程的理论学习和技能实训练习,使学生具备从事本专业职业工种必需的电工通用技术基本知识、基本方法和基本技能,为学生学习后续课程,提高全面素质,形成综合职业能力打下基础。本教材具有以下特点:

(1)坚持以能力为本位,重视实践能力的培养,突出职业技术教育特色。

(2)以项目为基本单位,在项目中把所需的理论与实践知识进行有机地结合,由浅入深,通俗易懂。

(3)引导学生学会应用所学知识解决一些实际问题,使学生具有一定的解决实际问题的感知认识和经验。

(4)培养团结合作、相互交流、相互学习、勇于探讨的学习风气。

本书适合作为中、高等职业类院校机电技术应用、电气运行与控制、电子技术应用等专业的教材,也可作为相关技术人员的参考用书。总教学时数为 90 学时,各部分内容的课时分配建议如下:

| 序号 | 项目内容 | 任务内容 | 课时分配 | 建议 |
|---|---|---|---|---|
| 1 | 项目一　认识可编程序控制器 | 任务1　了解可编程序控制器的产生与发展趋势 | 1 | |
| 2 | | 任务2　了解可编程序控制器的特点与应用 | 1 | |
| 3 | | 任务3　了解可编程序控制器的分类 | 1 | |
| 4 | | 任务4　了解可编程序控制器的性能指标 | 1 | |
| 5 | | 任务5　可编程序控制器与继电器-接触器控制系统的比较 | 1 | |
| 6 | 项目二　可编程序控制器的组成与工作原理 | 任务1　了解可编程序控制器的基本结构及各部分作用 | 1 | |
| 7 | | 任务2　了解可编程序控制器的工作原理 | 2 | |
| 8 | | 任务3　了解三菱可编程序控制器的型号规格 | 2 | |
| 9 | | 任务4　了解可编程序控制器的维护和故障诊断 | 2 | |
| 10 | 项目三　学习可编程序控制器的基础知识 | 任务1　学习可编程序控制器的编程语言及规则 | 2 | |
| 11 | | 任务2　学习三菱可编程序控制器内部软元件资源 | 4 | |
| 12 | | 任务3　FX-20P-E手持编程器的使用 | 2 | |
| 13 | | 任务4　GX Developer编程软件及在线仿真 | 2 | |
| 14 | 项目四　学习可编程序控制器的基本指令应用 | 任务1　电动机单向点动运行PLC控制 | 4 | 在技能教室、实训室组织教学,做中学、做中教、教学做合一 |
| 15 | | 任务2　电动机单向连续运行PLC控制 | 4 | |
| 16 | | 任务3　电动机正、反转运行PLC控制 | 4 | |
| 17 | | 任务4　电动机Ｙ/△降压启动PLC控制 | 4 | |
| 18 | | 任务5　交通灯控制系统 | 4 | |
| 19 | 项目五　学习可编程序控制器的步进指令 | 任务1　三台电动机顺序控制 | 4 | |
| 20 | | 任务2　电镀生产线控制 | 4 | |
| 21 | | 任务3　邮件分拣控制 | 4 | |
| 22 | | 任务4　装配流水线控制 | 4 | |
| 23 | 项目六　学习可编程序控制器的功能指令 | 任务1　音乐喷泉控制 | 4 | |
| 24 | | 任务2　彩灯循环控制 | 4 | |
| 25 | | 任务3　自动售货机 | 4 | |
| 26 | | 任务4　自控轧钢机 | 4 | |
| 27 | 项目七　PLC系统综合设计练习 | 任务1　抢答器控制 | 4 | |
| 28 | | 任务2　三层电梯控制 | 4 | |
| 29 | | 任务3　四节传送带控制 | 4 | |
| 30 | | 任务4　机械手的自动控制 | 4 | |
| | | 合　计 | 90 | |

本书由安徽省当涂县职业教育中心任小平担任主编,安徽工程技术学校陈莉、安徽省淮南市职业教育中心齐兵担任副主编。本书所有参编人员均为具有丰富教学经验的一线"双师型"教师,其中安徽省当涂县职业教育中心汪聿岚编写项目一和项目三;安徽省淮南市职业教育中心齐兵、刘铭和段宏编写项目二;安徽省当涂县职业教育中心任小平编写项目四;安徽工程技术学校陈莉编写项目五;安徽工程技术学校胡智波编写项目六和项目七。全书由任小平统稿,作了很多重要的修改与补充。在本书编写的过程中,得到安徽省当涂县职业教育中心、安徽工程技术学校和安徽省淮南市职业教育中心的大力支持,在此一并表示感谢。

　　由于编者水平有限,加上时间仓促,书中疏漏之处在所难免,恳请使用本书的老师和同学批评指正。

编　者

2014 年 5 月

# 目  录

项目一  认识可编程序控制器 ………………………………………………………… 1

  任务 1  了解可编程序控制器的产生与发展趋势 ……………………………… 1

  任务 2  了解可编程序控制器的特点与应用 …………………………………… 4

  任务 3  了解可编程序控制器的分类 …………………………………………… 8

  任务 4  了解可编程序控制器的性能指标 ……………………………………… 12

  任务 5  可编程序控制器与继电器-接触器控制系统的比较 ………………… 16

项目二  可编程序控制器的组成与工作原理 ……………………………………… 19

  任务 1  了解可编程序控制器的基本结构及各部分作用 ……………………… 19

  任务 2  了解可编程序控制器的工作原理 ……………………………………… 24

  任务 3  了解三菱可编程序控制器的型号规格 ………………………………… 28

  任务 4  了解可编程序控制器的维护和故障诊断 ……………………………… 31

项目三  学习可编程序控制器的基础知识 ………………………………………… 39

  任务 1  学习可编程序控制器的编程语言及规则 ……………………………… 39

  任务 2  学习三菱可编程序控制器内部软元件资源 …………………………… 43

  任务 3  FX-20P-E 手持编程器的使用 ……………………………………… 50

  任务 4  GX Developer 编程软件及在线仿真 ………………………………… 63

项目四  学习可编程序控制器的基本指令应用 …………………………………… 74

  任务 1  电动机单向点动运行 PLC 控制 ……………………………………… 74

  任务 2  电动机单向连续运行 PLC 控制 ……………………………………… 81

  任务 3  电动机正、反转运行 PLC 控制 ……………………………………… 93

  任务 4  电动机丫/△降压启动 PLC 控制 …………………………………… 104

  任务 5  交通灯控制系统 ………………………………………………………… 115

项目五  学习可编程序控制器的步进指令 ………………………………………… 126

  任务 1  三台电动机顺序控制 …………………………………………………… 126

  任务 2  电镀生产线控制 ………………………………………………………… 138

  任务 3  邮件分拣控制 …………………………………………………………… 149

  任务 4  装配流水线控制 ………………………………………………………… 162

**项目六　学习可编程序控制器的功能指令** ································ 174

　　任务 1　音乐喷泉控制 ·········································· 174

　　任务 2　彩灯循环控制 ·········································· 184

　　任务 3　自动售货机 ············································ 193

　　任务 4　自控轧钢机 ············································ 204

**项目七　PLC 系统综合设计练习** ··································· 215

　　任务 1　抢答器控制 ············································ 215

　　任务 2　三层电梯控制 ·········································· 222

　　任务 3　四节传送带控制 ········································ 233

　　任务 4　机械手的自动控制 ······································ 239

**附录　三菱 PLC 功能指令表** ······································ 244

**参考文献** ······················································ 247

# 项目一　认识可编程序控制器

可编程逻辑控制器,英文全称 Programmable Logic Controller ,简称 PLC。它是在电器控制技术和计算机技术的基础上开发出来的,并逐渐发展成为以微处理器为核心,将自动化技术、计算机技术、通信技术融为一体的新型工业控制装置。可编程控制器是一种数字运算操作的电子系统,专为在工业环境下应用而设计,广泛应用于工业控制的各个领域,是现代工业自动化三大支柱(PLC、机器人、CAD/CAM)之首,大大推进了机电一体化进程。

本项目主要以五个任务为载体,来初步认识可编程序控制器。

## 任务 1　了解可编程序控制器的产生与发展趋势

### 任务目标

1. 了解可编程控制器的产生及概念;
2. 了解可编程序控制器的发展趋势。

### 任务描述

20 世纪 60 年代末,现代制造业为适应市场需求、提高竞争力,生产出小批量、多品种、多规格、低成本、高质量的产品,要求生产设备的控制系统必须具备更灵活、更可靠、功能更齐全、响应速度更快的特点。随着微处理技术、计算机技术、现代通信技术的飞速发展,可编程序控制器应运而生。1969 年第一台可编程序控制器的出现给自动化控制带来了一场革命。本任务主要了解可编程序控制器的产生与发展趋势。

### 任务过程

### 一、可编程序控制器的产生与定义

**1. 可编程序控制器的产生**

早期的开关量和模拟量控制主要通过接触器、继电器或分立元件的电子线路来实现,它取代了手动控制方式,并成为工业控制的主流。这就是最早的自动控制,并为日后各种控制设备的产生奠定了基础。

20 世纪 60 年代,由于小型计算机的出现和大规模生产及多机群控的发展,人们曾试图用小型计算机来实现工业控制,代替传统的继电器-接触器控制。但采用小型计算机实现工业控制价格昂贵,输入、输出电路不匹配,编程技术复杂,因而没能得到推广和应用。

1968 年,美国通用汽车公司(GM)要求制造商为其装配线提供一种新型的通用程序控

制器,并提出了招标开发研制新型顺序逻辑控制装置的十条要求,即有名的十条招标指标:

① 编程简单,可在现场修改程序。

② 维护方便,最好是插件式。

③ 可靠性高于继电器控制柜。

④ 体积小于继电器控制柜。

⑤ 可将数据直接送入管理计算机。

⑥ 在成本上可与继电器控制柜竞争。

⑦ 输入可以是交流 115V(注:美国电网电压为 110V)。

⑧ 输出为交流 115V、2A 以上,能直接驱动电磁阀。

⑨ 具有灵活的扩展能力,在扩展时,原系统只需很小变更。

⑩ 用户程序至少能扩展到 4K(根据当时的汽车装配过程的要求提出的)。

根据招标的技术要求,1969 年,美国数字设备公司(DEC)研制出了世界上第一台 PLC,并在通用汽车公司自动装配线上试用成功。这种新型的工控装置,以其体积小、可变性好、可靠性高、使用寿命长、简单易懂、操作维护方便等一系列优点,很快就在美国的许多行业里得到推广应用,也受到了世界上许多国家的高度重视。

1971 年,日本从美国引进了这项新技术,很快研制出了他们的第一台 PLC。1973 年,西欧国家也研制出他们的第一台 PLC。我国从 1974 年开始研制,到 1977 年开始应用于工业控制领域。如今,可编程序控制器已经实现了国产化,并大量应用在各种自动化设备中。

2. 可编程序控制器的定义

20 世纪 70 年代末至 80 年代初期,微处理器日趋成熟,使 PLC 的处理速度大大提高,增加了许多功能。在软件方面,除了保持原有的逻辑运算、计时、计数等功能以外,还增加了算术运算、数据处理、网络通信、自诊断等功能。在硬件方面,除了保持原有的开关模块以外,还增加了模拟量模块、远程 I/O 模块、各种特殊功能模块,并扩大了存储器的容量,而且还提供一定数量的数据寄存器。为此,美国电气制造协会将可编程序逻辑控制器,正式命名为可编程序控制器(Programmable Controller),简称 PC。但为了与个人计算机(Personal Computer)的简称 PC 相区别,故人们仍习惯地用 PLC 作为可编程序控制器的简称。

由于可编程序控制器一直在发展变化中,到目前为止,尚未对其下最后定义。1987 年 2 月,国际电工委员会(IEC)颁布了可编程序控制器标准草案第三稿,其中对可编程序控制器定义如下:"可编程序控制器是一个以微处理器为核心的数字运算操作的电子系统装置,专为在工业现场应用而设计,它采用可编程序的存储器,用以在其内部存储执行逻辑运算、顺序控制、定时、计数和算术运算等操作指令,并通过数字式或模拟式的输入、输出接口,控制各种类型的机械或生产过程。可编程序控制器及其有关外围设备,都应按易于与工业系统联成一个整体,易于扩充其功能的原则设计。"

**二、可编程序控制器的发展趋势**

随着计算机和微电子技术的发展,PLC 技术已逐渐走向成熟。经过了近 46 年的发展,应用领域日益扩大,PLC 技术及其产品结构都在不断改进,功能日益强大,性价比越来越高。日渐成为很多国家的重要产业,PLC 在国际市场已成为最受欢迎的工业控制产品。PLC 的发展趋势主要表现在以下几个方面。

**1. 在产品规模方面向两极发展**

一方面,大力发展速度更快、性价比更高的小型和超小型PLC,以适应单机及小型自动控制的需要。另一方面,向高速度、大容量、技术完善的大型PLC方向发展。随着复杂系统控制的要求越来越高和微处理器与计算机技术的不断发展,人们对PLC的信息处理速度要求也越来越高,要求用户存储器容量也越来越大。

**2. 向通信网络化发展**

PLC网络控制是当前控制系统和PLC技术发展的潮流。PLC与PLC之间的联网通信、PLC与上位计算机的联网通信已得到广泛应用。目前,PLC制造商都在发展自己专用的通信模块和通信软件以加强PLC的联网能力。各PLC制造商之间也在协商指定通用的通信标准,以构成更大的网络系统。PLC已成为集散控制系统(DCS)不可缺少的组成部分。

**3. 向模块化、智能化发展**

为满足工业自动化各种控制系统的需要,近年来,PLC厂家先后开发了不少新器件和模块,如智能I/O模块、温度控制模块和专门用于检测PLC外部故障的专用智能模块等,这些模块的开发和应用不仅增强了功能,扩展了PLC的应用范围,还提高了系统的可靠性。

**4. 向编程语言多样化、标准化发展**

在PLC系统结构不断发展的同时,PLC的编程语言也越来越丰富,功能也不断提高。除了大多数PLC使用的梯形图语言外,为了适应各种控制要求,出现了面向顺序控制的步进编程语言、面向过程控制的流程图语言、与计算机兼容的高级语言(BASIC、C语言)等。多种编程语言的并存、互补与发展是PLC进步的一种趋势。PLC厂家在使硬件及编程工具换代频繁、丰富多样、功能提高的同时,日益向MAP(制造自动化协议)靠拢,使PLC的基本部件,包括输入/输出模块、通信协议、编程语言和编程工具等方面的技术规范化和标准化。

练一练

1. 选择题

(1) PLC的中文含义是(　　　)。

A. 个人计算机　　　　　B. 可编程序控制器　　C. 继电控制器　　　　D. 工控机

(2) PLC是在(　　　)控制系统基础上发展起来的。

A. 继电控制系统　　　　B. 单片机　　　　　　C. 工业电脑　　　　　D. 机器人

(3) 可编程序控制器是一种专门在(　　　)环境下应用而设计的数字运算操作的电子装置。

A. 工业　　　　　　　　B. 军事　　　　　　　C. 商业　　　　　　　D. 农业

(4) (　　　)年我国开始研制可编程序逻辑控制器。

A. 1969　　　　　　　　B. 1971　　　　　　　C. 1974　　　　　　　D. 1977

(5) 世界上第一台PLC生产于(　　　)。

A. 1968年德国　　　　　B. 1967年日本　　　　C. 1969年美国　　　　D. 1970年法国

(6) 现代工业自动化的三大支柱是(　　　)。

A. PLC　　　　　　　　B. 机器人　　　　　　C. CAD/CAM　　　　　D. 继电控制系统

(7) PLC除了用逻辑控制功能外,现代的PLC还增加了(　　　)。

A. 运算功能　　　　　B. 数据传送功能　　　C. 数据处理功能　　D. 通信功能

2. 判断题

(1) (　　)PLC可完成逻辑运算、顺序控制、定时、计算和算术操作。

(2) (　　)可编程序控制器是一种数字运算操作的电子系统,专为在工业环境下应用而设计,它采用可编程序的存储器。

(3) (　　)可编程序控制器只具有数字量或模拟量输入输出控制的能力。

3. 简答题

(1) 1968年,美国通用公司公开招标提出的十项PLC指标是什么?

(2) 什么是可编程序控制器?

(3) 简述可编程序控制器的发展趋势。

# 任务2　了解可编程序控制器的特点与应用

**任务目标**

1. 了解可编程序控制器的特点;

2. 了解三菱公司FX2N系列PLC特点;

3. 了解可编程序控制器的应用领域。

**任务描述**

作为通用工业控制计算机,40多年来,可编程序控制器从无到有,实现了工业控制领域接线逻辑到存储逻辑的飞跃;其功能从弱到强,实现了逻辑控制到数字控制的进步;其应用领域从小到大,实现了单体设备简单控制到胜任运动控制、过程控制及集散控制等各种任务的跨越。本任务主要了解可编程序控制器的特点与应用。

**任务过程**

学一学

**一、可编程序控制器的特点**

1. 可靠性高,抗干扰能力强

这往往是用户选择控制装置的首要条件。高可靠性是电气控制设备的关键性能。PLC由于采用现代大规模集成电路技术,采用严格的生产工艺制造,内部电路采取了先进的抗干扰技术,具有很高的可靠性。可编程序控制器生产厂家在硬件方面和软件方面上采取了一系列抗干扰措施,使它可以直接安装于工业现场而稳定可靠地工作。

2. 通用性强,控制程序可变,使用方便

PLC品种齐全的各种硬件装置,可以组成能满足各种要求的控制系统,用户不必自己再设计和制作硬件装置。用户在硬件确定以后,在生产工艺流程改变或生产设备更新的情况下,不必改变PLC的硬设备,只需改编程序就可以满足要求。因此,PLC除应用于单机控制外,在工厂自动化中也被大量采用。

**3. 功能完善,适应面广,性价比高**

可编程控制器除基本的逻辑控制、定时、计数、算术运算等功能外,还具有数字和模拟量的输入输出、功率驱动、通信、人机对话、自检、记录显示等功能,可编程控制器既可以控制一台生产机械、一条生产线,又可以控制一个生产过程。

另外,可编程控制器配合特殊功能模块还可以实现点位控制、PID运算、过程控制、数字控制等功能,为方便工厂管理又可与上位机通信,通过远程模块还可以控制远方设备。可以实现非常复杂的控制功能,与相同功能的继电器控制系统相比,具有很高的性价比。

**4. 编程简单,容易掌握**

目前,大多数PLC仍采用继电控制形式的"梯形图编程方式"。既继承了传统控制线路的清晰直观,又考虑到大多数工厂企业电气技术人员的读图习惯及编程水平,所以非常容易接受和掌握。梯形图语言的编程元件的符号和表达方式与继电器控制电路原理图相当接近。通过阅读PLC的用户手册或短期培训,电气技术人员和技术工很快就能学会用梯形图编制控制程序。近年来又发展了面向对象的顺控流程图语言,也称功能图,使编程更简单方便。

**5. 减少了控制系统的设计及施工的工作量与调试工作量**

可编程序控制器中含有大量的相当于中间继电器、时间继电器、计数器等器件的"软元件"。由于PLC采用了软件来取代继电器控制系统中大量的中间继电器、时间继电器、计数器等器件,控制柜的设计安装接线工作量大为减少。并且设计人员只要有可编程序控制器就可以进行控制系统设计并可在实验室进行模拟调试,更减少了现场的调试工作量。

**6. 维修简单,维护方便,容易改造**

可编程序控制器用存储逻辑代替接线逻辑,大大减少了控制设备外部的接线,使控制系统设计及建造的周期大为缩短,同时维护也变得容易起来。而且可编程序控制器有完善的自诊断、履历情报存储及监视功能。可编程序控制器对于其内部工作状态、通信状态、异常状态和I/O点的状态均有显示。工作人员通过它可以查出故障原因,便于迅速处理。更重要的是,使同一设备经过改变程序改变生产过程成为可能,这很适合多品种、小批量的生产场合。

**7. 体积小,重量轻,能耗低**

可编程序控制器是集成电路为基本元件所组成的电子设备,是将微电子技术应用于工业设备的产品,其结构紧凑、坚固、体积小、重量轻、功耗低。并且由于可编程序控制器的强抗干扰能力,易于装入设备内部,是实现机电一体化的理想控制设备。

本书以三菱电机公司的FX2N系列小型PLC为主要讲授对象,下面重点介绍一下FX2N系列PLC。FX2N系列是小型化、高速度、高性能和所有方面都是相当于FX系列中最高档次的超小型程序装置。除输入输出16～256点的独立用途外,还可以适用于多个基本组件间的连接、模拟控制、定位控制等特殊用途,是一套可以满足多样化广泛需要的PLC。其特点为:

① 系统配置既固定又灵活。可进行16～256点的灵活输入输出组合。可连接扩展模块,包括FXON系列扩展模块。

② 编程简单、指令丰富。功能指令种类多,有高速处理指令、便利指令、数据处理、特殊用途指令等。

③ 品种丰富。可选用16/32/48/64/80/128点的主机,可以采用最小8点的扩展模块进

行扩展。也可根据电源及输出形式，自由选择。

④ 高性能内置程序容量8000步，最大可扩充至16K步，可输入注释，还有丰富的软组件。

⑤ 高速运算。1个指令运行时间，基本指令只需$0.08\mu s$，应用指令在$1.52\mu s$至几百微秒之间。

⑥ 多种特殊用途。FX2N系列中，1台基本单元最多可连接8台扩展模块或特殊功能模块，连接上相关的特殊功能模块后，可应用在模拟控制、定位控制等特殊场合。

⑦ 外部机器通信简单化。一台FX2N主机可安装一个机能扩充板，使用FX2N-485-BD及FXON-485ADP的FX2N系列间，可作简易PLC通信连接。

⑧ 共同的外部设备。可以共享FX系列的外部设备，如便携式简易编程器FX-10P-E、FX-20P-E（需使用FX-20P-CAB0作连接线）。用SC-09电缆线与微机连接，可使用FX-PCS/WIN编程软件与GX Developer编程软件。

**二、PLC的应用领域**

PLC是以自动控制技术、微计算机技术和通信技术为基础发展起来的新一代工业控制装置，随着微处理器技术的发展，PLC得到了迅速发展，也在社会各领域的生产中得到了越来越多的应用。目前，PLC在国内外已广泛应用于钢铁、石油、化工、电力、建材、机械制造、汽车、轻纺、交通运输、环保及文化娱乐等各个行业。使用情况大致可归纳为如下几类。

1. 开关量的逻辑控制

这是PLC最基本、最广泛的应用领域，它取代传统的继电器电路，实现逻辑控制、顺序控制，既可用于单台设备的控制，也可用于多机群控及自动化流水线，如注塑机、印刷机、订书机械、组合机床、磨床、包装生产线、电镀流水线等。

2. 模拟量控制

在工业生产过程当中，有许多连续变化的量，如温度、压力、流量、液位和速度等都是模拟量。为了使可编程序控制器处理模拟量，必须实现模拟量（Analog）和数字量（Digital）之间的A/D转换及D/A转换。PLC厂家都生产配套的A/D和D/A转换模块，使可编程序控制器用于模拟量控制。

3. 运动控制

PLC可以用于圆周运动或直线运动的控制。从控制机构配置来说，早期直接用于开关量I/O模块连接位置传感器和执行机构，现在一般使用专用的运动控制模块。如可驱动步进电机或伺服电机的单轴或多轴位置控制模块。世界上各主要PLC厂家的产品几乎都有运动控制功能，广泛用于各种机械、机床、机器人、电梯等场合。

4. 过程控制

过程控制是指对温度、压力、流量等模拟量的闭环控制。作为工业控制计算机，PLC能编制各种各样的控制算法程序，完成闭环控制。PID调节是一般闭环控制系统中用得较多的调节方法。大中型PLC都有PID模块，目前许多小型PLC也具有此功能模块。PID处理一般是运行专用的PID子程序。过程控制在冶金、化工、热处理、锅炉控制等场合有非常广泛的应用。

5. 数据处理

现代PLC具有数学运算（含矩阵运算、函数运算、逻辑运算）、数据传送、数据转换、排序、查表、位操作等功能,可以完成数据的采集、分析及处理。这些数据可以与存储在存储器中的参考值比较,完成一定的控制操作,也可以利用通信功能传送到别的智能装置,或将它们打印制表。数据处理一般用于大型控制系统,如无人控制的柔性制造系统;也可用于过程控制系统,如造纸、冶金、食品工业中的一些大型控制系统。

6. 通信及联网

PLC 通信含 PLC 间的通信及 PLC 与其他智能设备间的通信。随着计算机控制的发展,工厂自动化网络发展得很快,各 PLC 厂商都十分重视 PLC 的通信功能,纷纷推出各自的网络系统。新近生产的 PLC 都具有通信接口,通信非常方便。

1. 选择题

(1) PLC 的主要特点是( )。

A. 可靠性高　　　　　　B. 编程方便　　　　　　C. 功能完善　　　　　　D. 环境要求低

(2) 可编程序控制体积小,重量轻,是( )特有的产品。

A. 机电一体化　　　　　B. 工业企业　　　　　　C. 生产控制过程　　　　D. 传统机械设备

(3) 可编程序控制器是( )为基本元件所组成的电子设备。

A. 输入继电器触头　　　　　　　　　　　　B. 输出继电器触头

C. 集成电路　　　　　　　　　　　　　　　D. 各种继电器触头

(4)( )场合不适应以开关量控制为主的 PLC 的应用。

A. LED 显示控制　　　　　　　　　　　　B. 电梯控制

C. 温度调节　　　　　　　　　　　　　　　D. 传送带启停控制

(5)( )控制是 PLC 最基本、最广泛的应用领域,它取代传统的继电器电路,实现逻辑控制、顺序控制。

A. 开关量的逻辑　　　　B. 模拟量　　　　　　　C. 运动　　　　　　　　D. 过程

(6) 通常工业现场的模拟量信号有( )。

A. 温度　　　　　　　　B. 压力　　　　　　　　C. 速度　　　　　　　　D. 流量

2. 判断题

(1)( )PLC 仅具有数字量和模拟量的输入/输出功能。

(2)( )为了提高 PLC 的抗干扰性,在软、硬件方面均采取了措施。

(3)( )由于 PLC 采用了软元件来取代继电器控制系统中大量的中间继电器、时间继电器、计数器等器件,控制柜的设计安装接线工作量大大减少。

3. 简答题

(1) 可编程序控制器的特点有哪些?

(2) 简述可编程序控制器的应用领域。

(3) PLC 的抗干扰主要措施有哪些?

(4) FX2N 系列 PLC 的特点有哪些?

# 任务3　了解可编程序控制器的分类

## 任务目标

1. 了解可编程序控制器的分类;
2. 了解可编程序控制器的主要生产厂家。

## 任务描述

目前,可编程序控制器的生产厂家众多,大约有200多家。产品型号、规格不可胜数,但主要分为欧、日、美三大块。在中国市场上欧洲的代表是西门子(SIEMENS),日本的代表是三菱(MITSUBISHI)和欧姆龙(OMRON),美国的代表是AB和通用(GE)。各大公司均推出自己的从微型到大型的系列化产品。令人遗憾的是,国产PLC始终没有突破性的发展,市场份额很小。本任务主要介绍可编程序控制器的分类以及可编程序控制器的主要生产厂家。

## 任务过程

### 一、按结构形式分类

根据PLC的结构形式,可将PLC分为整体式和模块式。

1. 整体式PLC

整体式又称单元式或箱体式,整体式PLC是将电源、CPU、I/O接口等部件都集中装在一个机箱内,具有结构紧凑、体积小、价格低的特点。微型和小型PLC一般采用这种整体式结构。如图1-1所示,FX2N系列PLC即为整体式。

整体式PLC由不同I/O点数的基本单元(又称主机)和扩展单元组成。基本单元内有CPU、I/O接口、与I/O扩展单元相连的扩展口,以及与编程器或EPROM写入器相连的接口等。扩展单元内只有I/O和电源等,没有CPU。基本单元和扩展单元之间一般用扁平电缆连接。整体式PLC一般还可配备特殊功能单元,如模拟量单元、位置控制单元等,使其功能得以扩展。

2. 模块式PLC

模块式PLC是将PLC各组成部分,分别分成若干个单独的模块,如CPU模块、I/O模块、电源模块(有的含在CPU模块中)以及各种功能模块。模块式PLC由框架或基板和各种模块组成,如图1-2所示。模块装在框架或基板的插座上。这种模块式PLC的特点是配置灵活,可根据需要选配不同规模的系统,而且装配方便,便于扩展和维修。大、中型PLC一般采用模块式结构。

还有一些PLC将整体式和模块式的特点结合起来,构成所谓叠装式PLC。

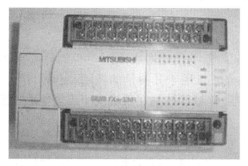

图 1-1　FX2N 系列 PLC

图 1-2　Q 系列 PLC

**温馨提示：**

　　整体式 PLC 每一个 I/O 点的平均价格比模块式的便宜，在小型控制系统中一般采用整体式结构。但是模块式 PLC 的硬件组态方便灵活，I/O 点数的多少、输入点数与输出点数的比例、I/O 模块的使用等方面的选择余地都比整体式 PLC 大得多，维修时更换模块、判断故障范围也很方便，因此较复杂的、要求较高的系统一般选用模块式 PLC。

### 二、按功能分类

根据 PLC 所具有的功能不同，可将 PLC 分为低档、中档、高档三类。

1. 低档 PLC

低档 PLC 具有逻辑运算、定时、计数、移位以及自诊断、监控等基本功能，还可有少量模拟量输入/输出、算术运算、数据传送和比较、通信等功能。主要用于逻辑控制、顺序控制或少量模拟量控制的单机控制系统。

2. 中档 PLC

中档 PLC 除具有低档 PLC 的功能外，还具有较强的模拟量输入/输出、算术运算、数据传送和比较、数制转换、远程 I/O、子程序、通信联网等功能。有些还可增设中断控制、PID 控制等功能，适用于复杂控制系统。

3. 高档 PLC

高档 PLC 除具有中档机的功能外，还增加了带符号算术运算（加、减、乘、除及比较）、矩阵运算、位逻辑运算（置位、清除、右移、左移）、平方根运算及其他特殊功能函数的运算、制表及表格传送功能等。高档 PLC 机具有更强的通信联网功能，可用于大规模过程控制或构成分布式网络控制系统，实现工厂自动化。

### 三、按规模大小分类

可编程控制器用于对外部设备的控制，外部信号的输入、PLC 的运算结果的输出都要通过 PLC 输入输出端子来进行接线，输入、输出端子的数目之和被称作 PLC 的输入/输出点数，简称 I/O 点数。而 PLC 规模大小与 I/O 点数成正比关系。

按应用规模分类，即根据 PLC 的 I/O 点数的多少分类，可将 PLC 分为微小型 PLC、小型

PLC、中型 PLC、大型 PLC、超大型 PLC。

### 1. 小型 PLC

小型 PLC 的 I/O 点数小于 256 点;单 CPU、8 位或 16 位处理器、用户存储器容量 4KB 以下。以开关量控制为主,具有体积小、价格低的优点。可用于开关量的控制、定时/计数的控制、顺序控制及少量模拟量的控制场合,代替继电器-接触器控制在单机或小规模生产过程中使用。

### 2. 中型 PLC

中型 PLC 的 I/O 点数为 256～2048 点;双 CPU,用户存储器容量 2～8KB。功能比较丰富,兼有开关量和模拟量的控制能力,适用于较复杂系统的逻辑控制和闭环过程的控制。

### 3. 大型 PLC

大型 PLC 的 I/O 点数大于 2048 点;多 CPU,16 位、32 位处理器,用户存储器容量 8～16KB。用于大规模过程控制、集散式控制和工厂自动化网络。

另外,I/O 点数小于 128 为微小型 PLC,I/O 点数在万点以上为超大型 PLC。

> **温馨提示:**
> 以上划分不包括模拟量 I/O 点数,且划分界限也不是固定不变的。

### 四、按厂家分类

1969 年美国研制出世界上第一台 PLC 以后,日本、德国、法国等国相继研制了各自的 PLC。最主要的厂家有:

① 美国 AB 公司 (Allen‐Bradley);

② 德国西门子公司(SIEMENS);

③ 美国 GE‐Fanuc 公司;

④ 美国的莫迪康(Modicon);

⑤ 日本欧姆公司(OMRON);

⑥ 日本三菱电机株式会社(MITSUBISHI);

⑦ 法国的 Telemecanique(施耐德)等。

我国在 20 世纪 70 年代末和 80 年代初开始引进 PLC。我国早期独立研制 PLC 的单位有北京机械工业自动化研究所、上海工业自动化仪表研究所和大连组合机床研究所等。

> **温馨提示:**
> 目前,在我国设备上较多使用的 PLC 主要有德国的西门子公司、日本三菱公司、松下公司和欧姆龙公司的产品,如图 1‐3 所示。美国的 AB 公司和 GE 公司也有产品在我国使用。由于不同公司产品的程序指令各有不同,因此每应用任何一种不同公司的 PLC 产品,都需要进行使用前的学习。

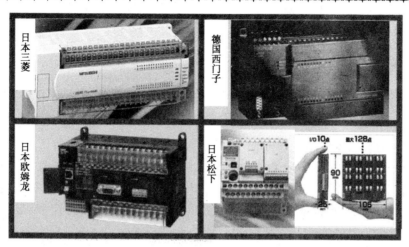

图 1-3　部分 PLC 产品

1. 填空题

(1) 根据 PLC 所具有的功能不同,可将 PLC 分为_____、_____、_____三类。

(2) 按应用规模分类,PLC 可分为_____、_____、_____、_____、_____。

(3) PLC 在中国市场上欧洲的代表是_____、日本的代表是_____和_____、美国的代表是_____和_____。各大公司均推出自己的从微型到大型的系列化产品。

(4) 可编程序控制器按结构形式分_____和_____。

2. 选择题

(1) 一般情况下在对 PLC 进行分类时,I/O 点数为(　　)时,可以看作大型 PLC。

A. 128 点　　　　　　　　B. 256 点　　　　　　　　C. 1024 点　　　　　　　　D. 2048 点

(2) (　　)PLC 主要用于逻辑控制、顺序控制或少量模拟量控制的单机控制系统。

A. 小型 PLC　　　　　　B. 低档 PLC　　　　　　C. 中型 PLC　　　　　　D. 中档 PLC

(3) PLC 规模大小与(　　)成正比关系。

A. 数据传送　　　　　　　　　　　　　　B. CPU 的大小

C. I/O 点数　　　　　　　　　　　　　　D. 用户存储器容量

3. 判断题

(1) (　　) 模块式 PLC 是将电源、CPU、I/O 接口等部件都集中装在一个机箱内,具有结构紧凑、体积小、价格低的特点。

(2) (　　) 低档机可用于大规模过程控制或构成分布式网络控制系统,实现工厂自动化。

(3) (　　) 中型 PLC 可用于开关量的控制、定时/计数的控制、顺序控制及少量模拟量的控制场合,代替继电器-接触器控制在单机或小规模生产过程中使用。

(4) (　　) 整体式 PLC 每一个 I/O 点的平均价格比模块式的便宜,在大型控制系统中一般采用整体式结构。

## 任务4 了解可编程序控制器的性能指标

### 任务目标

1. 了解可编程序控制器的性能指标;
2. 了解 FX2N 型 PLC 的基本性能指标。

### 任务描述

PLC 的技术性能指标有一般性能指标和具体性能指标两种。一般性能指标是指使用 PLC 时应注意的问题,主要包括电源电压、允许电压波动范围、耗电情况、直流输出电压、绝缘电阻、耐压情况、抗噪声性能、耐机械振动及冲击情况、使用环境温度和湿度、接地要求、外形尺寸、质量等。具体性能指标是指 PLC 所具有的技术能力。本任务要介绍的是具体性能指标。

### 任务过程

### 一、可编程序控制器的具体性能指标

可编程控制器的技术性能指标较多,不同厂家的可编程控制器产品技术性能不同,一般选取常用的主要的具体性能作指标介绍。

1. I/O 点数

输入/输出(I/O)点数是指可编程控制器组成控制系统时,所能接入的输入输出信号的最大数量,即可编程控制器外部输入、输出端子数。输入/输出(I/O)点数表示可编程控制器组成控制系统的规模,是衡量 PLC 性能的重要指标。

> **温馨提示:**
> 电源、COM 等端子不能作为 I/O 端子计入。

2. 存储器容量

可编程控制器包括系统存储器和用户存储器两部分。用户存储器包括用户程序存储器(程序区)和功能存储器(数据区)两部分。可编程控制器产品中可供用户使用的是用户程序存储器和数据存储器。可编程控制器中程序指令是按"步"存放的,一"步"占用一个地址单元,一个地址单元一般占用两个字节。如存储容量为 1000 步的可编程控制器,其存储容量为 2KB。

> **温馨提示:**
> 用户程序存储器的容量大,可以编制出复杂的程序。一般来说,小型 PLC 的用户存储器容量为几千字节,而大型机的用户存储器容量为几万字节。

**3．指令的功能和数量**

指令功能的强弱、数量的多少也是衡量 PLC 性能的重要指标。编程指令的功能越强、数量越多，PLC 的处理能力和控制能力也越强、用户编程也越简单和方便，越容易完成复杂的控制任务。以三菱产品 FX2N 为例：FX2N 有基本指令 27 条，步进指令 2 条，还有 128 种功能指令，例如中断输入处理、数学运算、浮点数运算、比较触点等。

**4．扫描速度**

扫描速度是指 PLC 执行用户程序的速度，是衡量 PLC 性能的重要指标。一般以扫描 1KB 用户程序所需的时间来衡量扫描速度，通常以 ms/KB 为单位。

**5．内部寄存器的种类和数量**

在编制 PLC 程序时，需要用到大量的内部元件来存放变量、中间结果、保持数据、定时计数、模块设置和各种标志位等信息。这些元件的种类与数量越多，表示 PLC 的存储和处理各种信息的能力越强。

**6．通信能力**

PLC 联网通信能力，是 PLC 技术进步的潮流。PLC 的联网通信有两类，一类是 PLC 与 PLC 之间联网通信，各 PLC 生产厂家都有自己专有联网手段；另一类是 PLC 与上位计算机之间的联网通信，一般 PLC 都有专用通信模块和通信软件以加强 PLC 的联网通信能力。当与其他 PLC 相连时，可以组成多机系统或连成网络，实现更大规模的控制；当与计算机相连时，可以组成多级控制系统，实现控制与管理相结合的综合系统。

**7．智能模块**

为了适应较复杂的控制工作的需要，可编程控制器还有一些智能控制模块，如 PID 控制模块、高速计数器模块、热电阻输入模块、热电偶输入模块、中断控制模块等。这类模块是独立的工作单元。它们和普通输入输出接口的区别在于其一般带有单独的 CPU，有专门的处理能力。在具体的工作中，每个扫描周期智能单元和主机的 CPU 交换一次信息，共同完成控制任务。

**8．扩展能力**

PLC 的可扩展能力包括 I/O 点数的扩展、存储容量的扩展、联网功能的扩展、各种功能模块的扩展等。在选择 PLC 时，经常需要考虑 PLC 的可扩展能力。

> **温馨提示：**
>
> 可编程序控制器的使用条件、可靠性、易操作性及经济性等性能指标也是用户在选择可编程序控制器时须注意的指标。

**二、FX2N 型 PLC 的基本性能指标**

目前普遍使用的是 FX2N 可编程序控制器，其基本性能指标如表 1-1 所示。

**表 1-1　FX2N 的基本性能指标**

| 项　　目 | 规　　格 | 备　　注 |
|---|---|---|
| 运转控制方式 | 通过存储的程序周期运转 | |
| I/O 控制方式 | 批次处理方法（当执行 END 指令时） | I/O 指令可以刷新 |

续表

| 项　目 | | 规　格 | 备　注 |
|---|---|---|---|
| 运转处理时间 | | 基本指令:0.08μs/步<br>应用指令:1.52μs至几百微秒/步 | 使用步进梯形图能生成 SFC 类型程序 |
| 编程语言 | | 逻辑梯形图和指令清单 | |
| 程序容量 | | 8000 步内置 | 使用附加寄存器盒可扩展到 16000 步 |
| 指令数目 | | 基本顺序指令:27 | 最大可用 298 条应用指令 |
| | | 步进梯形指令:2 | |
| | | 应用指令:128 | |
| I/O 配置 | | 最大硬件 I/O 配置点 256 点,依赖于用户的选择 | |
| 辅助继电器(M) | 一般 | 500 点 | M0~M499 |
| | 锁定 | 2572 点 | M500~M3071 |
| | 特殊 | 256 点 | M8000~M8255 |
| 状态继电器(S) | 一般 | 490 点 | S10~S499 |
| | 锁定 | 400 点 | S500~S899 |
| | 初始 | 10 点 | S0~S9 |
| | 信号报警 | 100 点 | S900~S999 |
| 定时器(T) | 100ms | 范围:0~3276.7s　200 点 | T0~T199 |
| | 10ms | 范围:0~327.6s　46 点 | T200~T245 |
| | 1ms 保持 | 范围:0~32.767s　4 点 | T246~T249 |
| | 100ms 保持 | 范围:0~3276.7s　6 点 | T250~T255 |
| 计数器(C) | 一般 16 位 | 范围:0~32767s　200 点 | C0~C199　类型:16 位加计数器 |
| | 锁定 16 位 | 100 点 | C100~C199 类型:16 位加计数器 |
| | 一般 32 位 | 范围:−2147483648~+2147483647<br>20 点 | C200~C219 类型:32 位加/减计数器 |
| | 锁定 32 位 | 15 点 | C220~C234 类型:32 位加/减计数器 |
| 高速计数器(C) | 单相 | 范围:−2147483648~+2147483647<br>一般规则:选择组合计数频率不大于20kHz 的计数器组合注意所有的计数器锁定 | C235~C240　6 点 |
| | 单相 c/w 起始停止输入 | | C241~C245　5 点 |
| | 双相 | | C246~C250　5 点 |
| | A/B 相 | | C251~C255　5 点 |
| 数据寄存器(D) | 一般 | 200 点 | D0~D199<br>类型:32 位元件的 16 位数据寄存器 |
| | 锁定 | 7800 点 | D200~D7999<br>类型:32 位元件的 16 位数据寄存器 |

续表

| 项　目 | | 规　格 | 备　注 |
|---|---|---|---|
| 数据寄存器(D) | 文件寄存器 | 7000 点 | D1000～D7999<br>类型:16 位数据寄存器 |
| | 特殊 | 256 点 | D8000～D8255<br>类型:16 位数据寄存器 |
| | 变址 | 16 点 | V0～V7 以及 Z0～Z7<br>类型:16 位数据寄存器 |
| 指针(P) | 用于 CALL | 128 点 | P0～P127 |
| | 用于中断 | 6 输入点、3 定时器、6 计数器 | |
| 嵌套层数 | 用于 MC 和 MCR | | N0～N7 |
| 常数 | 十进制(K) | 16 位:－32768～＋32767　　32 位:－2147483648～＋2147483647 | |
| | 十六进制(H) | 16 位:0000～FFFF　　32 位:00000000～FFFFFFFF | |
| | 浮点 | 32 位:±1.75×10$^{-38}$　　±3.403×10$^{-38}$　　(不能直接输入) | |

练一练

1. 填空题

(1) I/O 总点数是指_____和_____的数量。

(2) PLC 的技术性能指标有_____和_____两种。

(3) 可编程控制器的存储器包括_____存储器、_____存储器和_____存储器三部分。

(4) _____是指 PLC 执行用户程序的速度,是衡量 PLC 性能的重要指标。

(5) FX2N 有基本指令_____条,步进指令_____条,还有_____种功能指令。

2. 选择题

(1) 选择可编程控制器时须注意的指标是( )。

A. 经济性　　　　　　　　B. 扩展能力　　　　　　　C. 扫描速度　　　　　　　D.I/O 点数

(2) PLC 的可扩展能力包括( )等。

A. I/O 点数的扩展　　　　　　　　　　　B. 存储容量的扩展

C. 联网功能的扩展　　　　　　　　　　　D. 各种功能模块的扩展

3. 判断题

(1)( ) I/O 点数越多,外部可接的输入设备和输出设备就越多,控制规模就越大。

(2)( ) 可编程控制器产品中可供用户使用的是系统程序存储器和数据存储器。

(3)( ) 编程指令的功能越强、数量越多,PLC 的处理能力和控制能力也越强。

(4)( ) 内部寄存器种类与数量越多,表示 PLC 的存储和处理各种信息的能力越强。

## 任务 5　可编程序控制器与继电器-接触器控制系统的比较

**任务目标**

1. 了解可编程序控制器控制与继电器-接触器控制系统；
2. 了解可编程序控制系统所具备的优势。

**任务描述**

继电器控制系统已有上百年历史，它是用弱电信号控制强电系统的控制方法。PLC 是微机技术与传统的继电器-接触器控制技术相结合的产物，其基本设计思想是把计算机功能完善、灵活、通用等优点和继电器控制系统的简单易懂、操作方便、价格便宜等优点结合起来，控制器的硬件是标准的、通用的。本任务主要介绍可编程序控制器与继电器-接触器控制系统的比较。

**任务过程**

### 一、可编程序控制器与继电器-接触器控制系统的比较

**1. 继电器-接触器控制系统**

继电器-接触器控制系统是用继电器、接触器、按钮、行程开关等电器元件，按一定的接线方式组成的机电传动控制系统。

传统的继电器控制系统是针对一定的机械生产、固定的生产工艺而设计。继电器控制逻辑采用硬接线逻辑，利用物理继电器机械触点的串联或并联及延时继电器的滞后动作等组合成控制逻辑，其接线多而复杂，体积大，功耗大，而且只能完成既定的逻辑控制、定时、计数等功能，即只能进行数字量的控制。一旦系统构成后想再改变或增加功能都很困难。另外，继电器触点数目有限，每只有 4~8 对触点，因此灵活性和扩展性很差。

**2. 可编程序控制器控制系统**

由于 PLC 应用了微电子技术和计算机技术，采用存储器逻辑，其控制逻辑以程序方式存储在内存中，而控制功能是通过软件来实现的，因此只要改变程序，就可适应生产工艺的改变，因而适应性强。它不仅能完成逻辑运算、定时、计数等功能，而且能进行算术运算，既可以进行数字量控制，又可进行模拟量控制，甚至还能与计算机联成网络实现分级控制。由于 PLC 接线少、体积小、重量轻，安装和维护工作量小，结构紧凑，开发周期短，具有自诊断功能，可靠性极高。而且，可编程控制器中每只软继电器的触点数在理论上无限制，因此灵活性和扩展性很好，另外可编程控制器由中大规模集成电路组成，功耗小。

### 二、可编程序控制器控制系统所具备的优势

随着工业对控制要求的不断提高，PLC 逐步取代了继电器控制在工业控制领域的主导地位，是因为 PLC 具有继电器控制所不具备的优势。主要表现在：

**1. 功能强,性能价格比高**

一台小型 PLC 内有成百上千个可供用户使用的编程元件,有很强的功能,可以实现非常复杂的控制功能。与相同功能的继电器相比,具有很高的性能价格比。可编程序控制器可以通过通信联网,实现分散控制、集中管理。

**2. 硬件配套齐全,用户使用方便,适应性强**

可编程序控制器产品已经标准化、系列化、模块化,配备有品种齐全的各种硬件装置供用户选用。用户能灵活方便地进行系统配置,组成不同功能、不同规模的系统。可编程序控制器的安装接线也很方便,一般用接线端子连接外部接线。PLC 有很强的带负载能力,可以直接驱动一般的电磁阀和交流接触器。

**3. 可靠性高,抗干扰能力强**

传统的继电器控制系统中使用了大量的中间继电器、时间继电器。由于触点接触不良,容易出现故障,PLC 用软件代替大量的中间继电器和时间继电器,仅剩下与输入和输出有关的少量硬件,接线可减少到继电器控制系统的 1/10 以下,大大减少了因触点接触不良造成的故障。

PLC 采取了一系列硬件和软件抗干扰措施,具有很强的抗干扰能力,平均无故障时间达到数万小时以上,可以直接用于有强烈干扰的工业生产现场,PLC 已被广大用户公认为最可靠的工业控制设备之一。

**4. 系统的设计、安装、调试工作量少**

PLC 用软件功能取代了继电器控制系统中大量的中间继电器、时间继电器、计数器等器件,使控制柜的设计、安装、接线工作量大大减少。

PLC 的梯形图程序一般采用顺序控制设计方法。这种编程方法很有规律,很容易掌握。对于复杂的控制系统,梯形图的设计时间比设计继电器系统电路图的时间要少得多。

PLC 的用户程序可以在实验室模拟调试,输入信号用小开关来模拟,通过 PLC 上的发光二极管可观察输出信号的状态。完成了系统的安装和接线后,在现场的统调过程中发现的问题,一般通过修改程序就可以解决,系统的调试时间比继电器系统少得多。

**5. 编程方法简单**

梯形图是使用得最多的可编程序控制器的编程语言,其电路符号和表达方式与继电器电路原理图相似,梯形图语言形象直观,易学易懂,熟悉继电器电路图的电气技术人员只要花几天时间就可以熟悉梯形图语言,并用来编制用户程序。

**6. 维修工作量少,维修方便**

PLC 的故障率很低,且有完善的自诊断和显示功能。PLC 或外部的输入装置和执行机构发生故障时,可以根据 PLC 上的发光二极管或编程软件提供的信息,方便地查明故障的原因,用更换模块的方法可以迅速地排除故障。

**7. 体积小,能耗低**

对于复杂的控制系统,使用 PLC 后,可以减少大量的中间继电器和时间继电器,小型 PLC 的体积相当于几个继电器大小,因此可将开关柜的体积缩小到原来的 1/2～1/10,同时能耗也大大降低。

PLC 的配线比继电器控制系统的配线要少得多,故可以省下大量的配线和附件,减少大量费用。

1. 填空题

(1) _____是微机技术与传统的继电器-接触器控制技术相结合的产物。

(2) PLC控制系统不仅能完成_____、_____、计数等功能,而且能进行算术运算,既可以进行数字量控制,又可进行_____控制,甚至还能与计算机联成网络实现_____控制。

2. 判断题

(1)(    ) PLC由微处理器、存储器和外围器件组成,所以应属于工业控制计算机中的一类。

(2)(    ) 继电器-接触器控制系统中,继电器触点数目有无数对触点,因此灵活性和扩展性很好。

(3)(    ) 继电器-接触器控制系统是用继电器、接触器、按钮、行程开关等电器元件,按一定的接线方式组成的机电传动控制系统。

(4)(    ) PLC控制系统只能完成既定的逻辑控制、定时、计数等功能,即只能进行数字量的控制。

(5)(    ) 与PLC控制系统相比,继电器-接触器控制系统具有更高的性能价格比。

(6)(    ) PLC控制系统的调试时间比继电器控制系统少得多。

(7)(    ) 对于复杂的控制系统,PLC的配线比继电器控制系统的配线要少得多。

# 项目二 可编程序控制器的组成与工作原理

可编程序控制器在各个领域里得到了越来越广泛的应用,要正确地应用可编程序控制器去完成各种不同的控制任务,就必须了解可编程序控制器的基本组成和工作原理。

本项目主要以四个典型任务为载体,学习可编程序控制器的型号规格、基本结构、工作原理以及其日常维护和故障诊断。

## 任务1 了解可编程序控制器的基本结构及各部分作用

### 任务目标

1. 了解可编程序控制器的基本结构及各部分的作用;
2. 掌握可编程序控制器的基本结构。

### 任务描述

可编程序控制器是微型计算机技术和继电器常规控制概念相结合的产物,是一种以微处理器为核心的用于控制的特殊计算机。它的实际组成与一般微型计算机系统类似,也是由硬件和软件系统两大部分组成。可编程序控制器产品种类较多,不同型号的 PLC 在结构上有一定的区别,但它们的基本结构和工作原理却是基本相同的。本任务以可编程序控制器的基本结构及各部分作用的介绍为载体,为后续课程的学习和系统设计服务。

### 任务过程

#### 一、可编程序控制器的硬件系统

可编程序控制器实施控制,其实质就是按一定算法进行输入输出变换,并将这个变换予以物理实现。输入输出变换、物理实现可以说是 PLC 实施控制的两个基本点,同时物理实现也是 PLC 与普通微机相区别之处,其需要考虑实际控制的需要,应能排除干扰信号适应于工业现场,输出应放大到工业控制的水平,能为实际控制系统方便使用,所以 PLC 采用了典型的计算机结构,PLC 硬件主要有中央处理单元、存储器、输入单元、输出单元、电源单元、编程器、扩展接口等,如图 2-1 所示。

1. 中央处理单元(CPU)

中央处理单元(CPU)是 PLC 的控制核心,一般由控制器、运算器和寄存器组成,这些电路集成在一块芯片内。CPU 通过数据总线、地址总线和控制总线与存储单元、输入输出接口电路相连。PLC 的工作过程都是在 CPU 的统一指挥和协调下进行的,CPU 的性能直接影响 PLC 的性能。

CPU 的主要作用包括:接收并存储用户程序和数据;检查电源、存储器、I/O 以及警戒定时器的状态,并能诊断用户程序中的语法错误。当 PLC 投入运行时,首先它以扫描的方式采集现场各输入装置的状态和数据,并分别存入 I/O 映像寄存区,然后从用户程序存储器中逐条读取用户程序,经过命令解释后按指令的规定执行逻辑或算数运算并将结果送入 I/O 映像寄存区或数据寄存器内。等所有的用户程序执行完毕之后,最后将 I/O 映像寄存区的各输出状态或输出寄存器内的数据传送到相应的输出装置,如此循环直到停止运行。

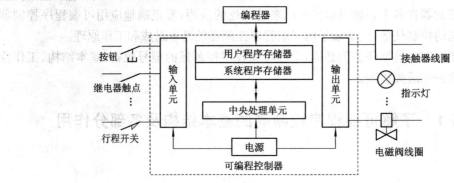

图 2-1  PLC 的硬件系统

### 2. 存储器

可编程序控制器的存储器分为系统程序存储器和用户程序存储器。存放系统软件(包括监控程序、模块化应用功能子程序、命令解释程序、故障诊断程序及其各种管理程序)的存储器称为系统程序存储器;存放用户程序(用户程序和数据)的存储器称为用户程序存储器,用户程序存储器又分为用户存储器和数据存储器两部分。

系统程序相当于个人计算机的操作系统,它使可编程控制器生产厂家设计固化在 ROM 内,用户不能直接读取,可编程控制器的用户程序由用户设计,它决定了可编程控制器的输入信号与输出信号之间的具体关系。用户程序存储器的容量一般以字(每个字由 16 位二进制数组成)为单位,三菱的 FX 系列可编程控制器的用户程序存储器以步为单位。小型可编程控制器的用户程序存储器容量在 1KB,大型可编程控制器的用户程序存储器容量可达数百千字节,甚至数兆(M)字节。

可编程控制器常用以下几种存储器。

(1) 随机存取存储器(RAM)

用户可以用编程器读出 RAM 中的内容,也可以将用户程序写入 RAM,因此 RAM 又叫读/写存储器。它是易失性的存储器,将它的电源断开后,储存的信息将会丢失。

(2) 只读存储器(ROM)

ROM 的内容只能读出,不能写入。它是非易失的,它的电源消失后,仍能保存存储的内容。

(3) 可擦除可编程的只读存储器(EPROM)

可擦除可编程的只读存储器是一种断电后仍能保留数据的计算机存储芯片,即非易失性的(非易失性)。它是一组浮栅晶体管,被一个提供比电子电路中常用电压更高电压的电子器件分别编程。一旦编程完成后,EPROM 只能用强紫外线照射来擦除。

近几年出现的新产品——电擦除可编程只读存储器（EEPROM）能在应用系统中进行在线电擦除和在线电写入，并能在断电情况下保持修改的结果。它比可擦除可编程的只读存储器（EPROM）要方便。在智能登记表、控制装置、分布式监测系统子站、开发装置中得到广泛应用。

> **温馨提示：**
>
> 　　小型可编程控制器的用户程序存储器的容量一般是固定的，大中型可编程控制器的用户存储器容量可以由用户选择。

3. 输入/输出（I/O）接口电路

输入/输出（I/O）接口是 PLC 与被控对象间传递输入输出信号的接口部件，是 PLC 与工业现场控制或检测零件和执行元件连接的接口电路。

（1）输入接口

PLC 输入接口用于连接各类开关、按钮和传感器等，接受外来元件如开关、按钮、传感器输入的接通或断开的开关量信号，或电位器、传感器等数值连续变化输入的模拟量信号（需要进行模拟量与数字量的变换）。

输入接口有直流输入、交流输入、交直流输入等类型。

（2）输出接口

输出接口用于连接指示灯、接触器线圈、电磁阀线圈等执行元件，输出 PLC 的程序指令驱动执行元件。

输出接口有晶体管输出、晶闸管输出和继电器输出等类型。它们的主要区别是速度不同，输出容量不一，使用的电源性质有区别。晶体管和晶闸管输出为无触头输出型电路，晶体管输出型用于高频小功率负载，晶闸管输出型用于高频大功率负载；继电器输出为有触点输出型电路，用于低频负载。

> **温馨提示：**
>
> 　　若 PLC 主机单元的输入/输出数量不够，可通过 I/O 扩展单元（不带 CPU）相连接进行扩充。

PLC 输入/输出接口都采用光电隔离器，其目的是把 PLC 与外部电路隔离开来，以阻断内部和外部的直接电联系，提高 PLC 的抗干扰能力，减少故障和误动作。

三菱 FX2N 可编程序控制器的输入/输出接口有 16/32/48/64/80/128 个，如表 2-1 所示。这些接口也可以通过采用扩展单元或模块扩充到 256 个 I/O 点。

**表 2-1　FX2N 输入/输出接口**

| 型　号 | | | 输入点数 | 输出点数 | I/O 总点数 |
|---|---|---|---|---|---|
| 继电器输出 | 晶闸管输出 | 晶体管输出 | | | |
| FX2N - 16MR - 001 | FX2N - 16MS - 001 | FX2N - 16MT - 001 | 8 | 8 | 16 |
| FX2N - 32MR - 001 | FX2N - 32MS - 001 | FX2N - 32MT - 001 | 16 | 16 | 32 |
| FX2N - 48MR - 001 | FX2N - 48MS - 001 | FX2N - 48MT - 001 | 24 | 24 | 48 |

| 型　　号 | | | 输入点数 | 输出点数 | I/O 总点数 |
|---|---|---|---|---|---|
| 继电器输出 | 晶闸管输出 | 晶体管输出 | | | |
| FX2N‑64MR‑001 | FX2N‑64MS‑001 | FX2N‑64MT‑001 | 32 | 32 | 64 |
| FX2N‑80MR‑001 | FX2N‑80MS‑001 | FX2N‑80MT‑001 | 40 | 40 | 80 |
| FX2N‑128MR‑001 | — | FX2N‑168MT‑001 | 64 | 64 | 128 |

4. 编程器

编程器的作用是将用户编写的程序下载至 PLC 的用户程序存储器，并利用编程器检查、修改和调试用户程序，监视用户程序的执行过程，显示 PLC 状态、内部器件及系统的参数等。小型 PLC 常用简易型便携式或手持式编程器，计算机添加适当的硬件接口电缆和编程软件，也可以对 PLC 进行编程。

5. 电源

PLC 的电源在整个系统中起着十分重要的作用，所以 PLC 制造商对电源的设计和制造也十分重视。PLC 的电源分外部电源、内部电源和后备电源三类。

（1）外部电源

PLC 的外部电源用于驱动 PLC 的负载和传递现场信号，又称用户电源。同一台 PLC 的外部电源可以是一个规格，也可以是多个规格。常见的外部电源有交流 220、110V，直流 100、48、24、12、5V 等。

（2）内部电源

PLC 的内部电源是 PLC 的工作电源，有时也作为现场输入信号的电源。它的性能好坏直接影响到 PLC 的可靠性。目前大部分 PLC 采用开关式稳压电源供电。

（3）后备电源

在停机或突然失电时，后备电源可保证 RAM 中的信息不丢失。一般 PLC 采用锂电池作为 RAM 的后备电池，锂电池的寿命为 2～5 年。

> **温馨提示：**
>
> 若电池电压降低，在 PLC 的工作电源为 ON 时，面板上相关的指示灯会点亮或闪烁，应根据各 PLC 操作手册的说明，在规定时间内按要求更换电池。

可编程序控制器的硬件系统除上面介绍的这几个主要部分外，PLC 上还配有和各种外围设备的接口，均用插座引出到外壳上，可配接编程器、上位计算机、打印机、图形监控系统以及 A/D、D/A、串行模块等，可以十分方便地用电缆与主机的 CPU 进行连接，以完成相应的操作。

**二、可编程序控制器的软件系统**

可编程序控制器的软件系统由系统程序和用户程序组成。系统程序一般由系统诊断程序、输入处理程序、编译程序和监控程序等组成。它是由生产厂家直接存放的、永久存储的程序和指令，用户不能直接读写与更改。PLC 的用户程序是通过编程软件来编写的控制程序，编程软件是由可编程控制器生产厂家提供的编程语言。它的好坏直接决定了 PLC 在实际应用中的价值。由于 PLC 的前身是工业控制中的继电器控制电路,其主要使用者是广大电气技术人员,现今虽已开发出很多高级的编程语言,但为了满足传统习惯,PLC 的主要编程语言应采用相对简单、易懂、形象的专用语言。

> **温馨提示:**
> 可编程控制器类型较多,各个不同机型对应的编程软件也存在一定的差别,特别是不同生产厂家的可编程控制器之间,它们的编程软件不能通用,但是因为可编程控制器的发展过程是相同的,所以可编程控制器的编程语言基本相似,规律也基本相同。

**练一练**

1. 填空题

(1) 可编程序控制器的实际组成与一般微型计算机系统类似,也是由 _____ 和 _____ 系统两大部分组成。

(2) 可编程序控制器的硬件主要有 _____、_____、_____、_____、_____、_____ 等。

(3) 中央处理单元(CPU)是 PLC 的 _____,一般由 _____、_____ 和 _____ 组成。

(4) 可编程序控制器常用的存储器有 _____、_____ 和 _____。

(5) 输入接口有 _____、_____、_____ 等类型。输出接口有 _____、_____ 和 _____ 等类型。

(6) 编程器的作用是将用户编写的程序下载至 PLC 的 _____,并利用编程器 _____、_____ 和 _____ 用户程序,监视用户程序的执行过程,显示 PLC 状态、内部器件及系统的参数等。

2. 判断题

(1) ( ) 可编程序控制器产品种类较多,不同型号的 PLC 在结构上有一定的区别,但它们的基本结构和工作原理却是基本相同的。

(2) ( ) 可编程序控制器的输入端可与机械系统上的触点开关、接近开关、传感器等直接连接。

(3) ( ) PLC 的 I/O 点数是指某台 PLC 能够输入 PLC 内和从 PLC 内向外输出的开关量、模拟量的总点数。

(4) ( ) PLC 主机单元的输入/输出数量不够,可通过 I/O 扩展单元(不带 CPU)相连接进行扩充。

(5) ( ) 图形编程器既可用语句形式编程,又可用梯形图编程,同时还能进行脱机编程。

(6) ( ) 若电池电压降低,在 PLC 的工作电源为 OFF 时,面板上相关的指示灯会点亮或闪烁。

(7) ( ) 可编程控制器的发展过程是相同的,所以可编程控制器的编程语言基本相似,规律也基本相同,因此它们的编程软件可以通用。

3. 选择题

(1) 下列不属于 PLC 硬件系统组成的是(　　　)。

A. 用户程序　　　　　　B. 输入输出接口　　　C. 中央处理单元　　　D. 通信接口

(2) 在一套 PLC 控制系统中,必须有一个主(　　　),才能运算处理事件工作。

A. CPU 模块　　　　　　B. 扩展模块　　　　　　C. 通信处理器　　　　D. 编程器

(3) PLC 的基本系统需要(　　　)组成。

A. CPU 模块　　　　　　　　　　　　　　　B. 存储器模块

C. 电源模块和输入输出模块　　　　　　D. 以上都要

(4) PLC 机的(　　　)输出是无触点输出,用于控制交流负载。

A. 继电器　　　　　　　　B. 双向晶闸管　　　　C. 单结晶体管输出　　D. 二极管输出

(5) PLC 机的(　　　)输出是有触点输出,既可控制交流负载,又可控制直流负载。

A. 继电器　　　　　　　　B. 晶闸管　　　　　　　C. 单结晶体管　　　　D. 二极管输出

# 任务 2　了解可编程序控制器的工作原理

**任务目标**

1. 了解 PLC 的循环扫描工作方式;
2. 了解 PLC 的扫描周期和两种基本工作模式;
3. 理解 PLC 的工作流程。

**任务描述**

　　可编程序控制器是一种工业控制计算机,所以它的工作原理与计算机的工作原理基本上是一致的,也就是说,PLC 是在系统程序的管理下,通过运行应用程序完成用户任务,实现控制目的。但是通用计算机与 PLC 的工作方式有所不同,计算机一般是采用等待命令的工作方式,而 PLC 是采用循环扫描的工作方式,即顺序地逐条地扫描用户程序的操作,根据程序运行的结果,一个输出的逻辑线圈应接通或断开,但该线圈的触点并不立即动作,而必须等用户程序全部扫描结束后,才将输出动作信息全部送出执行。本任务主要介绍可编程序控制器的工作原理。

**任务过程**

## 一、PLC 的循环扫描工作方式

　　当 PLC 接通投入运行后,在系统程序的控制下,PLC 对用户程序逐条解读并加以执行,直到用户程序结束,然后返回程序的起始,又开始新一轮的执行。这种周而复始地按一定的顺序对系统内部的各种任务进行查询、判断和执行的过程,实质上是按顺序循环扫描的过程。PLC 的扫描工作过程除了执行用户程序外,在每次扫描工作过程中还要完成内部处理、通信服务等工作。PLC 的整个扫描工作过程如图 2-2 所示。

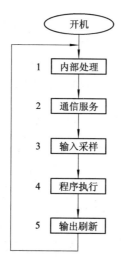

图 2-2  PLC 的整个扫描工作过程

PLC 的循环扫描工作方式简单直观,前一条指令被执行后,其结果马上就被后面将要扫描到的指令所利用。为了提高系统执行程序的准确性与可靠性,CPU 内部还设置监视定时器来监视每次扫描是否超过规定时间,用以避免由于 CPU 内部故障使程序执行进入死循环。此种扫描工作方式,为程序设计带来了极大的方便,并为可靠运行提供了保障。

**温馨提示:**

采用循环扫描的工作方式,是 PLC 区别于微机和其他控制设备的最大特点,在学习时应充分注意。通过循环扫描工作方式,有效地实现输入信号的延时滤波作用,提高了 PLC 的抗干扰能力,同时要求输入信号的接通时间至少要保持一个扫描周期以上的时间。

### 二、可编程序控制器的两种基本工作模式

可编程序控制器的两种基本工作模式,即运行模式 RUN 与停止模式 STOP。当 PLC 处于 STOP 工作模式时,只完成内部处理和通信服务工作;但当 PLC 处于 RUN 工作模式时,除完成内部处理和通信服务工作外,还要完成输入采样、执行程序、输出刷新工作。

PLC 控制系统与继电器控制系统在运行方式上存在着本质的区别。继电器控制系统的逻辑采用的是并行运行的方式,即如果一个继电器的线圈通电或者断电,该继电器的所有触点都会立即动作;而 PLC 的逻辑是 CPU 逐行扫描执行用户程序来实现的,即如果一个逻辑线圈接通或断开,该线圈的所有触点并不会立即动作,必须等到扫描执行到该触点时才会动作。

### 三、可编程序控制器的工作流程

一般来说,当 PLC 运行后,其工作过程可分为输入采样阶段、程序执行阶段和输出刷新阶段。完成上述 3 个阶段即称为一个扫描周期。在整个运行期间,PLC 的 CPU 以一定的扫描速度重复执行上述 3 个阶段。如图 2-3 所示的 PLC 工作流程图反映的就是上述过程。

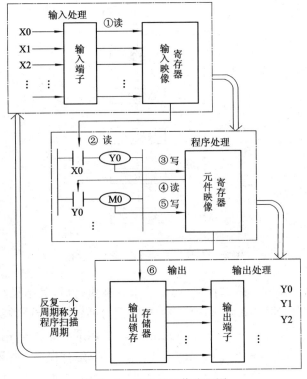

图 2-3 PLC 的工作流程图

1. 输入采样阶段

在输入采样阶段,CPU 扫描全部输入端口,读取其状态并写入输入状态寄存器。完成输入端刷新工作后,将关闭输入端口,转入程序执行阶段。在程序执行期间即使输入端状态发生变化,输入状态寄存器的内容也不会改变,而这些变化必须等到下一工作周期的输入采样阶段才能被读入。

2. 程序执行阶段

在程序执行阶段,根据用户输入的控制程序,从第一条开始以先左后右、先上后下的顺序逐行执行,并将相应的逻辑运算结果存入对应的内部辅助寄存器和输出状态寄存器。当最后一条控制程序执行完毕后,即转入输出刷新阶段。

3. 输出刷新阶段

当所有指令执行完毕后,输出映像寄存器中所有输出继电器的状态("1"或"0")在输出刷新阶段转存到输出锁存电路并通过一定输出方式输出,驱动外部相应执行元件工作,这才形成 PLC 的实际输出。

由于每个扫描周期只进行一次 I/O 刷新,即每一个扫描周期 PLC 只对输入、输出状态寄存器更新一次,所以系统存在输入输出滞后现象,这在一定程度上降低了系统的响应速度。但是由于其对 I/O 的变化每个周期只输出刷新一次,并且只对有变化的进行刷新,这对一般的开关量控制系统来说是完全允许的,不但不会造成影响,还会提高抗干扰能力。这是因为输入采样阶段仅在输入刷新阶段进行,PLC 在一个工作周期的大部分时间是与外设隔离的,而工业现场的干扰常常是脉冲、短时间的,误动作将大大减小。但是在快速响应系统中就会造成响应滞后现象,一般 PLC 都会采取高速模块。

下面举例说明 PLC 的工作原理。如图 2-4 所示为 PLC 的等效工作电路,当按下外接按钮 SB2 时,输入继电器 X1 的线圈接通,其动合触点闭合,由于热继电器的动断触点使得输入继电器 X2 的线圈接通,其动合触点也闭合,这样输出继电器 Y0 接通并自锁,其动合触点闭合,外部接触器 KM 吸合。按下外接按钮 SB1,输入继电器 X0 的线圈接通,其动断触点断开,使输出继电器 Y0 断开并解锁,这样外部接触器 KM 也断电。

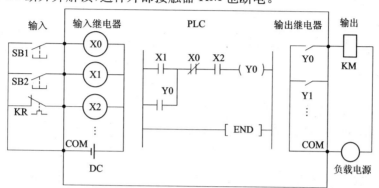

图 2-4　PLC 的等效工作电路

用户程序执行的结果提供了一系列输出信号。要将逻辑部分输出的低电平信号转换成外部执行电器所需的电压或电流,输出部分也需要加入变换器(即 PLC 输出模块)。因此,PLC 的工作流程是依照事先由编程器编制输入的控制程序,扫描各输入端的状态,逐条扫描用户程序,最后输出并驱动外部负载电器,从而达到控制的目的。

1. 填空题

(1) PLC 是采用＿＿＿＿的工作方式,即顺序地＿＿＿＿用户程序的操作,根据程序运行的结果,一个输出的逻辑线圈应接通或断开,但该线圈的＿＿＿＿并不立即动作,而必须等用户程序＿＿＿＿结束后,才将输出动作信息全部送出执行。

(2) 当 PLC 处于 RUN 工作模式时,除完成＿＿＿＿和＿＿＿＿工作外,还要完成＿＿＿＿、＿＿＿＿、＿＿＿＿工作。

2. 选择题

(1) PLC 的工作方式是(　　　)。

A. 等待工作方式　　　　　　　　　　B. 中断工作方式

C. 扫描工作方式　　　　　　　　　　D. 循环扫描工作方式

(2) 在输出刷新阶段,将(　　　)寄存器中的内容复制到输出接线端子上。

A. 输入映像　　　B. 输出映像　　　C. 变量存储器　　　D. 内部存储器

(3)(　　　)阶段读入输入信号,将按钮、开关触点、传感器等输入信号读入到存储器内,读入的信号一直保持到下一次该信号再次被读入时为止,即经过一个扫描周期。

A. 输出采样　　　B. 输入采样　　　C. 程序执行　　　D. 输出刷新

3. 判断题

(1)(　　　) PLC 的工作方式是等待扫描的工作方式。

(2)（　　）PLC扫描周期主要取决于程序的长短。

(3)（　　）当PLC处于STOP工作模式时,只完成内部处理和通信服务工作。

4.简答题

(1) PLC控制系统与继电器控制系统在运行方式的本质区别是什么?

(2) 当PLC运行后,其工作过程可分哪几个阶段?

# 任务3　了解三菱可编程序控制器的型号规格

**任务目标**

1. 了解三菱可编程控制器FX系列的命名规则;

2. 了解三菱可编程控制器常见的型号规格。

**任务描述**

　　三菱PLC英文名又称Mitsubish Power Line Communication,它于20世纪80年代推出了F系列小型PLC,后来又推出了FX系列。经过不断改进,FX系列现在主要有FX1S、FX1N、FX2N、FX2NC和FX1NC五个子系列,以及近年来推出的FX3U和FX3UC高性能小型PLC。FX系列是国内使用得最多的PLC系列产品之一,本任务主要介绍三菱可编程序控制器FX系列的命名规则以及FX2N系列PLC的安装与接线。

**任务过程**

## 一、三菱可编程控制器 FX 系列的命名规则

FX系列PLC型号的含义如下:

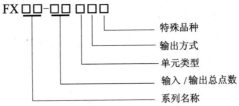

$$FX \square\square - \square\square \square\square\square$$

特殊品种
输出方式
单元类型
输入/输出总点数
系列名称

系列名称:如0、2、0N、2C、1S、1N、2N、3U、1NC、2NC等。

单元类型:

M——基本单元

E——扩展单元(输入输出混合)

EX——扩展输入单元(模块)

EY——扩展输出单元(模块)

输出方式:

R——继电器输出

T——晶体管输出

S——晶闸管输出

特殊品种：

D——DC 电源,DC 输入

A——AC 电源,AC 输入

H——大电流输出扩展单元

V——立式端子排扩展单元

C——接插口输入/输出方式

F——输入滤波器时间常数为 1ms 的扩展单元

L——TFL 输入型扩展单元

S——独立端子(无公共端)扩展单元

## 二、三菱可编程控制器常见的型号规格

### 1. FX1S 系列

如图 2-5 所示,FX1S 系列 PLC 把优良的特点都融合进一个很小的控制器中,它是三菱 PLC 家族体积最小的经典产品。FX1S 适用于最小的封装,提供多达 30 个 I/O,并且能通过串行通信传输数据,MT 机型还具备定位能力,广泛运用于各种小型机械设备上。FX1S 系列 PLC 单元可以同时输出 2 点 100kHz 脉冲,配备有 7 条特殊的定位指令,包括零返回、绝对位置读出、绝对或相对地址表达方式以及特殊脉冲输出控制。

### 2. FX1N 系列

如图 2-6 所示,FX1N 系列是功能很强大的微 PLC,可扩展到多达 128 个 I/O 点,并且能增加特殊功能模块或扩展板。通信和数据链接功能选项使得 FX1N 在体积、通信和特殊功能模块等重要的应用方面非常完美。定位和脉冲输出功能,一个 PLC 单元能同时输出 2 点 100kHz 脉冲,PLC 配备有 7 条特殊的定位指令,包括零返回、绝对位置读出、绝对或相对驱动以及特殊脉冲输出控制。它是一款广泛应用的顺序控制三菱 PLC。

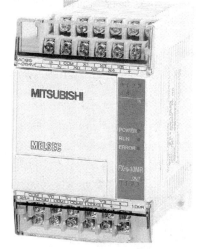

图 2-5　FX1S 系列 PLC

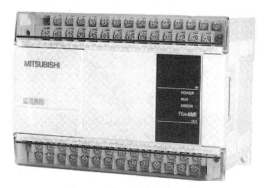

图 2-6　FX1N 系列 PLC

### 3. FX2N 系列

如图 2-7 所示,FX2N 系列是三菱 FX 系列 PLC 家族中最先进的系列,具有高速处理及可扩展大量满足单个需要的特殊功能模块等特点,为工厂自动化应用提供最大的灵活性和控制能力。

三菱 FX2N 系列特点如下:

① FX2N 系列 PLC 拥有无以匹及的速度、高级的功能逻辑选件以及定位控制;

② FX2N 是从 16 路到 256 路输入/输出的多种应用的选择方案;

③ FX2N 系列是小型化、高速度、高性能和所有方面都相当于 FX 系列中最高档次的超小型程序装置;

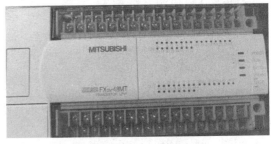

图 2-7　FX2N 系列 PLC

④ 丰富的软元件应用指令中有多个可使用的简单指令、高速处理指令,输入过滤常数可变,中断输入处理,直接输出等;

⑤ 便利指令数字开关的数据读取,16 位数据的读取,矩阵输入的读取,7 段显示器输出等;

⑥ 数据处理、数据检索、数据排列、三角函数运算、平方根、浮点小数运算等。

### 4. FX3U 系列

如图 2-8 所示,三菱电机公司新近推出的新型第三代三菱 PLC,可能称得上是小型至尊产品。基本性能大幅提升,晶体管输出型的基本单元内置了 3 轴独立最高 100kHz 的定位功能,并且增加了新的定位指令,从而使得定位控制功能更加强大,使用更为方便。FX3U 系列产品为 FX2N 替代产品,FX2N 系列产品 2012 年 12 月三菱电机不再供货。以后大家都会选用 FX3U 系列产品。

### 5. FX3G 系列

如图 2-9 所示,三菱电机公司新近推出的新型第三代 PLC,基本单元自带两路高速通信接口(RS422&USB),内置高达 32KB 大容量存储器,标准模式时基本指令处理速度可达 0.21μs。控制规模:14~256 点(包括 CC-LINK 网络 I/O),定位功能设置简便(最多三轴),基本单元左侧最多可连接 4 台 FX3U 特殊适配器,可实现浮点数运算,可设置两级密码,每级 16 字符,增强密码保护功能。

图 2-8　FX3U 系列 PLC

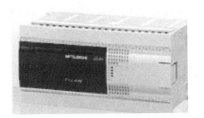

图 2-9　FX3G 系列 PLC

1. 请简述出下列三菱可编程序控制器型号含义?

(1) FX1N - 24MT

(2) FX2N - 32MR

(3) FX3U - 32MT - L

2. 请查看本校所用的三菱可编程序控制器的铭牌,了解其性能。

1. 参观学校 PLC 实训室。

2. 根据本校 PLC 型号,准确地说明其意义。

3. 了解本校所使用的 PLC 的功能特点。

4. 学习本校 PLC 实训室相关的安全文明生产要求。

**任务评价**

| 任务 | | | 了解三菱可编程序控制器的型号规格 | | | | | |
|---|---|---|---|---|---|---|---|---|
| 班级 | | | 学号 | | | 姓名 | | |
| 序号 | 评价内容 | 配分 | 评价标准 | 评价结果 | | | 综合得分 | |
| | | | | 自评 | 小组评 | 教师评 | | |
| 1 | 型号含义 | 40 | 根据本校 PLC 型号,准确地说明其意义 | | | | | |
| 2 | 功能特点 | 40 | 了解本校所使用的 PLC 的功能特点 | | | | | |
| 3 | 同组协作 | 20 | 互相帮助、共同学习 | | | | | |
| 4 | 安全文明生产 | 只扣分不加分 | 查看铭牌时能做到轻拿轻放,用后复位 | | | | | |

## 任务4  了解可编程序控制器的维护和故障诊断

**任务目标**

1. 了解 FX2N 系列 PLC 的安装与接线;

2. 了解三菱可编程序控制器的维护;

3. 了解三菱可编程序控制器常见的故障诊断。

**任务描述**

可编程序控制器已成为现代工业自动化领域最重要、应用最多的控制装置。自动化控制的拥有是企业实力的体现,最大限度地利用自动化控制,对企业效益是十分有益的。企业不能只注意设备的利用率和最佳功能,还必须重视设备的安装、保养与维护,它是企业生产的"先行官",是直接影响可编程序控制器能否长期正常运转的关键。本任务主要介绍 FX2N 系列 PLC 的安装与接线以及其在正常使用中的维护和故障诊断。

**任务过程**

### 一、FX2N 系列 PLC 的安装与接线

尽管 PLC 是专门在现场使用的控制装置,在设计制造时已采取了很多措施,使它对工业环境比较适应。但是当生产环境过于恶劣,或安装使用不当时,都会影响 PLC 的正常工作。因此,为了确保整个系统稳定可靠,还应当尽量使 PLC 有良好的工作环境条件,并采取必要的抗干扰措施。

1. PLC 的安装

PLC 在安装时,应尽可能使它的各功能模块远离产生高电子噪声的设备(如变频器),以及产生高热量的设备,而且模块的周围应留出一定的空间,以便于正常散热。

一般情况下,模块的上方和下方至少要留出 25mm 的空间,模块前面板与底板之间至少要留出 75mm 的空间。

控制 PLC 的工作环境,可以有效地提高它的工作效率和寿命。在安装 PLC 时,其安装场合应该满足以下几点:

① 环境温度在 0~55℃的范围内。

② 环境相对湿度应在 35%~85%范围内。

③ 不能受太阳光的直接照射或水的溅射。

④ 周围无腐蚀和易燃的气体,例如氯化氢、硫化氢等。

⑤ 周围无大量铁屑及灰尘。

⑥ 避免频繁或连续的振动。

小型可编程控制器外壳的 4 个角上,均有安装孔。有两种安装方法,一种是用规格为 M4 的螺钉固定,不同的单元有不同的安装尺寸;另一种是 DIN(德国共和标准)轨道固定。DIN 轨道配套使用的安装夹板,左右各一对。在轨道上,先装好左右夹板,装上 PLC,然后拧紧螺钉。为了使控制系统工作可靠,通常把可编程控制器安装在有保护外壳的控制柜中,以防止灰尘、油污、水溅。为了保证可编程控制器在工作状态下其温度保持在规定环境温度范围内,安装机器应有足够的通风空间,基本单元和扩展单元之间要有 30mm 以上间隔。如果周围环境超过 55℃,要安装电风扇,强迫通风。

> **温馨提示:**
> ① 为了避免其他外围设备的电干扰,可编程控制器应尽可能远离高压电源线和高压设备,可编程控制器与高压设备和电源线之间应留出至少 200mm 的距离。
> ② 当可编程控制器垂直安装时,要严防导线头、铁屑等从通风窗掉入可编程控制器内部,造成印刷电路板短路,使其不能正常工作甚至永久损坏。

2. 电源接线

FX 系列 PLC 使用直流 24V、交流 100～120V 或 200～240V 的工业电源。FX 系列 PLC 的外接电源端位于输出端子左上角的两个接线端。使用直径为 2mm 的双绞线作为电源线。过强的噪声及电源电压波动过大,都可能使 FX 系列 PLC 的 CPU 工作异常,以致引起整个控制系统瘫痪。为避免由此引起的事故发生,在电源接线时,需采取隔离变压器等有效措施,且用于 FX 系列 PLC、I/O 设备及电动设备的电源接线应分开连接。

另外,在进行电源接线时还要注意以下几点:

① FX 系列 PLC 必须在所有外部设备通电后才能开始工作。

② 当控制单元与其他单元相连接时,各单元的电源线连接应能同时接通和断开。

③ 当电源瞬间断电时间小于 10ms 时,不影响 PLC 的正常工作。

④ 为避免因失常而引起的系统瘫痪或发生无法补救的重大事故,应增加紧急停车电路。

⑤ 当需要控制两个相反的动作时,应在 PLC 和控制设备之间加互锁电路。

> **温馨提示:**
>
> 为了保证 FX 系列 PLC 必须在所有外部设备通电后才能开始工作,所有外部设备都通电后再将方式选择开关由"STOP"方式设置为"RUN"方式。将 FX 系列 PLC 编程设置为在外部设备未通电前不进行输入、输出操作。

3. 接地

良好的接地是保证 PLC 可靠工作的重要条件,可以避免偶然发生的电压冲击危害。接地线与机器的接地端相接,基本单元接地。如果要用扩展单元,其接地点应与基本单元的接地点接在一起。为了抑制加在电源及输入端、输出端的干扰,应给可编程控制器接上专用地线,接地点应与动力设备(如电机)的接地点分开。若达不到这种要求,也必须做到与其他设备公共接地,禁止与其他设备串联接地。接地点应尽可能靠近 PLC。

4. 直流 24V 接线端

使用无源触点的输入器件时,PLC 内部 24V 电源通过输入器件向输入端提供每点 7mA 的电流。

PLC 上的 24V 接线端子,还可以向外部传感器(如接近开关或光电开关)提供电流。24V 端子作传感器电源时,COM 端子是直流 24V 地端。如果采用扩展单元,则应将基本单元和扩展单元的 24V 端连接起来。另外,任何外部电源不能接到这个端子。

5. 输入接线

PLC 一般接受行程开关、限位开关等输入的开关量信号。输入接线端子是 PLC 与外部传感器负载转换信号的端口。输入接线,一般指外部传感器与输入端口的接线。

FX 系列 PLC 的控制单元输入端子板为两头带螺钉的可拆卸板,外部开关设备与 PLC 之间的输入信号均通过输入端子进行连接,如图 2 - 10 所示。在进行输入端子接线时,应注意以下几点:

① 输入接线一般不要超过 30m。但如果环境干扰较小,电压降不大时,输入接线可适当长些。

② 输入、输出线不能用同一根电缆,输入、输出线要分开。

③ 不能将输入设备连接到带"·"的端子上。

④ 尽可能采用动合触点形式连接到输入端,使编制的梯形图与继电器原理图一致,便于阅读。

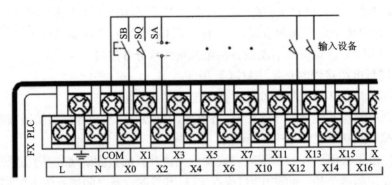

图 2-10  输入接线

6. 输出接线

FX 系列 PLC 的控制单元输出端子板为两头带螺钉的可拆卸板,PLC 与输出设备之间的输出信号均通过输出端子进行连接,如图 2-11 所示。在进行输出端子接线时,应注意以下几点:

① 输出端接线分为独立输出和公共输出。当 PLC 的输出继电器或晶闸管动作时,同一号码的两个输出端接通。在不同组中,可采用不同类型和电压等级的输出电压。但在同一组中的输出只能用同一类型、同一电压等级的电源。

② 由于 PLC 的输出元件被封装在印制电路板上,并且连接至端子板,若将连接输出元件的负载短路,将烧毁印制电路板,因此,应用熔丝保护输出元件。

③ 采用继电器输出时,承受的电感性负载大小影响到继电器的工作寿命,因此继电器工作寿命要求长。

④ 不能将输出设备连接到带"·"的端子上。

⑤ PLC 的输出负载可能产生噪声干扰,因此要采取措施加以控制。如直流输出的续流管保护,交流输出的阻容吸收电路,晶体管及双向晶闸管输出的旁路电阻保护。

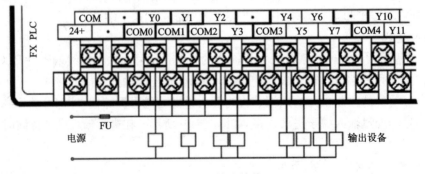

图 2-11  输出接线

**温馨提示：**

　① 对于能使用户造成伤害的危险负载，除了在控制程序中加以考虑之外，还应设计外部紧急停车电路，使得可编程控制器发生故障时，能将引起伤害的负载电源切断。

　② 交流输出线和直流输出线不要用同一根电缆，输出线应尽量远离高压线和动力线，避免并行。

### 二、可编程序控制器的维护

1. 运行环境的保证

PLC 为精密电子产品，自动化控制的系统是要求长时间不间断运行，因此 PLC 的运行环境要求极高，要防尘、防火、防水，防高温，防雷电。

2. 日常点检工作

虽然 PLC 的故障率很低，由 PLC 构成的控制系统可以长期稳定和可靠的工作，但对它进行维护和检查是必不可少的。检修内容包括供电电源、环境条件、安装条件和 I/O 端电压等，如表 2-2 所示。

表 2-2　PLC 的日常维护

| 序号 | 检修项目 | 检修内容 | 判断标准 |
|------|---------|---------|---------|
| 1 | 供电电源 | 在电源端子处测量电压波动范围是否在标准范围内 | 电动波动范围：85%～110%供电电压 |
| 2 | 外部环境 | 环境温度<br>环境湿度<br>积尘情况 | 0～55℃<br>35%～85%RH，不结露<br>不积尘 |
| 3 | 输入输出用电源 | 在输入输出端子处测电压变化是否在标准范围内 | 以各输入输出规格为准 |
| 4 | 安装状态 | 各单元是否可靠固定<br>电缆的连接器是否完全插紧<br>外部配线的螺钉是否松动 | 无松动<br>无松动<br>无异常 |
| 5 | 寿命元件 | 电池、继电器、存储器 | 以各元件规格为准 |

3. 日常维护

PLC 机的日常维护工作主要包括：日常清洁和巡查、定期检查和维修、编程软件的使用方法及应用和锂电池的更换。

PLC 除了锂电池和继电器输出触点外，基本没有其他易损元器件。由于存放用户程序的随机存储器(RAM)，计数器和具有保持功能的辅助继电器等均用锂电池保护，锂电池的寿命大约 5 年，当锂电池的电压逐渐降低达一定程度时，PLC 基本单元上电池电压跌落指示灯亮。提示用户注意，有锂电池所支持的程序还可保留一周左右，必须更换电池，这是日常维护的主要内容。

(1) 调换锂电池步骤

① 在拆装前，应先让 PLC 通电 15s 以上(这样可使作为存储器备用电源的电容器充电，在

锂电池断开后,该电容可给 PLC 作短暂供电,以保护 RAM 中的信息不丢失)。

② 断开 PLC 的交流电源。

③ 打开基本单元的电池盖板。

④ 取下旧电池,装上新电池。

⑤ 盖上电池盖板。

**温馨提示:**

更换电池时间要尽量短,一般不允许超过 3min。如果时间过长,RAM 中的程序将消失。

(2) I/O 模块的更换

若需替换一个模块,用户应确认被安装的模块是同类型。有些 I/O 系统允许带电更换模块,而有些则需切断电源。若替换后解决问题,但在一相对较短时间后又发生故障,那么用户应检查能产生电压的感性负载,也许需要从外部抑制其电流尖峰。如果熔丝在更换后易被烧断,则有可能是模块的输出电流超限,或输出设备被短路。

### 三、可编程序控制器的故障诊断

任何 PLC 都具有自诊断功能,当 PLC 异常时应该充分利用其自诊断功能以分析故障原因。一般当 PLC 发生异常时,首先请检查电源电压、PLC 及 I/O 端子的螺钉和接插件是否松动,以及有无其他异常。然后再根据 PLC 基本单元上设置的各种 LED 的指示灯状况,以检查 PLC 自身和外部有无异常。

下面以 FX 系列 PLC 为例,来说明根据 LED 指示灯状况以诊断 PLC 故障原因的方法。

1. 电源指示([POWER]LED 指示)

当向 PLC 基本单元供电时,基本单元表面上设置的[POWER]LED 指示灯会亮。如果电源合上但[POWER]LED 指示灯不亮,请确认电源接线。另外,若同一电源有驱动传感器等时,请确认有无负载短路或过电流。若不是上述原因,则可能是 PLC 内混入导电性异物或其他异常情况,使基本单元内的熔丝熔断,此时可通过更换熔丝来解决。

**温馨提示:**

如果由于外围电路元器件较多而引起的 PLC 基本单元电流容量不足时,需要使用外接的 DC24V 电源。

2. 内部电池指示([BATT. V]LED 灯亮)

电源接通,若电池电压下降,则该指示灯亮,特殊辅助继电器 M8006 动作。此时需要及时更换 PLC 内部电池,否则会影响片内 RAM 对程序的保持,也会影响定时器、计数器的工作稳定。

3. 出错指示

(1) [EPROR]LED 闪烁

当程序语法错误(如忘记设定定时器或计数器的常数等),或有异常噪声、导电性异物混入等原因而引起程序内存的内容变化时,[EPROR]LED 会闪烁,PLC 处于 STOP 状态,同时输出全部变为 OFF。在这种情况下,应检查程序是否有错,检查有无导电性异物混入和高强度噪声源。

发生错误时,8009、8060～8068其中之一的值被写入特殊数据寄存器D8004中,假设这个写入D8004中内容是8064,则通过查看D8064的内容便可知道出错代码。与出错代码相对应的实际出错内容参见PLC使用手册的错误代码表。

(2)[EPROR]LED灯亮

由于PLC内部混入导电性异物或受外部异常噪声的影响,导致CPU失控或运算周期超过200ms,则WDT出错,[EPROR]LED灯亮,PLC处于STOP,同时输出全部都变为OFF。此时可进行断电复位,若PLC恢复正常,请检查一下有无异常噪声发生源和导电性异物混入的情况。另外,请检查PLC的接地是否符合要求。

> **温馨提示:**
> ① 检查过程如果出现[EPROR]LED灯亮→闪烁的变化,请进行程序检查。如果[EPROR]LED依然一直保持灯亮状态时,请确认一下程序运算周期是否过长(监视D8012可知最大扫描时间)。
> ② 如果进行了全部的检查之后,[EPROR]LED的灯亮状态仍不能解除,应考虑PLC内部发生了某种故障,请与厂商联系。

4. 输入指示

不管输入单元的LED灯亮还是灭,请检查输入信号开关是否确实在ON或OFF状态。如果输入开关的额定电流容量过大或油侵入等,则容易产生接触不良。当输入开关与LED灯亮用电阻并联时,即使输入开关OFF但并联电路仍导通,仍可对PLC进行输入。如果使用光传感器等输入设备,由于发光/受光部位粘有污垢等,引起灵敏度变化,有可能不能完全进入"ON"状态。在此PLC运算周期短的时间内,不能接收到ON和OFF的输入。如果在输入端子上外加不同的电压,会损坏输入回路。

5. 输出指示

不管输出单元的LED灯亮还是灭,当负载不能进行ON或OFF时,主要是由于过载、负载短路或容量性负载的冲击电流等,引起继电器输出接点粘合,或接点接触面不好导致接触不良。

PLC系统的故障检测方法为:一摸、二看、三闻、四听、五按迹寻踪、六替换。

一摸:即查CPU的温度高不高,CPU正常运行温度不超过60℃,因手能接受的温度为人体温度37～38℃,当手感觉不热时为宜。

二看:即看各板上的各模块指示灯是否正常。

三闻:即闻有没有异味,电子元件或线缆有无烧毁。

四听:即听有无异动,螺钉是否松动,继电器正常工作与否,听现场工作人员的反映情况。

五按迹寻踪:即出现故障根据图纸和工艺流程来寻找故障所在地。

六替换:对不确定的部位的问题用部件替换法来确定故障。

> **温馨提示:**
> PLC和故障诊断是一个十分重要的问题,是保证PLC控制系统正常、可靠运行的关键。在实际工作中,应充分考虑到对PLC的各种不利因素,定期进行检查和日常维护,以保证PLC控制系统安全、可靠地运行。

1. 选择题

(1) 下列选项中属于 PLC 运行指示灯的是(　　　)。

A. RUN　　　　　　B. POWER　　　　　　C. BATT. V　　　　　　B. STOP

(2) 下列选项中表示 PLC 内部电池故障的是(　　　)。

A. RUN　　　　　　B. POWER　　　　　　C. BATT. V　　　　　　B. STOP

(3) 正常时每个输出端口对应的指示灯应随该端口(　　　)。

A. 无输出或无输出而亮或熄　　　　　　　　B. 有输出或无输出而亮或熄

C. 有无输入而亮或熄　　　　　　　　　　　D. 有无输入均亮

2. 判断题

(1)(　　　) 可编程序控制器的输入端可与机械系统上的触点开关、接近开关、传感器等直接连接。

(2)(　　　) PLC 机锂电池电压即使降至最低值,用户程序也不会丢失。

(3)(　　　) PLC 的输出接线中,在不同组中,可采用不同类型和电压等级的输出电压。但在同一组中的输出只能用同一类型、同一电压等级的电源。

(4)(　　　) 当需要控制两个相反的动作时,应在 PLC 和控制设备之间加自锁电路。

3. 简答题

(1) PLC 机的日常维护工作主要包括哪些方面?

(2) 试说明调换 PLC 锂电池的步骤。

(3) 请复述出 PLC 系统的故障检测方法。

1. 根据可编程序控制器的运行环境要求查看本校使用的 PLC。

2. 调换 PLC 锂电池。

3. 测量 PLC 各电源的电压大小。

任务评价

| 任务 | | | 可编程序控制器的维护和故障诊断 | | | | | |
|---|---|---|---|---|---|---|---|---|
| 班级 | | | | 学号 | | | 姓名 | |
| 序号 | 评价内容 | 配分 | 评价标准 | 评价结果 | | | 综合得分 | |
| | | | | 自评 | 小组评 | 教师评 | | |
| 1 | 运行环境 | 10 | 根据可编程序控制器的运行环境要看使用的 PLC | | | | | |
| 2 | 更换电池 | 40 | 根据要求操作正确,装卸时不损伤元器件 | | | | | |
| 3 | 动手检测 | 30 | 电压测量操作正确 | | | | | |
| 4 | 同组协作 | 20 | 互相帮助,共同学习 | | | | | |
| 5 | 安全文明生产 | 只扣分不加分 | 工具摆放整齐,不发生伤人事故 | | | | | |

# 项目三  学习可编程序控制器的基础知识

可编程序控制器就是一种存储程序控制器。其输入设备、输出设备和继电器控制系统相同,但它们是直接接到可编程序控制器的输入端和输出端的。控制程序通过编程器而写到可编程序控制器的程序存储器中,每个程序语句都有一个顺序,运行时依次读取存储中的程序语句,对他们的内容解释加以执行,执行结果用以接通到输出设备,控制被控对象工作。在存储程序控制系统中,控制程序的修改不需要改变控制器内部的接线(即硬件),而只需通过编程器改变程序存储器中某些语句的内容。

本项目主要以四个典型任务为载体,来学习可编程序控制器的基础知识。

## 任务 1  学习可编程序控制器的编程语言及规则

### 任务目标

1. 了解可编程序控制器的五种编程语言;
2. 掌握梯形图的编程规则。

### 任务描述

可编程序控制器与一般的计算机相类似,在软件方面有系统软件和应用软件之分,只是可编程序控制器的系统软件由可编程序控制器生产厂家固化在 ROM 中,一般的用户只能在应用软件上进行操作,即通过编程软件来编制用户程序。

编程软件是由可编程序控制器生产厂家提供的编程语言,用户采用 PLC 厂商提供的编程语言自主编制应用程序,以达到某种目的。

本任务主要介绍可编程序控制器的编程语言及其编写规则。

### 任务过程

#### 一、可编程序控制器的编程语言

可编程控制器的编程语言是可编程控制器应用软件的工具。它以可编程控制器输入口、输出口、机内元件之间的逻辑及数量关系表达系统的控制要求,并存储在机内的存储器中,即所谓的"存储逻辑"。

至今为止还没有一种能适合各种可编程序控制器的通用的编程语言,但是各个可编程序控制器发展过程有类似之处,可编程序控制器的编程语言即编程工具都大体相同,一般有如下五种表达方式。

### 1. 梯形图(Ladder Diagram, LD)

梯形图是一种以图形符号及图形符号在图中的相互关系表示控制关系的编程语言,是最直观、最简单的一种编程语言,它是从继电器控制电路图演变过来的,如图3-1所示。梯形图将继电器控制电路图进行简化,同时加进了许多功能强大、使用灵活的指令,将微机的特点结合进去,使编程更加容易,而实现的功能却大大超过传统继电器控制电路图,是目前最普通的一种可编程控制器编程语言。

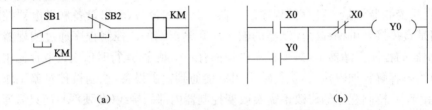

图3-1 继电器控制电路图与PLC控制的梯形图的比较
(a)继电接触器控制电路图;(b)PLC梯形图语言

**温馨提示:**

梯形图及符号的画法按一定规则,各厂家的符号和规则虽不尽相同,但基本上大同小异。

### 2. 指令表(Instruction List, IL)

类似于计算机的汇编语言,特别适合于来自计算机领域的工程人员。用指令助记符创建用户程序,属于面向机器硬件的语言。梯形图编程语言优点是直观、简便,但要求用带CRT屏幕显示的图形编程器才能输入图形符号,而小型的编程器一般无法满足,采用经济便携的编程器(指令编程器)将程序输入到可编程序控制器中,这种编程方法使用指令语句(助记符语言),它类似于微机中的汇编语言。

语句是指令语句表编程语言的基本单元,每个控制功能有一个或多个语句组成的程序来执行。每条语句规定可编程控制器中CPU如何动作的指令,它是由操作码和操作数组成的。

操作码用助记符表示要执行的功能,操作数(参数)表明操作的地址或一个预先设定的值,如图3-2所示。

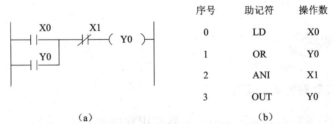

| 序号 | 助记符 | 操作数 |
|---|---|---|
| 0 | LD | X0 |
| 1 | OR | Y0 |
| 2 | ANI | X1 |
| 3 | OUT | Y0 |

(a)　　　　　　　　　　(b)

图3-2 PLC控制的梯形图语言与对应的指令语句表
(a)PLC梯形图语言;(b)指令语句表

### 3. 顺序功能图(Sequential Function Chart, SFC)

顺序功能流程图是为了满足顺序逻辑控制而设计的编程语言。它包含步、动作、转换三个要素。编程时根据转换条件对控制系统的功能流程顺序进行分配。一步一步地按照顺序动作。顺序功能编程法可将一个复杂的控制过程分解为一些小的顺序控制要求连接组合成整体的控制程序。顺序功能图法体现了一种编程思想，在程序的编制中具有很重要的意义，如图 3－3 所示。

SFC(顺序功能图)的基本形式按结构可分为单流程结构、选择结构和并行结构三种，如图 3－4 所示。

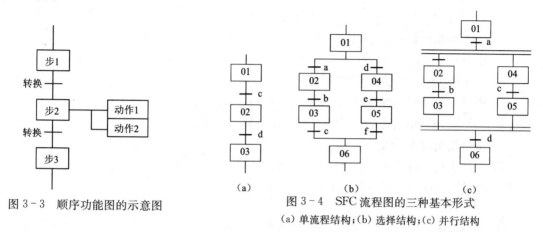

图 3－3　顺序功能图的示意图

图 3－4　SFC 流程图的三种基本形式

(a) 单流程结构；(b) 选择结构；(c) 并行结构

### 4. 功能块图(Function Block Diagram, FBD)

功能块图，又名逻辑符号图。功能块图是一种对应于线路图的图形语言，广泛地用于过程控制。

功能图编程语言实际上是用逻辑功能符号组成的功能块来表达命令的图形语言，与数字电路中逻辑图极为相似，模块有输入端，使用与、或、非、异或等逻辑描述输入端和输出端的函数关系，模块间的连接方式基本相同。如图 3－5 所示为先"或"后"与"再输出操作的功能块图。

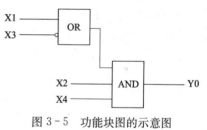

图 3－5　功能块图的示意图

由图 3－5 可见，这种编程方法是根据信息流将各种功能块加以组合，直观易懂，容易掌握，极易表现条件与结果之间的逻辑功能。

### 5. 结构文本(Structured Text, ST)

结构文本，现在又称高级编程语言。随着可编程控制器的飞速发展，如果许多高级功能还是用梯形图来表示，会很不方便。为了增强可编程序控制器的数字运算、数据处理、图表显示、报表打印等功能，方便用户的使用，许多大中型可编程控制器都配备了 PASCAL、BASIC、C 等高级编程语言。这种编程方式称为结构文本。与梯形图相比，结构文本有两个很大优点，一是能实现复杂的数学运算，二是非常简洁和紧凑。并且结构文本用来编制逻辑运算程序也很容易。

> **温馨提示：**
> 　　以上编程语言的五种表达式是由国际电工委员会(IEC)1994 年 5 月在可编程控制器标准中推荐的。对于一款具体的可编程控制器，生产厂家可在这五种表达方式提供其中的几种编程语言供用户选择。也就是说，并不是所有的可编程控制器都支持全部的五种编程语言。

### 二、可编程序控制器梯形图编程规则

**1. 梯形图语言的特点**

① 梯形图是一种图形语言,沿用传统控制图中的继电器触点、线圈、串联等术语和一些图形符号构成,左右的竖线称为左右母线。

② 梯形图中接点(触点)只有动合和动断,接点可以是 PLC 输入点接的开关,也可以是 PLC 内部继电器的接点或内部寄存器、计数器等的状态。

③ 梯形图中的接点可以任意串、并联,但线圈只能并联不能串联。

④ 内部继电器、计数器、寄存器等均不能直接控制外部负载,只能做中间结果供 CPU 内部使用。

⑤ PLC 是按循环扫描事件,沿梯形图先后顺序执行,在同一扫描周期中的结果留在输出状态暂存器中,所以输出点的值在用户程序中可以当作条件使用。

**2. 梯形图的编程规则**

① 左母线只能直接接各类继电器的触点,继电器线圈不能直接接左母线。

② 右母线只能直接接各类继电器的线圈(不含输入继电器的线圈),继电器触点不能直接接右母线。

③ 一般情况下,同一编号的线圈在梯形图中只能出现一次,而同一编号的触点在梯形图中可以重复出现(即同一继电器的触点使用次数不限)。

④ 梯形图中触点可以任意的串联或并联,而线圈可以并联,但不可以串联。

⑤ 梯形图应该按照从左至右、从上到下的顺序画。

⑥ 合理布置。串联多的电路放在上部,并联多的电路移近左母线,这样可以简化程序,节省存储空间,如图 3-6 所示。

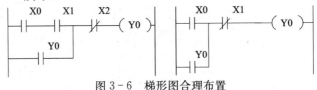

图 3-6 梯形图合理布置

⑦ 程序结束后应有结束指令。

> **温馨提示:**
> ① 在不影响程序效果的前提下,人工画的梯形图可以省略右母线。
> ② 输出类元件(例如 OUT、MC、SET、RST、PLS、PLF 和大多数应用指令)应放在梯形图的最右边,它们不能直接与左侧母线相连。
> ③ 有的指令(例如 END 和 MCR 指令)不能用触点驱动,必须直接与左侧母线或临时母线相连。

**1. 填空题**

(1) PLC 的软件系统可分为_____和_____两大部分。

（2）国际电工委员会（IEC）1994 年 5 月在可编程控制器标准中推荐的五种编程语言分别是_____、_____、_____、_____和_____。

（3）顺序功能图(SFC)的基本形式按结构可分_____、_____、_____三种形式。

2. 选择题

（1）在下列叙述中，（　　）的说法是不正确的。

A. PLC 是一种工业控制计算机

B. PLC 程序中不可包含用高级语言写的程序

C. PLC 系统配置灵活

D. PLC 系统构成简单

（2）可以用编程器修改的程序是（　　）。

A. 系统管理程序　　　　B. 固化程序　　　　C. 用户程序　　　　D. 任何程序

（3）可编程序控制器编程语言有（　　）、功能表图、功能模块图和语句描述。

A. 安装图　　　　　　　B. 梯形图　　　　　C. 原理图　　　　　D. 逻辑图

（4）对复杂的梯形图逻辑编写程序，应该（　　）。

A. 采用高级语言　　　　　　　　　　B. 直接转化为程序

C. 先简化梯形图再将其转化为程序　　D. 用高级 PLC

（5）在梯形图中同一编号的（　　）在一个程序段中不能重复使用。

A. 输入继电器　　　　B. 定时器　　　　C. 输出线圈　　　　D. 计时器

（6）可编程序控制器一般不采用的编程语言有（　　）。

A. 梯形图　　　　　　B. 语句表　　　　C. 功能图编程　　　D. 高级编程语言

（7）PLC 的系统程序不包括（　　）。

A. 管理程序　　　　　　　　　　　　B. 供系统调用的标准程序模块

C. 用户指令解释程序　　　　　　　　D. 开关量逻辑控制程序

3. 判断题

（1）（　　）PLC 中的操作系统程序是由 PLC 生产厂家设计编写的，固化到 RAM 中。

（2）（　　）在一个程序中，同一编号的线圈如果使用两次，称为双线圈输出。

（3）（　　）在设计 PLC 的梯形图时，在每一逻辑行中，并联触点多的支路应放在右边。

（4）（　　）编程时应按自上而下，从左至右的方式编制。

（5）（　　）在 PLC 编程时，允许输出继电器双线圈输出。

（6）（　　）梯形图是程序的一种表示方法，也是控制电路。

（7）（　　）指令表是指由指令来构成能完成控制任务的指令组合。

（8）（　　）在 PLC 梯形图中如单个接点与一个串联支路并联，应将串联支路排列在图形的上面，而把单个接点并联在其下面。

# 任务 2　学习三菱可编程序控制器内部软元件资源

🔍 **任务目标**

1. 了解可编程序控制器的内部软元件；

2. 学会使用 FX2N 系列 PLC 内部软元件资源。

### 任务描述

可编程序控制器之所以能够完成相应的控制功能,是因为在其内部存在许多"软"继电器,又称软元件。不同厂家、不同系列的 PLC,其内部软继电器(编程元件)的功能和编号也不相同,因此用户在编制程序时,必须熟悉所选用的 PLC 的每条指令涉及编程元件的功能和编号。本任务以三菱可编程序控制器为背景来介绍其内部软元件资源。

### 任务过程

**学一学**

#### 1. 输入继电器(X)

输入继电器与 PLC 的输入端相连,它的代表符号是"X"。输入继电器的外部物理特性就相当于一个开关量的输入点,称为输入接点。输入继电器是 PLC 中用来专门接受从外部输入设备发来的信号,其状态由外部控制现场的信号驱使,不受程序的控制。外部输入设备通常分为主令电器和检测电器两大类。主令电器产生主令信号,如按钮、转换开关等;检测电器产生检测运行状态的信号,如行程开关、继电器的触点、传感器等。输入继电器提供无数个动合(常开)触点与动断(常闭)触点供用户使用,其图形符号如图 3-7 所示。

FX 系列 PLC 的输入继电器采用八进制编号,如图 3-8 所示为三菱 FX2N-48MR 可编程序控制器 I/O 接线端子,其输入继电器的编号为 X0~X7、X10~X17、X20~X27,共 24 个。

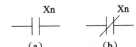

图 3-7 输入继电器的动合(常开)触点与动断(常闭)触点符号
(a) 动合(常开)触点;(b) 动断(常闭)触点

**温馨提示:**

①输入继电器的状态只能由外部信号驱动改变,而无法用程序驱动,所以在梯形图中只见其触点,而不会出现输入继电器线圈符号。

②输入继电器触点只能用于内部编程,无法驱动外部负载。

③外部输入设备应连接在输入继电器与公共端 COM 之间。

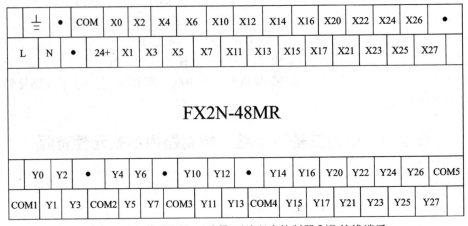

| ⏚ | • | COM | X0 | | X2 | | X4 | | X6 | | X10 | | X12 | | X14 | | X16 | | X20 | | X22 | | X24 | | X26 | | • |
|---|---|---|---|---|---|---|---|---|---|---|---|---|---|---|---|---|---|---|---|---|---|---|---|---|---|---|---|
| L | N | • | 24+ | X1 | | X3 | | X5 | | X7 | | X11 | | X13 | | X15 | | X17 | | X21 | | X23 | | X25 | | X27 | |

**FX2N-48MR**

| | Y0 | | Y2 | | • | | Y4 | | Y6 | | • | | Y10 | | Y12 | | • | | Y14 | | Y16 | | Y20 | | Y22 | | Y24 | | Y26 | | COM5 |
|---|---|---|---|---|---|---|---|---|---|---|---|---|---|---|---|---|---|---|---|---|---|---|---|---|---|---|---|
| COM1 | | Y1 | | Y3 | | COM2 | | Y5 | | Y7 | | COM3 | | Y11 | | Y13 | | COM4 | | Y15 | | Y17 | | Y21 | | Y23 | | Y25 | | Y27 | |

图 3-8 三菱 FX2N-48MR 可编程序控制器 I/O 接线端子

**2. 输出继电器（Y）**

输出继电器的外部输出接点连接到 PLC 的输出端子上，它的代表符号是"Y"。PLC 的输出端子是向外部负载输出信号的端口。外部负载设备通常分为驱动负载和显示负载两大类。驱动负载如接触器、继电器、电磁阀等，显示负载如指示灯、数字显示装置、电铃、蜂鸣器等。每个输出继电器都提供 1 个线圈及与线圈地址相同的无数个动合触点与动断触点给用户使用，其图形符号如图 3-9 所示。当线圈被驱动时，该线圈对应的触点也会相应动作，而接在这个输出继电器的执行元件就会同时被驱动。

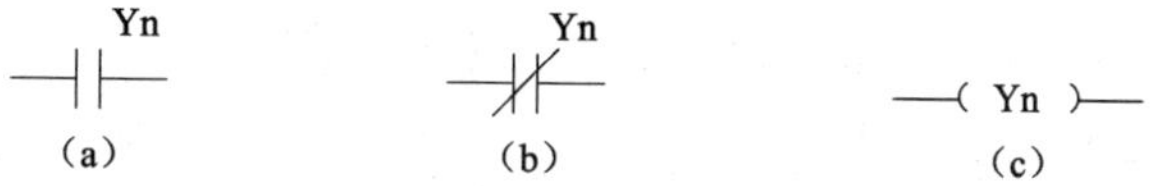

图 3-9 输出继电器的动合触点、动断触点和线圈符号
(a) 动合触点；(b) 动断触点；(c) 线圈

FX 系列 PLC 的输出继电器也是采用八进制编号，如图 3-8 所示为三菱 FX2N-48MR 可编程序控制器 I/O 接线端子，其输入继电器的编号为 Y0～Y7、Y10～Y17、Y20～Y27，共 24 个。

PLC 的输出公共端的类型是若干输出端子构成一组，共用一个输出公共端，各组的输出公共端用 COM1、COM2……表示，各组公共端之间相互独立，可使用不同的电源类型和电压等级负载驱动电源。如图 3-7 所示，Y0～Y3 共用 COM1，Y4～Y7 共用 COM2，Y10～Y13 共用 COM3，Y14～Y17 共用 COM4，Y20～Y27 共用 COM5。

**温馨提示：**

① 对不同电源电压的负载元件，应分别接不同的公共端。但若两个"COM"点所接的元件工作电压相同，可直接将两个"COM"点连接后接到负载电源端。

② 对接在 PLC 输出端的负载元件，若有可能因同时接通会造成短路的，除了要用 PLC 程序作联锁软保护外，还需要在 PLC 外部的负载电路上设置联锁硬保护。

**3. 辅助继电器（M）**

辅助继电器，又可称为中间继电器，代表符号是"M"。它是 PLC 内部的软元件，类似继电器控制线路的中间继电器。它与 PLC 输出继电器（Y）相比，相同点是它能像输出继电器（Y）一样被驱动，不同点是输出继电器（Y）能直接驱动外部负载，而辅助继电器（M）却不能直接驱动外部负载。每个辅助继电器也有无数对动合触点与动断触点供程序运用，其图形符号如图 3-10 所示。

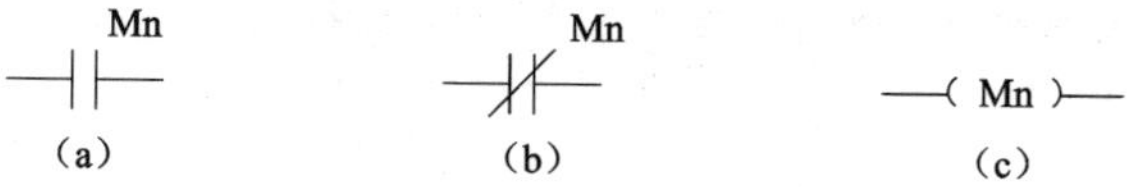

图 3-10 辅助继电器的动合触点、动断触点和线圈符号
(a) 动合触点；(b) 动断触点；(c) 线圈

辅助继电器中还有一类特殊辅助继电器，它有各种特殊功能，如定时时钟、进/借位标志、启动/停止、单步运行、通信状态、出错标志等。FX2N 系列 PLC 的辅助继电器按照其功能分成以下三类。

(1) 通用辅助继电器 M0~M499(500 点)

通用辅助继电器元件是按十进制进行编号的,FX2N 系列 PLC 有 500 点,其编号为 M0~M499。

(2) 断电保持辅助继电器 M500~M3071(2572 点)

FX2N 系列 PLC 有 M500~M3071 共 2572 个断电保持辅助继电器。它与普通辅助继电器不同的是具有断电保护功能,即能记忆电源中断瞬时的状态,并在 PLC 重新通电后再现其状态。有些控制系统要求有些信号、状态保持断电瞬间的状态,就必须使用断电保持辅助继电器。这类辅助继电器依靠 PLC 内装的后备锂电池来实现断电保持功能。其中 M500~M1023 可由软件将其设定为通用辅助继电器。

(3) 特殊辅助继电器 M8000~M8255(256 点)

PLC 内有大量的特殊辅助继电器,它们都有各自的特殊功能。FX2N 系列中有 256 个特殊辅助继电器,可分成触点型和线圈型两大类。

① 触点型。触点型特殊辅助继电器线圈由 PLC 自动驱动,用户只可使用其触点。例如:

M8000——在 PLC 运行期间始终保持接通;

M8001——在 PLC 运行期间始终保持断开;

M8002——在 PLC 开始运行的第一个扫描周期接通,此后就一直断开;

M8011——周期为 0.01s 的时钟脉冲(5ms 通,5ms 断);

M8012——周期为 0.1s 的时钟脉冲(0.05s 通,0.05s 断);

M8013——周期为 1s 的时钟脉冲(0.5s 通,0.5s 断);

M8014——周期为 1min 的时钟脉冲(30s 通,30s 断)。

② 线圈。该类特殊辅助继电器由用户程序驱动线圈后,PLC 将执行特定动作。例如:

M8030——若其线圈得电,则 BATTLED(锂电池欠电压指示灯)熄灭;

M8033——若其线圈得电,则 PLC 停止时保持输出映像寄存器或数据寄存器内容;

M8034——若其线圈得电,则将 PLC 的输出全部禁止;

M8039——若其线圈得电,则 PLC 按 D8039 中指定的扫描时间工作。

4. 状态继电器(S)

状态继电器 S 是 PLC 在顺序控制系统中实现控制的重要内部元件。它与后面介绍的步进顺序控制指令 STL 组合使用,运用顺序功能图编制高效易懂的程序。

> **温馨提示:**
> 当状态继电器不用步进控制时,状态继电器 S 可作为辅助继电器在程序中使用。

5. 定时器(T)

定时器(T)在 PLC 中的作用相当于继电器控制系统中的通电型时间继电器,可用于定时操作。FX2N 系列中定时器可分为通用定时器和积算定时器两种。它们是通过对一定周期的时钟脉冲进行累计而实现定时的,时钟脉冲有周期为 1、10、100ms 三种。定时器应用时,都要设置一个 10 进制数的时间设定值,在程序中,凡数字前面加有符号"K"的数值都表示 10 进制数,定时器被驱动后,就对时钟脉冲数(每个脉冲都是定时器的计时单位)进行累计,到达设定值时就输出,其所属触点就动作,定时器触点可供编程使用,使用次数不限。定时器的图形符号如图 3-11 所示。定时器的延时时间＝设定值×时钟脉冲周期。

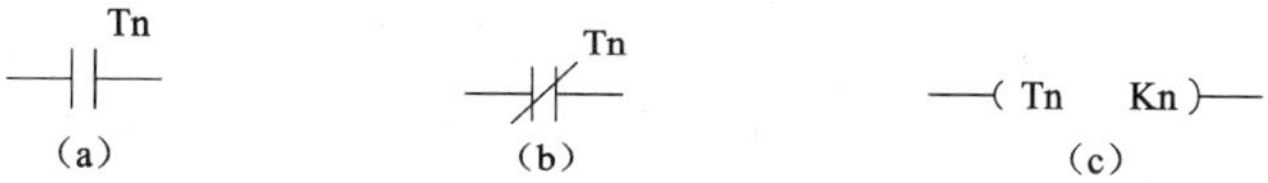

图 3-11  定时器的动合触点、动断触点和线圈符号
(a) 动合触点；(b) 动断触点；(c) 线圈

(1) 通用定时器

通用定时器的特点是不具备断电的保持功能，即当输入电路断开或停电时定时器复位。通用定时器有 100ms 和 10ms 通用定时器两种。

① 100ms 通用定时器(T0～T199)共 200 点，其中 T192～T199 为子程序和中断服务程序专用定时器。100ms 通用定时器是对 100ms 时钟脉冲累积计数，设定值为 1～32767，所以其定时范围为 0.1～3276.7s。

② 10ms 通用定时器(T200～T245)共 46 点。这类定时器是对 10ms 时钟脉冲累积计数，设定值为 1～32767，所以其定时范围为 0.01～327.67s。

(2) 积算定时器

积算定时器具有计数累积的功能。在定时过程中如果断电或定时器线圈 OFF，积算定时器将保持当前的计数值(当前值)，通电或定时器线圈 ON 后继续累积，即其当前值具有保持功能，只有将积算定时器复位，当前值才变为 0。积算定时器有 1ms 和 100ms 积算定时器两种。

① 1ms 积算定时器(T246～T249)共 4 点，是对 1ms 时钟脉冲进行累积计数的，定时的时间范围为 0.001～32.767s。

② 100ms 积算定时器(T250～T255)共 6 点，是对 100ms 时钟脉冲进行累积计数的定时的时间范围为 0.1～3276.7s。

6. 计数器(C)

计数器是 PLC 重要内部部件，它是在执行扫描操作时对内部元件(如 X、Y、M、S、T、C)的信号进行计数。在 FX2 系列 PLC 中有 235 个内部计数器和 21 个高速计数器，它们主要用于对触点动作次数(或状态执行次数)的计数。计数器应用时，都要用一个十进制数作设定值，即计数器的设定值前面也要加符号"K"。计数器线圈每被驱动一次，计数器的当前值就增加 1，在当前值等于设定值时，计数器触点就动作。计数器动作后，即使计数输入仍在继续，但计数器已不再计数，保持在设定值上直到用 RST 指令复位清零。PLC 的每个计数器有无限对动合与动断触点供程序应用，其图形符号如图 3-12 所示。

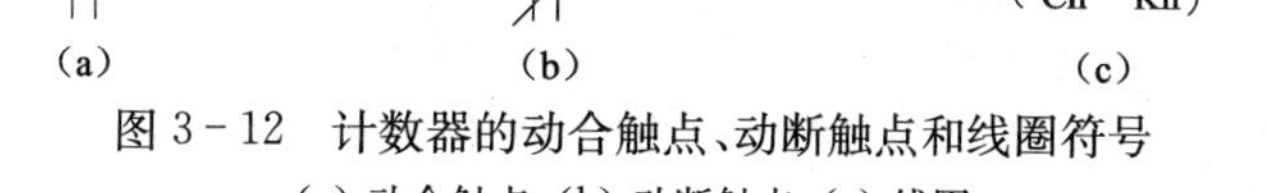

图 3-12  计数器的动合触点、动断触点和线圈符号
(a) 动合触点；(b) 动断触点；(c) 线圈

温馨提示：

计数器动作后，即使已停止驱动计数器，但计数器的触点仍将保持动作状态，要使计数器触点复位，必须要使用复位指令(如 RST、ZRST 等)。

(1) 内部计数器

内部计数器是在执行扫描操作时对内部信号(如 X、Y、M、S、T 等)进行计数。内部输入信号的接通和断开时间应比 PLC 的扫描周期稍长。内部计数器有 16 位增计数器和 32 位增/减计数器两种。

① 16 位增计数器(C0~C199)共 200 点,其中 C0~C99 为通用型,C100~C199 共 100 点为断电保持型(断电保持型即断电后能保持当前值待通电后继续计数)。这类计数器为递加计数,应用前先对其设置一个设定值,当输入信号(上升沿)个数累加到设定值时,计数器动作,其动合触点闭合,动断触点断开。计数器的设定值为 1~32767(16 位二进制),设定值除了用常数 K 设定外,还可间接通过指定数据寄存器设定。

② 32 位增/减计数器(C200~C234)共有 35 点 32 位加/减计数器,其中 C200~C219(共 20 点)为通用型,C220~C234(共 15 点)为断电保持型。这类计数器与 16 位增计数器除位数不同外,还在于它能通过控制实现加/减双向计数。设定值范围均为 - 214783648~+214783647(32 位)。

> **温馨提示:**
>
> C200~C234 是增计数还是减计数,分别由特殊辅助继电器 M8200~M8234 设定。对应的特殊辅助继电器被置为 ON 时为减计数,置为 OFF 时为增计数。

(2) 高速计数器(C235~C255)

高速计数器与内部计数器相比除允许输入频率高之外,应用也更为灵活,高速计数器均有断电保持功能,通过参数设定也可变成非断电保持。FX2N 有 C235~C255 共 21 点高速计数器。适合用来作为高速计数器输入的 PLC 输入端口有 X0~X7。X0~X7 不能重复使用,即某一个输入端已被某个高速计数器占用,它就不能再用于其他高速计数器,也不能用作它用。

7. 数据寄存器(D)

可编程控制器用于模拟量控制、位置控制、数据 I/O 时,需要许多数据寄存器存储参数及工作数据,每个数据寄存器都是 16 位,其中最高位为符号位,可以用两个数据寄存器合并起来存放 32 位数据(最高位为符号位)。

FX2N 系列 PLC 有如下几种数据寄存器:

① 通用数据寄存器(D0~D199)共有 200 点,字长 16 位,都具有"取之不尽,后入为主"的特性。只要不写入数据,数据将不会变化,直到再次写入。这类寄存器内的数据,一旦 PLC 状态由运行(RUN)转成(STOP)时全部数据均清零。

② 断电保持数据寄存器(D200~D7999)共有 7800 点,其中 D200~D511 只要不被改写,数据不会丢失(无论电源接通与否或 PLC 是否运行);在两台 PLC 作点对点的通信时,D490~D509 被用作通信操作;D512~D7999 的断电保持功能不能用软件改变,但可以通过指令清除它们的数据。

③ 特殊数据寄存器(D8000~D8255)FX2N 系列 PLC 内部有 256 个特殊数据寄存器,其作用是监控 PLC 的运行状态,如扫描时间、电源电压等。未加定义的特殊寄存器,用户不能使用。

8. 指针(P/I)

指针是 PLC 在执行程序时来改变执行流向的元件。在 FX2N 系列 PLC 中有分支指令专用指针(P)和中断用指针(I)两类。

① 分支指令专用指针 P0～P63,共 64 点。指针 P0～P63 作为标号,用来指定条件跳转、子程序调用等分支指令的跳转目标。分支指令用指针在应用时,要与相应的应用指令 CJ、CALL、FEND、SRET 及 END 配合使用,P63 为结束跳转使用。

② 中断用指针 I0□□～I8□□,共 9 点。其中,I0～I5 用于输入中断,I6～I8 用于定时器中断。输入中断指针格式为:I□0□。

> **温馨提示:**
>
> ① 第一个□中输入号为 0～5,每个输入只能用一次。
>
> ② 第二个□中输入 0 或 1。0 代表下降沿中断,1 代表上升沿中断。

定时器中断指针格式为:I□ □□。

> **温馨提示:**
>
> ① 第 1 个□中输入定时器中断号为 6～8,每个定时器只能用一次。
>
> ② 第 2、3 个□中输入时间数字:10～99ms。

例如:I001 表示输入 X0 由断开到闭合时,执行标号为 I001 后面的中断程序;I730 表示每隔 30 ms 执行标号为 I730 后面的中断程序。

9. 变址寄存器(V/Z )

FX2N 系列 PLC 中有 16 个变址寄存器,编号为 V0～V7 和 Z0～Z7,都是 16 位的寄存器。变址寄存器实际上是一种特殊的数据寄存器,作用类似计算机中的变址寄存器,用于改变元件的编号。

10. 常数 K/H

在 FX2 系列 PLC 中,常数 K 和 H 也被视为编程元件,它在存储器中占有一定的空间。十进制常数用 K 表示,如 18 表示为 K18;十六进制常数用 H 表示,如 18 表示为 H12。

1. 选择题

(1) FX2N 系列 PLC 可编程序控制器能够提供 100ms 时钟脉冲辅助继电器是(　　　)。

A. M8011　　　　　　B. M8012　　　　　　C. M8013　　　　　　D. M8014

(2) FX2N 系列可编程序控制器提供一个动合触点型的初始脉冲是(　　　),用于对程序作初始化。

A. M8000　　　　　　B. M8001　　　　　　C. M8002　　　　　　D. M8003

(3) PLC 的输入继电器是(　　　)。

A. 装在输入模块内的微型继电器　　　　　　B. 实际的输入继电器

C. 从输入端口到内部的线路　　　　　　　　D. 模块内部输入的中间继电器线路

(4) PLC 的特殊辅助继电器指的是(　　　)。

A. 提供具有特定功能的内部继电器　　　　　B. 断电保护继电器

C. 内部定时器和计数器　　　　　　　　　　D. 内部状态指示继电器和计数器

(5) PLC 中的定时器是(　　)。

A. 硬件实现的延时继电器,在外部调节　　　B. 软件实现的延时继电器,用参数调剂

C. 时钟继电器　　　　　　　　　　　　D. 输出继电器

2. 判断题

(1)(　　) 输入继电器触点只能用于内部编程,无法驱动外部负载。

(2)(　　) PLC 的输入继电器、输出继电器和辅助继电器地址号都是使用八进制数表示。

(3)(　　) 对不同电源电压的负载元件连接在输出继电器上时,应分别接不同的公共端。

(4)(　　) 对接在 PLC 输出端的负载元件,若有可能因同时接通会造成短路的,一定要用 PLC 程序作联锁软保护。

(5)(　　) 当状态继电器不用步进控制时,状态继电器 S 可作为辅助继电器在程序中使用。

(6)(　　) 定时器在 PLC 中的作用相当于继电器控制系统中的时间继电器,可用于定时操作。

(7)(　　) 计数器动作后,即使已停止驱动计数器,但计数器的触点仍将保持动作状态,要使计数器触点复位,必须要使用复位指令。

# 任务 3　FX‑20P‑E 手持编程器的使用

### 🔍 任务目标

1. 了解 FX‑20P‑E 手持编程器的组成及操作面板各部分的作用;

2. 了解 FX‑20P‑E 手持编程器的脱机操作方法;

3. 掌握 FX‑20P‑E 手持编程器的联机操作方法。

### 📝 任务描述

编程器是人机对话的重要外围设备。FX‑20P‑E 型手持式编程器,简称 HPP。通过编程电缆可与三菱 FX 系列 PLC 相连,用来给 PLC 写入、读出、插入和删除程序,以及监视 PLC 的工作状态等。本任务主要介绍 FX‑20P‑E 手持编程器的使用方法。

### 📊 任务过程

**一、FX‑20P‑E 型手持式编程器的组成与面板布置**

1. FX‑20P‑E 型手持式编程器的组成

FX‑20P‑E 型手持式编程器主要包括以下几个部件:

① FX‑20P‑E 型手持编程器;

② FX‑20P‑CAB0 型电缆,用于对三菱的 FX0 以上系列 PLC 编程;

③ FX-20P-RWM 型 ROM 写入器模块；

④ FX-20P-ADP 型电源适配器；

⑤ FX-20P-CAB 型电缆，用于对三菱的其他 FX 系列 PLC 编程；

⑥ FX-20P-FKIT 型接口，用于对三菱的 F1、F2 系列 PLC 编程。

其中编程器与电缆是必需的，其他部分是选配件。编程器右侧面的上方有一个插座，将 FX-20P-CAB0 电缆的一端输入该插座内（图 3-13），电缆的另一端插到 FX2N 系列 PLC 的 RS-422 编程器插座内。FX-20P-E 型手持编程器的顶部有一个插座，可以连接 FX-20P-RWM 型 ROM 型写入器，编程器底部插有系统程序存储器卡盒，需要将编程器的系统程序更新时，只要更换系统程序存储器即可。

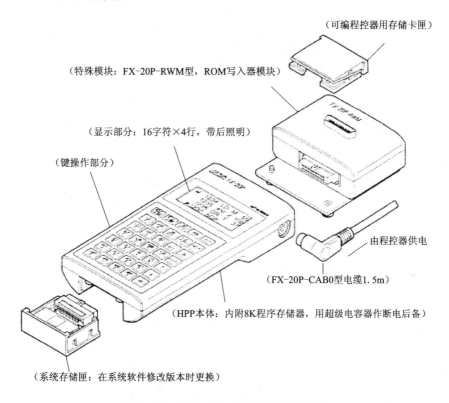

图 3-13　FX-20P-E 型手持式编程器

在 FX-20P-E 型手持编程器与 PLC 不相连的情况下（脱机或离线方式），需要用编程器编制用户程序时，可以使用 FX-20P-ADP 型电源适配器对编程器供电。FX-20P-E 型手持编程器内附有 8K RAM，在脱机方式时用来保存用户程序。编程器内附有高性能的电容器，通电 1h 后，在该电容器的支持下，RAM 内的信息可以保留三天。

2. FX-20P-E 型手持编程器的面板布置及作用

FX-20P-E 型手持编程器由液晶显示屏、ROM 写入器接口、存储器卡盒接口、功能键、指令键、元件符号键和数字键组成。

FX-20P-E 型手持编程器的面板布置如图 3-14 所示。

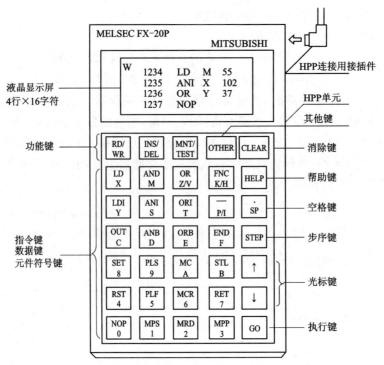

图 3-14  FX-20P-E 型手持式编程器面板布置示意图

1）FX-20P-E 型手持编程器的液晶显示屏

FX-20P-E 型手持编程器的液晶显示屏只能同时显示 4 行，每行 16 个字符，在编程操作时，液晶显示屏的画面示意图如图 3-15 所示。

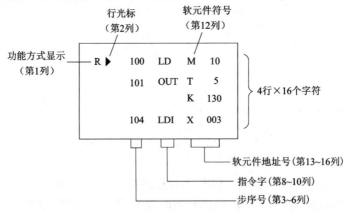

图 3-15  FX-20P-E 型手持式编程器液晶显示屏画面示意图

液晶显示屏左上角的黑三角提示符是功能方式说明，介绍如下：

①"R"为读出用户程序。

②"W"为写入用户程序。

③"I"为将编制的程序插入光标"▶"所指的指令之前。

④"D"为删除"▶"所指的指令。

⑤"M"表示编程器处于监视工作状态，可以监视位编程元件的 ON/OFF 状态、字编程元

件内的程序，以及对基本逻辑指令的通断状态及其进行监视。

⑥"T"表示编程器处于测试(Test)工作状态，可以对位编程元件的状态以及定时器和计数器的线圈强制 ON 或强制 OFF，也可以对字编程元件内的数据进行修改。

2）键盘

键盘由 35 个按钮组成键，最上面一行和最右边一列为 11 个功能键，其余的 24 个键为指令键和数字键，如图 3-14 所示。

（1）功能键

RD/WR 键：读出/写入键，是双功能键。按第一下选择读出方式，在液晶显示屏的左上角显示是"R"；按第二下选择写入方式，在液晶显示屏的左上角显示是"W"；按第三下又回到读出方式，编程器当时的工作状态显示在液晶显示屏的左上角。

INS/DEL 键：插入/删除键，是双功能键。按第一下选择插入方式，在液晶显示屏的左上角显示是"I"；按第二下选择删除方式，在液晶显示屏的左上角显示是"D"；按第三下又回到插入方式，编程器当时的工作状态显示在液晶显示屏的左上角。

MNT/TEST 键：监视/测试键，也是双功能键。按第一下选择监视方式，在液晶显示屏的左上角显示是"M"；按第二下选择测试方式，在液晶显示屏的左上角显示是"T"；按第三下又回到监视方式，编程器当时的工作状态显示在液晶显示屏的左上角。

GO 键：执行键。用于对指令的确认和执行命令，在键入某指令后，再按 GO 键，编程器就将该指令写入 PLC 的用户程序存储器，该键还可用来选择工作方式。

CLEAR 键：清除键。在未按 GO 键之前，按下 CLEAR 键，刚刚键入的操作码或操作数被清除。另外，该键还用来清除屏幕上的错误内容或恢复原来的画面。

SP 键：空格键。输入多参数的指令时，用来指定操作数或常数。在监视工作方式下，若要监视位编程元件，先按下 SP 键，再送该编程元件和元件号。

STEP 键：步序键。如果需要显示某步的指令，先按下 STEP 键，再送步序号。

↑、↓ 键：光标键。用此键移动光标和提示符，指定当前软元件的前一个或后一个元件，作上、下移动。

HELP 键：帮助键。按下 FNC 键后按 HELP 键，屏幕上显示应用指令的分类菜单，再按下相应的数字键，就会显示出该类指令的全部指令名称。在监视方式下按 HELP 键，可用于使字编程元件内的数据在十进制和十六进制数之间进行切换。

OTHER 键："其他"键。无论什么时候按下它，立即进入菜单选择方式。

（2）指令键、元件符号键和数字键

指令键、元件符号键和数字键都是双功能键，如图 3-14 所示。键的上面是指令助记符，键的下部分是数字或软元件符号，何种功能有效，是在当前操作状态下，由功能自动定义。下面的双重元件符号 Z/V、K/H 和 P/I 交替起作用，反复按键时相互切换。

**二、FX-20P-E 编程器的操作**

FX-20P-E 型手持编程器具有在线（ONLINE，或称联机）编程和离线（OFFLINE，或称脱机)编程两种工作方式。在线编程时编程器与 PLC 直接相连,编程器直接对 PLC 的用户程序存储器进行读写操作。若 PLC 内装有 EEPROM 卡盒,则程序写入该卡盒;若没有 EEP-ROM 卡盒,则程序写入 PLC 内的 RAM 中。在离线编程时,编制的程序首先写入编程器内的 RAM 中,以后再成批地传送 PLC 的存储器。

1. FX-20P-E 编程器的联机操作

FX-20P-E 型手持编程器本身不带电源,是由 PLC 主机供电的,所以在编程前用专用电缆将编程器与 PLC 主机进行连接。接通 PLC 电源后,若出现如图 3-16(a)所示的画面,则表示连接正常。画面显示 2s 后,转入如图 3-16(b)所示的画面。

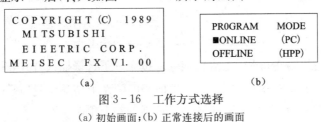

COPYRIGHT (C) 1989
MITSUBISHI
EIEETRIC CORP.
MEISEC FX V1.00

PR0GRAM MODE
■ONLINE (PC)
OFFLINE (HPP)

(a)                                  (b)

图 3-16  工作方式选择
(a) 初始画面;(b) 正常连接后的画面

正常连接后的画面中闪烁的符号"■"指明编程器所处的工作方式。用 ↑ 或 ↓ 键将"■"移动到选中的方式上,然后按 GO 键,就进入所选定的编程方式。

在联机方式下,用户可用编程器直接对 PLC 的用户程序存储器进行读/写操作,在执行写操作时,若 PLC 内没有安装 EEPROM 存储器卡盒,则程序写入 PLC 的 RAM 存储器内,反之则写入 EEPROM 中。此时,EEPROM 存储器的写保护开关必须处于"OFF"位置。只有用 FX-20P-RWM 型 ROM 写入器才能将用户程序写入 EPROM。

若按下 OTHER 键,则进入工作方式选定的操作。此时,FX-20P-E 型手持编程器的液晶屏幕显示的内容如图 3-17 所示。

ONLINE MODE FX
■ 1.OFFLINE MODE
2.PROGRAM CHECK
3.DATA TRANSFTER

图 3-17  工作方式选择

闪烁的符号"■"表示编程器所选的工作方式,按 ↑ 或 ↓ ,将"■"上移或下移到所需的位置,再按 GO 键,就进入了选定的工作方式。在联机编程方式下,可供选择的工作方式共有 7 种。

① OFFLINE MODE(脱机方式):进入脱机编程方式。

② PROGRAM CHECK:程序检查,若没有错误,显示"NO ERROR"(没有错误);若有错误,则显示出错误指令的步序号及出错代码。

③ DATA TRANSFER:数据传送,若 PLC 内安装有存储器卡盒,在 PLC 的 RAM 和外装的存储器之间进行程序和参数的传送;反之则显示"NO MEM CASSETTE"(没有存储器卡盒),不进行传送。

④ PARAMETER:对 PLC 的用户程序存储器容量进行设置,还可以对各种具有断电保持功能的编程元件的范围以及文件寄存器的数量进行设置。

⑤ XYM..NO.CONV.:修改 X、Y、M 的元件号。

⑥ BUZZER LEVEL:蜂鸣器的音量调节。

⑦ LATCH CLEAR:复位有断电保持功能的编程元件。

对文件寄存器的复位与它使用的存储器类别有关,只能对 RAM 和写保护开关处于 OFF 位置的 EEPROM 中的文件寄存器复位。

**2. 用户程序存储器初始化**

PLC 内存带有后备电源,断电后存储器 RAM 中的程序仍保留下来,在输入一个新程序时,一般应将原有的程序清除。要清除原有的程序可采用 NOP 的成批定写入。清除程序时需按 $\boxed{\text{RD/WR}}$ 键,使编程器处于 W(写)工作方式,接着按以下顺序按键:

$$\boxed{\text{NOP}} \to \boxed{\text{A}} \to \boxed{\text{GO}} \to \boxed{\text{GO}}$$

**温馨提示:**

程序清零 PLC 应在 STOP 下,当分别输入"NOP"、"A"、"GO"时,则 FX - 20P - E 型手持编程器的液晶屏幕出现"ALL　CLEAR? OK→GO　NO→CLEAR",提示是否要全部清除,则按 $\boxed{\text{GO}}$ 键,FX - 20P - E 型手持编程器的液晶屏幕显示如图 3-18 所示,表示已全部清除,如不是,则再重复 NOP 的成批写入操作,即顺序按键 $\boxed{\text{NOP}} \to \boxed{\text{A}}$ $\to \boxed{\text{GO}} \to \boxed{\text{GO}}$。

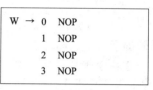

```
W → 0  NOP
    1  NOP
    2  NOP
    3  NOP
```

图 3-18　程序清零显示

**3. 指令的读出**

**(1) 根据步序号读出指令**

基本操作如图 3-19 所示,先按 $\boxed{\text{RD/WR}}$ 键,使编程器处于 R(读)工作方式,如果要读出步序号为 105 的指令,再按下列的顺序操作,该指令就显示在屏幕上。

$$\boxed{\text{STEP}} \to \boxed{1} \to \boxed{0} \to \boxed{5} \to \boxed{\text{GO}}$$

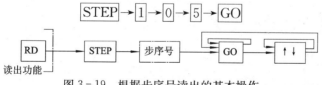

图 3-19　根据步序号读出的基本操作

若还需要显示该指令之前或之后的其他指令,可以按 $\boxed{\uparrow}$、$\boxed{\downarrow}$ 或 $\boxed{\text{GO}}$ 键。按 $\boxed{\uparrow}$、$\boxed{\downarrow}$ 键可以显示上一条或下一条指令。按 $\boxed{\text{GO}}$ 键可以显示下面 4 条指令。

**(2) 根据指令读出**

基本操作如图 3-20 所示,先按 $\boxed{\text{RD/WR}}$ 键,使编程器处于 R(读)工作方式,然后根据图 3-19 所示的操作步骤依次按相应的键,该指令就显示在屏幕上。例如指定指令 LD X020,从 PLC 中读出该指令。

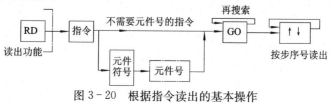

图 3-20　根据指令读出的基本操作

按 RD/WR 键,使编程器处于读(R)工作方式,然后按以下的顺序按键:

$$LD \rightarrow X \rightarrow 2 \rightarrow 0 \rightarrow GO$$

按 GO 键后屏幕上显示出指定的指令和步序号。再按 GO 键,屏幕上显示出下一条相同的指令及其步序号。如果用户程序中没有该指令,在屏幕的最后一行显示"NOT FOUND"(未找到)。按 ↑ 或 ↓ 键可读出上一条或下一条指令。按 CLEAR 键,则屏幕显示出原来的内容。

(3) 根据元件读出指令

先按 RD/WR,使编程器处于 R(读)工作方式,在读(R)工作方式下读出含有 Y1 的指令的基本操作步骤如图 3-21 所示。

$$SP \rightarrow Y \rightarrow 1 \rightarrow GO$$

> **温馨提示:**
> 这种方法只限于基本逻辑指令,不能用于应用指令。

图 3-21　根据元件读出的基本操作

**4. 指令的写入与修改**

按 RD/WR 键,使编程器处于 W(写)工作方式,然后根据该指令所在的步序号,按 STEP 键后键入相应的步序号,接着按 GO 键,使"▶"移动到指定的步序号时,可以开始写入指令。如果需要修改刚写入的指令,在未按 GO 键之前,按下 CLEAR 键,刚键入的操作码或操作数被清除。若按了 GO 键之后,可按 ↑ 键,回到刚写入的指令,再作修改。

(1) 写入基本逻辑指令

写入指令 LD X010 时,先使编程器处于 W(写)工作方式,将光标"▶"移动到指定的步序号位置,然后按以下顺序按键:

$$LD \rightarrow X \rightarrow 1 \rightarrow 0 \rightarrow GO$$

写入 LDP、ANP、ORP 指令时,在按对应指令键后还要按 P/I 键;写入 LDF、ANF、ORF 指令时,在按对应指令键后还要按 F 键;写入 INV 指令时,按 NOP、P/I 和 GO 键。

(2) 写入应用指令

基本操作如图 3-22 所示,按 RD/WR 键,使编程器处于 W(写)工作方式,将光标"▶"移动到指定的步序号位置,然后按 FNC 键,接着按该应用指令的指令代码对应的数字键,然后按 SP 键,再按相应的操作数。如果操作数不止一个,每次键入操作数之前,先按一下 SP 键,键入所有的操作数后,再按GO键,该指令就被写入 PLC 的存储器内。如果操作数为双字,按FNC键后,再按D键;如果是脉冲上升沿执行方式,在键入编程代码的数字键后,接着再按P键。例如:写入数据传送指令 MOV  D10  D14。

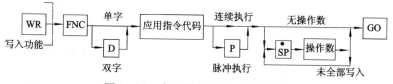

图 3-22  应用指令的写入基本操作

MOV 指令的应用指令编号为 12,写入的操作步骤如下:

FNC→1→2→SP→D→1→0→SP→D→1→4→GO

再例如:写入数据传送指令(D) MOV (P) D10  D14。操作步骤如下:

FNC→D→1→2→P→SP→D→1→0→SP→D→1→4→GO

(3) 指令的修改

例如:将其步序号为 105 原有的指令 OUT  T6  K150 改写为 OUT  T6  K30。根据步序号读出原指令后,按RD/WR键,使编程器处于 W(写)工作方式,然后按下列操作步骤按键:

OUT→T→6→SP→K→3→0→GO

如果要修改应用指令中的操作数,读出该指令后,将光标"▶"移到欲修改的操作数所在的行,然后修改该行的参数。

5. 指令的插入

如果需要在某条指令之前插入一条指令,按照前述指令读出的方式,先将某条指令显示在屏幕上,使光标"▶"指向该指令。然后按INS/DEL键,使编程器处于 I(插入)工作方式,再按照指令写入的方法,将该指令写入,按GO键后,写入的指令插在原指令之前,后面的指令依次向后推移。

例如:要在 180 步之前插入指令 AND  M3,可按下述操作进行:

① 根据步序号读出相应的程序,按INS/DEL键,使编程器处于 I(插入)工作方式,然后使光标"▶"指向 180 步;

② 键入指令、元件符号和元件号(或指针符号和指针号),AND→M→3;

③ 按GO键,即可插入指令或指针。

温馨提示:
　　无步序号的行不能进行插入。

6. 指令的删除

(1) 逐条指令的删除

如果需要将某条或某个指针删除,按照指令读出的方法,先将该指令或指针显示在屏幕上,令光标"▶"指向该指令。然后按INS/DEL键,使编程器处于 D(删除)工作方式,再按功能键$\boxed{GO}$,该指令或指针即被删除。

(2) NOP 指令的成批删除

按$\boxed{INS/DEL}$键,使编程器处于 D(删除)工作方式,依次按$\boxed{NOP}$键和$\boxed{GO}$键,执行完毕后,用户程序中间的 NOP 指令被全部删除。

(3) 指定范围内的指令删除

按$\boxed{INS/DEL}$键,使编程器处于 D(删除)工作方式,接着按下列操作步骤依次按相应的键,该范围内的程序就被删除。

$$\boxed{STEP}\rightarrow\boxed{起始步序号}\rightarrow\boxed{SP}\rightarrow\boxed{STEP}\rightarrow\boxed{终止步序号}\rightarrow\boxed{GO}$$

7. 对 PLC 编程元件与基本指令通/断检查和状态的监视

监视功能是通过编程器对各个位编程元件的状态和各个字编程元件内的数据监视和测试,监视功能可测试和确认联机方式下 PLC 编程元件的动作和控制状态,包括对监视和对基本逻辑运算指令通/断状态的监视。

(1) 元件的监视

对指定元件的 ON/OFF 状态和 T、C 的设定值及当前值进行监视,基本操作方法如图 3 - 23 所示。

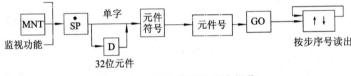

图 3 - 23　元件监视的基本操作

以监视辅助继电器 M135 的状态为例,先按$\boxed{MNT/TEST}$键,使编程器处于 M(监视)工作方式,然后按下列的操作步骤按键:

$$\boxed{SP}\rightarrow\boxed{M}\rightarrow\boxed{1}\rightarrow\boxed{3}\rightarrow\boxed{5}\rightarrow\boxed{GO}$$

屏幕上就会显示出 M135 的状态,如图 3 - 24 所示。如果在编程元件左侧有字符"■",表示该编程元件处于 ON 状态;如果没有字符"■",表示它处于 OFF 状态,最多可监视 8 个元件。按$\boxed{↑}$或$\boxed{↓}$键,可以监视前面或后面的元件状态。

(2) 通/断检查

在监视状态下,根据步序号或指令读出程序,可监视指令中元件触点的通/断和线圈的状态,基本操作如图 3 - 25 所示。

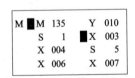

图 3 - 24　对位编程
元件的监视

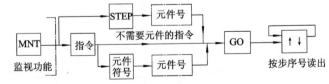

图 3 - 25　通/断检查的基本操作

例如读出第 126 步,在 M(监视)工作方式下,作通/断检查。按以下顺序按键:$\boxed{STEP}\rightarrow$
$\boxed{1}\rightarrow\boxed{2}\rightarrow\boxed{6}\rightarrow\boxed{GO}$,屏幕上显示的内容如图 3 - 26 所示。读出以指定步序号为首的 4 行指令,

根据各行是否显示"■",就可以判断触点和线圈的状态。若元件符号左侧显示"■",表示该行指令对应的触点接通,对应的线圈"通电";若元件符号左侧显示空格,表示该行指令对应的触点断开,对应的线圈"断电";但是对于定时器和计数器来说,若 OUT T 或 OUT C 指令所在行显示"■",仅表示定时器或计数器分别处于定时或计数工作状态,其线圈"通电",并不表示其输出动合触点接通。

| M ▶ | 126 | X | 013 |
|---|---|---|---|
| | 127 | ■M | 100 |
| | 128 | ■Y | 005 |
| | 129 | T | 15 |

图 3-26 通/断检查

**8. 对编程元件的测试**

测试功能是指用编程器对位元件的强制置位与复位(ON/OFF)、对字操作元件内数据的修改,如对 T、C、D、Z、V 当前值的修改,对 T、C 设定值的修改和文件寄存器的写入等内容。

(1) 位编程元件强制 ON/OFF

先按 MNT/TEST 键,使编程器处于 M(监视)工作方式,然后按照监视位编程元件的操作步骤,显示出需要强制 ON/OFF 的那个编程元件,接着再按 MNT/TEST 键,使编程器处于 T(测试)工作方式,确认"▶"指向需要强制 ON 或强制 OFF 的编程元件以后,按一下 SET 键,即强制该位编程元件为 ON;按一下 RST 键,即强制该编程元件为 OFF。

> **温馨提示:**
> 强制 ON/OFF 操作只在一个运行周期内有效。

(2) 修改 T、C、D、Z、V 的当前值

在 M(监视)工作方式下,按照监视字编程元件的操作步骤,显示出需要修改的那个字编程元件,再按 MNT/TEST 键,使编程器处于测试(T)工作方式,修改 T、C、D、Z、V 的当前值的基本操作如图 3-27 所示。

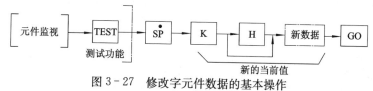

图 3-27 修改字元件数据的基本操作

例如将定时器 T6 的当前值修改为 K210 的操作如下:

监视 T6→ TEST → SP → K → 2 → 1 → 0 → GO

> **温馨提示:**
> 常数 K 为十进制数设定,H 为十六进制数设定,输入十六进制数时连续按两次 K/H 键。

(3) 修改 T、C 设定值

先按 MNT/TEST 键,使编程元件处于 M(监视)工作方式,然后按照前述监视定时器和计数器的操作步骤,显示出待监视的定时器和计数器指令后,再按 MNT/TEST 键,使编程器处于 T(测试)工作方式,修改 T、C 设定值的基本操作如图 3-28 所示。

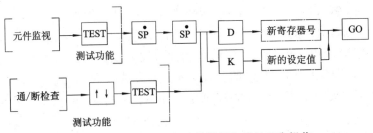

图 3-28　修改定时器、计数器设定值的基本操作

　　第一次按 [SP] 键后,提示符"▶"出现在当前值前面,这时可以修改其当前值;第二次按 [SP] 键后,提示符"▶"出现在设定值前面,这时可以修改其设定值;键入新的设定值后按 [GO],设定值修改完毕。

　　将 T10 存放设定值的数据寄存器的元件号修改为 D20 的键操作如下:

$$监视\ T10→\boxed{TEST}→\boxed{SP}→\boxed{SP}→\boxed{D}→\boxed{2}→\boxed{0}→\boxed{GO}$$

　　另一种修改方法是先对 OUT T10(以修改 T10 的设定值为例)指令作通/断检查,然后按功能键 [↓] 使"▶"指向设定值所在行,再按 [MNT/TEST] 键,使编程器处于 T(测试)工作方式,键入新的设定值后按 [GO],便完成了设定值的修改。

　　例如将 105 步的 OUT T5 指令的设定值修改为 K35 的键操作如下:

$$监视\ 105\ 步的指令→\boxed{↓}→\boxed{TEST}→\boxed{K}→\boxed{3}→\boxed{5}→\boxed{GO}$$

　　9. FX-20P-E 编程器的脱机操作

　　(1) 脱机编程

　　联机方式中,所编程序存放在 PLC 内的 RAM 区中,同时也完整地保存在编程器内部的 RAM 区中。脱机方式是指对编程器内部存储器的存取方式,在此方式下所编制的程序仅存放在手持编程器内部的 RAM 区中,需要时,用编程器方式菜单的传送功能,通过适当的键操作,成批地将编好的程序和参数传送到装在 PLC 上的存储器卡盒。也可以传送至 ROM 写入器。

　　手持式编程器内 RAM 的程序用超级电容器作断电保护。因此,可将在实验室里脱机生成的装在编程器 RAM 内的程序,传送给安装在现场的 PLC。

　　(2) 进入脱机编程方式的方法

　　有两种方法可以进行脱机编程方式:

　　① FX-20P-E 型手持式编程器上电后,按"↓"键,将闪烁的符号"■"移动到 OFFLINE (HPP)位置上,然后再按 [GO] 键,就进入脱机编程方式。

　　② FX-20P-E 型手持式编程器处于 ONLINE(联机)编程方式时,按功能键 [OTHER],进入工作方式选择,此时闪烁的符号"■"处于 OFFLINE MODE 的位置上,接着按 [GO] 键,就进入 OFFLINE(脱机)编程方式。

　　(3) 脱机编程

　　FX-20P-E 型手持式编程器处于脱机编程方式时,与 PLC 内的用户程序存储器以及 PLC 的运行方式都没有关系。除了联机编程方式中的 M 和 T 两种工作方式不能使用以外,其余的工作方式(R、W、I、D)及操作步骤均适用于脱机编程。

脱机方式下的编程操作与联机方式下的操作相同。

**温馨提示：**

脱机方式下工作,最终还要在联机方式下完成。

1. 选择题

(1) 目前 PLC 编程主要采用(  )进行编程。

A. 电脑　　　　　　　B. 磁带　　　　　　C. 手持编程器　　D. 纸条

(2) 液晶显示屏左上角的黑三角提示符是功能方式说明,下列说明正确的是(  )

A. "R"为读出用户程序

B. "W"为写入用户程序

C. "I"为将编制的程序插入光标"▶"所指的指令之前

D. "D"为删除"▶"所指的指令

2. 判断题

(1) (  ) FX-20P-E 手持编程器可以编写梯形图程序和指令语句表程序。

(2) (  ) FX-20P-E 型手持编程器由液晶显示屏、ROM 写入器接口、存储器卡盒接口、功能键、指令键、元件符号键和数字键组成。

(3) (  ) 键盘由 35 个按钮组成,键全是双功能键。

(4) (  ) 不管是联机还是脱机方式下,用户都可用编程器直接对 PLC 的用户程序存储器进行读/写操作。

(5) (  ) 在脱机编程方式下,可供选择的工作方式工有 7 种,与联机编程方式相同。

1. 接线

按图 3-29(a)所示接线,电源端 L 和 N 接交流 220V 电源。

2. 程序准备

(1) 将编程器与主机连接。

(2) 拨动主机上的 RUN/STOP 开关,使主机处于"STOP"状态。

(3) 接通主机电源。

3. 编程操作

(1) 程序清零

(2) 程序写入

用 FX-20P-E 编程器写入如图 3-29(b)所示的程序。

(3) 指令的读出

① 根据步序号读出:读出步序号为 7 的指令。

② 根据指令读出:指定指令 LD　T0,从 PLC 中读出该指令。

③根据元件读出指令:读出含有 T0 的指令。

(4) 指令的修改

将步序号为 10 原有的指令 OUT　T0　K50 改写为 OUT　T0　K30。

(5) 指令的插入

在 10 步之前插入指令 AND　M0。

(6) 指令的删除

删除刚刚插入的指令 AND　M0。

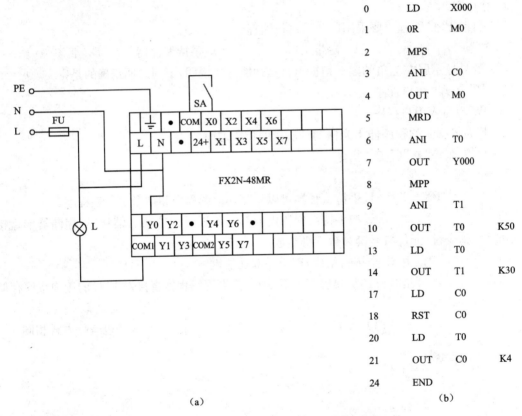

| 0 | LD | X000 | |
| 1 | 0R | M0 | |
| 2 | MPS | | |
| 3 | ANI | C0 | |
| 4 | OUT | M0 | |
| 5 | MRD | | |
| 6 | ANI | T0 | |
| 7 | OUT | Y000 | |
| 8 | MPP | | |
| 9 | ANI | T1 | |
| 10 | OUT | T0 | K50 |
| 13 | LD | T0 | |
| 14 | OUT | T1 | K30 |
| 17 | LD | C0 | |
| 18 | RST | C0 | |
| 20 | LD | T0 | |
| 21 | OUT | C0 | K4 |
| 24 | END | | |

(a)　　　　　　　　　　　　　　(b)

图 3-29　FX-20P-E 手持编程器的使用

(a) PLC 外部接线图;(b) 指令语句表

4. 监控程序运行

(1) 接通主机的 RUN 开关(主机面板上 RUN 指示灯应亮,表明程序已经运行。如果程序出现错误,主机面板上的"PROG-E"指示灯闪烁。此时应中止运行,并检查和修改错误)

(2) 在不同输入状态下观察和记录运行中的输入、输出点指示灯状态的变化。

(3) 进行元件监控、导通检查和强制 ON/OFF 操作。

① 监视辅助继电器 M0 的状态;

② 读出第 7 步作导通检查;

③ 对输出继电器 Y0 强制进行 ON/OFF 操作。

（4）修改 T、C 的当前值和设定值。

① 将定时器 T0 的当前值修改为 K20；

② 将 14 步的 OUT　T1 指令的设定值修改为 K35。

### 任务评价

| 任务 | | | | FX－20P－E 编程器的使用 | | | | |
|---|---|---|---|---|---|---|---|---|
| 班级 | | | 学号 | | | | 姓名 | |
| 序号 | 评价内容 | 配分 | | 评价标准 | 评价结果 | | | 综合得分 |
| | | | | | 自评 | 小组评 | 教师评 | |
| 1 | 程序准备 | 20 | | 将编程器与主机连接，拨动主机上的 RUN/STOP 开关，使主机处于"STOP"状态，接通主机电源 | | | | |
| 2 | 程序清零 | 10 | | 内部用户存储器的程序被清除 | | | | |
| 3 | 指令的读出 | 20 | | 根据步序号、指令和元件三种方式读出指令 | | | | |
| 4 | 指令的修改 | 10 | | 修改正确 | | | | |
| 5 | 指令的插入与删除 | 10 | | 正确操作 | | | | |
| 6 | 监控程序运行 | 30 | | 能够进行元件监控、导通检查和强制 ON/OFF 操作，并进行修改 T、C 的当前值和设定值 | | | | |
| 7 | 安全文明生产 | 只扣分不加分 | | 工具摆放整齐，不发生伤人事故 | | | | |

## 任务 4　GX Developer 编程软件及在线仿真

### 任务目标

1. 了解 GX Developer 编程软件；

2. 掌握 GX Developer 编程软件操作与仿真功能。

### 任务描述

PLC 的程序输入可以通过手持编程器、专用编程器或计算机完成。手持编程器体积小，携带方便，在现场调试时优越性强，但在程序输入、阅读、分析时较烦锁；而专用编程器价格太贵，通用性差；计算机编程在教学中优势较大，且其通信更为方便。因此也就有了相应的计算机平台上的编程软件和专用通信模块。本任务中重点介绍三菱 GX Developer 编程软件的使用和操作。

### 一、编程软件简介

GX Developer 编程软件是三菱通用性较强的编程软件，它适用于 Q 系列、QnA 系列及 FX 系列的所有 PLC。GX 编程软件可以编写梯形图程序和状态转移图程序（全系列），它支持在线和离线编程功能，并具有软元件注释、声明、注解及程序监视、测试、故障诊断、程序检查等功能。此外，具有突出的运行写入功能，而不需要频繁操作 STOP/RUN 开关，方便程序调试。

### 二、GX Developer 编程软件的操作

1. GX Developer 编程软件的启动与退出

（1）GX Developer 编程软件的启动

① 单击"开始"→"所示程序"→"MELSOFT 应用程序"→"GX Developer"，如图 3－30 所示，即打开程序。

图 3－30　运行 GX Developer 编程软件

② 单击 GX Developer 编程软件的快捷方式图标，也可打开程序。

**温馨提示：**

GX Developer 编程软件刚打开时，该窗口编辑区域是不可用的，工具栏中除了新建和打开按钮可见以外，其余按钮均不可见。

（2）GX Developer 编程软件的退出

① 单击"工程"→"GX Developer 关闭(×)"，即可退出 GX Developer 系统。

② 直接单击右上角的"×"按钮，也可退出 GX Developer 系统。

2. GX Developer 编程软件的操作界面介绍

GX Developer 编程软件的操作界面如图 3－31 所示。

菜单栏：菜单栏将编程软件的全部功能按照不同的用途组合起来，通过主菜单各选项及下拉菜单中的命令，编程者可以执行相应的操作。

工具栏：工具栏分为主工具栏、图形编辑工具栏和视图工具栏等，它们在工具栏中可以拖动。

编辑区：编辑区是用来完成程序的编辑、修改、监控等的区域。

工程数据列表：工程数据列表是以树状结构显示工程的各项内容。

状态栏：状态栏显示程序编译的结果信息、所选 PLC 类型、程序步数和编辑状态。

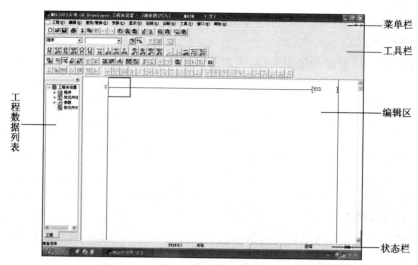

图 3 - 31　GX Developer 编程软件的操作界面

### 3. 创建新工程

① 打开 GX Developer 编程软件，单击"工程"→"创建新工程"。

② 打开 GX Developer 编程软件，单击如图 3 - 31 中的 □ 按钮，也可创建一个新工程。

创建新工程后出现如图 3 - 32(a)所示画面，选择 PLC 所属系列和型号、程序类型(默认为梯形图)，勾选"设置工程名"，在"工程名"框中输入程序名称(如交通灯控制系统)，点击"确定"。因为在 C 盘没有此文件夹，所以会出现如图 3 - 32(b)所示画面，选择"是"，在 C 盘新建工程建立完毕，此时便进入编辑界面。

(a)

(b)

图 3 - 32　PLC 类型设置界面

**温馨提示：**

　　PLC 系列和 PLC 型号两项是必须设置项，且须与所连接的 PLC 一致，否则程序将可能无法写入 PLC。

**4. 梯形图编程**

**(1) 输入梯形图**

下面以如图3-33所示梯形图为例,说明输入梯形图的方法。

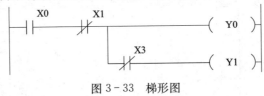

图3-33　梯形图

① 创建新工程后,单击如图3-34(a)所示的工具条中的F5,出现如图3-34(b)所示的输入对话框,输入X0,单击"确定"。

② 单击如图3-34(a)所示的工具条中的F6,出现如图3-34(c)所示的输入对话框,输入X1,单击"确定"。

③ 单击如图3-34(a)所示的工具条中的sF9,出现如图3-34(d)所示的输入对话框,单击"确定"。

④ 单击如图3-34(a)所示的工具条中的F7,出现如图3-34(e)所示的输入对话框,输入Y0,单击"确定"。

⑤ 把光标放在紧靠竖线的右边,如图3-34(f)所示,单击如图3-34(a)所示的工具条中的F6,出现如图3-34(g)所示的输入对话框,输入X3,单击"确定"。

⑥ 单击如图3-34(a)所示的工具条中的sF9,出现如图3-34(d)所示的输入对话框,单击"确定"。

⑦ 单击如图3-34(a)所示的工具条中的F7,出现如图3-34(h)所示的输入对话框,输入Y1,单击"确定"。

**温馨提示:**

　　梯形图程序编制完成后,在写入PLC之前,必须进行变换,单击"变换"菜单下的"变换"命令,或直接按F4键完成变换,此时编写区不再是灰色状态,可以存盘或传送。

**(2) 梯形图触点的修改、添加和删除**

修改:把光标移到需要修改的触点上,直接输入新的触点,单击回车,则新的触点将原来的触点覆盖;也可以把光标移到需要修改的触点上,双击,则出现一个对话框,在对话框中输入新的触点,单击回车即可。

添加:把光标移到需要添加触点处,直接输入新的触点,单击回车即可。

删除:把光标移到需要删除的触点上,按键盘上的"Delete"键,即可删除原来的触点,再点击直线,单击回车即可;也可把光标移到需要删除的触点上,直接点击直线,单击回车。

**(3) 梯形图的删除、插入**

梯形图的删除、插入操作可以是一个图形符号,也可以是一行,还可以是一列,其操作有如下几种方法:

① 将当前编辑区定位到要删除、插入的图形处,右击鼠标,再在快捷菜单中选择需要的操作;

② 将当前编辑区定位到要删除、插入的图形处,在"编辑"菜单中执行相应的命令;

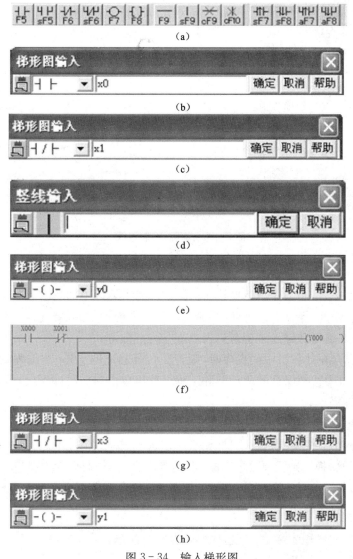

图 3-34 输入梯形图

③ 将当前编辑区定位到要删除的图形处，然后按键盘上的"Del"键即可；

④ 若要删除某一段程序时，可拖动鼠标中该段程序，然后按键盘上的"Del"键，或执行"编辑"菜单中的"删除行"，或执行"删除列"命令；

⑤ 按键盘上的"Ins"键，使屏幕右下角显示"插入"，然后将光标移到要插入的图形处，输入要插入的图形处，输入要插入的指令即可。

> **温馨提示：**
> END 指令不能被删除。

（4）删除、绘制连线

若将图 3-35(a)梯形图中的 X1 右边的竖线去掉，在 X1 左边加一竖线，再用线把这根竖

线与触点 X3 连接起来,其操作如下:

① 将当前编辑区置于要删除的竖线右上侧,如图 3-35(a)所示,即选择删除连线。然后单击 按钮,再按 Enter 键即删除竖线;

② 将当前编辑区定位在如图 3-35(a)的触点 X1 上,然后单击 按钮,再按 Enter 键即可在 X1 左侧添加一条竖线;

③ 将当前编辑区定位在竖线与触点 X3 之间,如图 3-35(b)所示,然后单击 按钮,再按 Enter 键即添加一条横线。

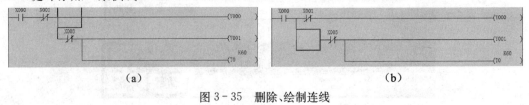

(a)                                    (b)

图 3-35　删除、绘制连线

(5) 工程的保存与打开

当程序编制完毕后,必须先进行变换(即单击"变换"菜单中的"变换"),然后单击 按钮或执行"工程"菜单中的"保存"或"另存为"命令。系统会提示(如果新建时未设置)保存的路径和工程名称,设置好路径和键入工程名称再单击"保存"即可。

若需要打开保存在计算机中的程序时,则首先打开 GX Developer 编程软件,然后单击 按钮,在弹出的窗口中选择保存的驱动器和工程名称再单击"打开"即可(也可在菜单栏中单击"工程"→"打开工程")。

(6) 程序检查

在程序的转换过程中,如果程序有错,则会给出提示,梯形图中出现的蓝色框停留处为不能转换处,修改后则可转换。出错原因多为梯形图逻辑关联有误,即有语法错误。经过转换后的梯形图还可通过程序进一步检查程序的正确性,如图 3-36 所示。也可通过菜单栏"工具"→"程序检查",来查询程序的正确性。

图 3-36　程序检查

(9) 梯形图的打印

如果要将编制好的程序打印出来,可按以下几步进行:

① 单击"工程"菜单中的"打印机设置",根据对话框设置打印机;

② 执行"工程"菜单中的"打印"命令;

③ 在选项卡中选择梯形图或指令列表;

④ 设置要打印的内容,如主程序、注释、申明;

⑤ 设置好后,可以进行打印预览,如符合打印要求,则执行"打印"。

**温馨提示:**
  梯形图打印之前,必须单击变换菜单栏中的变换,否则梯形图是不能打印的。

5. 程序的传输

(1) PLC 写入

用专用编程电缆将计算机的 RS-232 接口和 PLC 的 RE-232 接口连接好,把程序从 PC→PLC。单击菜单中的"在线"菜单按钮,弹出下拉菜单,在下拉菜单中选择"PLC 写入"命令。

(2) PLC 读取

把程序从 PLC 传给计算机。单击菜单中的"在线"菜单按钮,弹出下拉菜单,在下拉菜单中选择"PLC 读取"命令。

**温馨提示:**
  将计算机中编制好的程序写入到 PLC 时,应在 STOP 工作模式下用菜单命令进行。

6. 程序监控

(1) 梯形图监控

依次单击"在线"→"监视"→"监视开始(全画面)",弹出梯形图监视窗口,如图 3-37 所示。

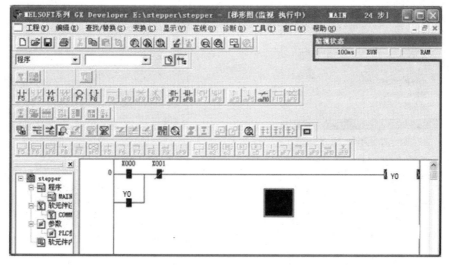

图 3-37　梯形图监视模式

温馨提示:

① 程序的运行与元件监控应使 PLC 的方式开关在 RUN 位置执行;

② 开始进行程序监控后,窗口中触点为蓝色表示触点闭合;线圈括号为蓝色,表示线圈得电。

(2) 元件监控

① 强制元件 ON/OFF。依次单击"在线"→"调试"→"软元件测试",弹出软元件测试对话框。在位软元件的软元件输入框中输入元件的符号或地址号,然后单击强制 ON 或强制 OFF 命令按钮,分别强制该元件为 ON 或 OFF。

② 当前值监视切换。依次单击"在线"→"监视"→"当前值监视切换(10 进制)"菜单命令,字元件当前值以十进制显示数值。

单击"在线"→"监视"→"当前值监视切换(16 进制)"菜单命令,字元件当前值以十六进制显示数值。

(3) 远程操作

在菜单栏中单击"在线"→"远程操作"命令,弹出远程操作对话框,再单击操作选项的下拉文本框,选择"RUN"或"STOP"选项,再单击"执行"命令按钮,根据提示进行相关操作就可以控制 PLC 的运行和停止。

### 三、GX Developer 仿真

在 GX Developer 软件中增加了 PLC 程序的离线调试功能,即仿真功能。通过该软件可以实现在没有 PLC 的情况下照样运行 PLC 程序,并实现程序的在线监控和时序图的仿真功能。其操作步骤如下:

① 打开已经编写完成的 PLC 程序。

② 选择工具菜单并单击"梯形图逻辑测试起动"命令,如图 3 - 38 所示(a),几秒后会出现如图 3 - 38(b)所示画面,此时 PLC 程序进入运行状态,单击"菜单起动"中的"继电器内存监视"命令。

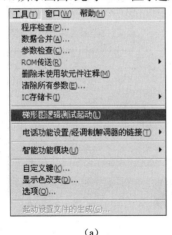

(a)

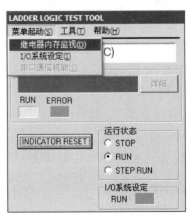

(b)

图 3 - 38　GX Developer 仿真

(a) 梯形图逻辑测试起动;(b) 继电器内存监视

③ 此时出现如图 3-39 所示画面,单击"时序图"中的"起动"键。

图 3-39 "时序图"中的"起动"键

④ 此时出现如图 3-40 所示画面,再单击监视菜单中的"开始/停止"命令或直接按 F3 键开始时序图监视。

图 3-40 "时序图"中的"监视"

⑤ 此时,出现时序图画面,编程元件若为黄颜色,则说明该编程元件当前状态为"1",此时可以通过 PLC 程序的起动信号,则可能起动程序。

⑥ 最后出现程序运行时的状态,若要停止运行,只要再次按下监视菜单中的"开始/停止"命令或直接按 F3 键即可。

⑦ 单击主菜单中的"工具",选择"梯形图逻辑测试结束",退出仿真。

1. 填空题

(1) GX 编程软件可以编写_____程序和_____程序,它支持_____和_____编程功能,并具有_____注释、声明、注解及程序_____、测试、故障诊断、程序检查等功能。

(2) 若要将计算机中编制好的程序写入到 PLC,单击_____菜单中的_____,根据出现的对话窗进行操作,选中_____,再单击_____即可。

(3) 在梯形图监视模式下,开始进行程序监控后,窗口中触点为_____表示触点闭合;线圈括号为蓝色,表示线圈_____。

2. 判断题

(1) (　　) GX Developer 编程软件适用于 Q 系列、QnA 系列及 FX 系列的所有 PLC。

(2) (　　) GX 编程软件不可以通过指令方式编制程序,而只能编制梯形图程序。

(3) (　　) 用 GX Developer 编程软件编制的程序,不可以在梯形图显示与指令表显示之间切换。

(4) (　　) 通过 GX Developer 软件可以实现在没有 PLC 的情况下照样运行 PLC 程序,并实现程序的在线监控和时序图的仿真功能。

### 1. 准备

FX2N 系列 PLC、装有 GX Developer 编程软件的计算机,将 PLC 与计算机连接,使 PLC 处于"STOP"状态,接通电源。

### 2. 编程操作

① 启动 GX Developer 编程软件,建立一个新工程(工程名:电动机正反转连续运行 PLC 控制)。

② 输入如图 3-41 所示的梯形图,通过编辑操作进行检查和修改。

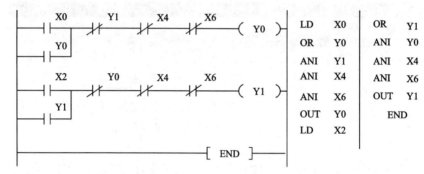

图 3-41 电动机正、反转运行 PLC 控制的梯形图、指令语句表

### 3. 保存工程

### 4. 程序传送

① 清除 PLC 内存。

② 程序的写入。

③ 程序的检查。

### 5. 程序运行、监控

① 程序运行(通过远程操作将 PLC 置于运行状态)。

② 程序监控。

**任务评价**

| 任务 | GX Developer 编程软件的使用 | | | | | | |
|---|---|---|---|---|---|---|---|
| 班级 | | | 学号 | | | 姓名 | |
| 序号 | 评价内容 | 配分 | 评价标准 | 评价结果 | | | 综合得分 |
| | | | | 自评 | 小组评 | 教师评 | |
| 1 | 准备 | 10 | 将 PLC 与计算机连接,使 PLC 处于"STOP"状态,接通电源 | | | | |
| 2 | 创建新工程 | 10 | 启动 GX Developer 编程软件,建立一个新工程:电动机正反转连续运行 PLC 控制 | | | | |

| 任务 | | | GX Developer 编程软件的使用 | | | | | |
|---|---|---|---|---|---|---|---|---|
| 班级 | | | 学号 | | | 姓名 | | |
| 序号 | 评价内容 | 配分 | 评价标准 | 评价结果 | | | 综合得分 | |
| | | | | 自评 | 小组评 | 教师评 | | |
| 3 | 编程梯形图 | 20 | 输入梯形图,通过编辑操作进行检查和修改 | | | | | |
| 4 | 保存工程 | 10 | 对新建工程:电动机正反转连续运行 PLC 控制进行保存 | | | | | |
| 5 | 程序传送 | 20 | 清除 PLC 内存、程序的写入、程序的检查 | | | | | |
| 6 | 监控程序运行 | 30 | 能够进行元件监控、导通检查和强制 ON/OFF 操作 | | | | | |
| 7 | 安全文明生产 | 只扣分不加分 | 工具摆放整齐,不发生伤人事故 | | | | | |

# 项目四　学习可编程序控制器的基本指令应用

传统机床控制主要由操作者操作机床手柄，而这种控制方式需要依靠操作者的高超技能才能保证产品优秀的质量。而现代工业生产对于操作人员的这类要求已越来越低，通过在计算机控制的平台上编制应用程序，由机器自动完成操作流程，达到高精度、低能耗、全自动已不再是难事。

PLC控制系统作为继电器-接触器的升级替代系统，它提供了完整的编程语言，按照不同的控制要求编写不同的控制程序，这相当于设计和改变继电器-接触器控制的硬件电路，程序既可由编程器送入PLC内部的存储器中，也能方便地读出、检查和修改。利用PLC提供的编程语言来编制控制程序，从而实现现代工业生产由机器自动完成操作流程的目标。

本项目主要以五个典型任务为载体，来学习三菱FX2N系列可编程序编程器20条常用基本指令的应用，以及它与梯形图严格的对应关系。

## 任务1　电动机单向点动运行PLC控制

### 任务目标

1. 学会使用LD、LDI、AND、ANI、OUT和END六个基本逻辑指令；
2. 掌握运用PLC以上六个基本逻辑指令进行简单编程设计的基本方法与技能；
3. 能够编辑电动机单向点动运行PLC控制程序并进行调试和运行。

### 任务描述

电动机点动控制线路是用按钮、接触器来控制电动机运转的最简单的控制线路，如图4-1所示。该控制线路利用继电器-接触器控制电路可以实现三相异步电动机运行控制，但由于PLC控制电动机运行时硬件改装更容易、检修更方便和工作更可靠等原因，也可以把这种控制用PLC来完成。本任务通过电动机单向点动运行PLC控制为载体，学习PLC的基本工作原理，理解梯形图程序的意义及其编辑方法，学会使用LD、LDI、AND、ANI、OUT和END来实现简单的PLC控制。

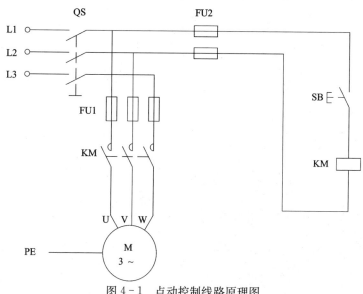

图 4-1　点动控制线路原理图

### 一、可编程序控制器的基本指令

**1. LD 取指令**

LD,取指令。表示动合触点与左母线连接指令,也可在分支开始处使用,与后述的块操作指令 ANB 或 ORB 配合使用。其操作的目标元件为输入继电器 X、输出继电器 Y、辅助继电器 M、定时器 T、计数器 C 和状态继电器 S。

**2. LDI 取反指令**

LDI,取反指令。表示动断触点与左母线连接指令,也可在分支开始处使用,与后述的块操作指令 ANB 或 ORB 配合使用。其操作的目标元件为输入继电器 X、输出继电器 Y、辅助继电器 M、定时器 T、计数器 C 和状态继电器 S。

**3. OUT 输出指令**

OUT,线圈驱动指令,或称输出指令。其操作的目标元件为输出继电器 Y、辅助继电器 M、定时器 T、计数器 C 和状态继电器 S。

**温馨提示:**

　　① OUT 输出指令对输入继电器 X 不能使用,因为输入继电器的状态是由输入信号决定的。

　　② OUT 输出指令可以连续使用,称为并行输出,且不受使用次数的限制,如图 4-2(a)所示。

　　③ 定时器 T 或计数器 C 线圈在 OUT 输出指令后要设定常数,形式为 K 后紧接数字,如图 4-2(b)所示。

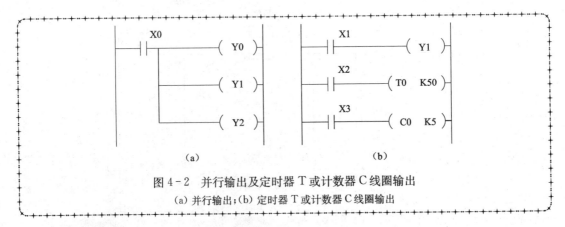

图 4-2　并行输出及定时器 T 或计数器 C 线圈输出

(a) 并行输出；(b) 定时器 T 或计数器 C 线圈输出

**4. AND 与指令**

AND,与指令,用于单个动合触点串联。其操作的目标元件为输入继电器 X、输出继电器 Y、辅助继电器 M、定时器 T、计数器 C 和状态继电器 S。

**5. ANI 与非指令**

ANI,与非指令,用于单个动断触点串联。其操作的目标元件为输入继电器 X、输出继电器 Y、辅助继电器 M、定时器 T、计数器 C 和状态继电器 S。

**温馨提示:**

① AND 指令和 ANI 指令可以连续使用,并且不受使用次数的限制。

② 如果在 OUT 输出指令之后,再通过触点对其他线圈使用 OUT 指令,称为纵接输出。如图 4-3 所示,输入继电器 X1 的动合触点与辅助继电器 M0 的线圈串联后,与输出继电器线圈 Y0 并联,就是纵接输出,这种情况下,X1 仍可以使用 AND 指令,并可多次重复使用,如图 4-4 所示。

| | | |
|---|---|---|
| 0 | LD | X000 |
| 1 | OUT | Y000 |
| 2 | AND | X001 |
| 3 | OUT | M0 |

图 4-3　纵接输出中 AND 指令的应用

| | | |
|---|---|---|
| 0 | LD | X000 |
| 1 | OUT | Y000 |
| 2 | ANI | X001 |
| 3 | OUT | Y001 |
| 4 | AND | X002 |
| 5 | OUT | Y002 |
| 6 | ANI | X003 |
| 7 | OUT | Y003 |

图 4-4　纵接输出中 AND 指令和 ANI 指令的应用

**6. END 结束指令**

END，结束指令。表示程序结束，执行输出处理，无操作元件。若程序的最后不写 END 结束指令，则 PLC 不管实际用户程序多长，都从用户程序存储器的第一步执行到最后一步，也就是每次扫描内容都是程序容量。

**温馨提示：**

　① 没有 END 结束指令，程序不会出错，但扫描周期长。

　② 在程序最后写入 END 指令，则 END 指令以后的程序不再执行，直接输出处理。

　③ 在程序调试时，可在程序中插入若干 END 指令，将程序划分为多段，在确定前面程序段没有错误后，依次删除 END 指令，直至调试结束。

　④ END 并不是 PLC 的停机指令，它仅说明了执行用户程序的一个周期结束。

**二、可编程序控制器基本指令应用举例**

1. 根据如图 4-5 所示梯形图写出相应的指令语句表。

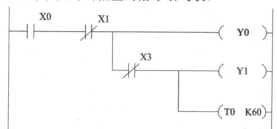

图 4-5　梯形图

图 4-5 所示梯形图相应的指令语句表如下所示：

| 0 | LD | X000 | | 3 | ANI | X003 | |
|---|---|---|---|---|---|---|---|
| 1 | ANI | X001 | | 4 | OUT | Y001 | |
| 2 | OUT | Y000 | | 5 | OUT | T0 | K60 |

**温馨提示：**

　　用手持编程器输入指令语句表时，在输入定时器（或计数器）号与计时（或计数）设定值之间一定要输入空格 SP；若用 GX Developer 编程软件编程时，在输入定时器（或计数器）号与计时（或计数）设定值之间一定要有空格。

2. 根据下列指令语句表画出对应的梯形图。

| 0 | LD | X000 | 3 | LDI | X003 |
|---|---|---|---|---|---|
| 1 | ANI | X001 | 4 | AND | X004 |
| 2 | OUT | Y000 | 5 | OUT | Y001 |

该指令语句表对应的梯形图如图 4-6 所示。

3. 综合题

控制要求：按下按钮 SB1 后，红灯 L1 亮，松开按钮 SB1 后，红灯 L1 熄灭；按下按钮 SB2 后，绿灯 L2 亮，松开按钮 SB2 后，绿灯 L2 熄灭。请写出 I/O 分配表，画出 I/O 外部接线图及梯形图，并将梯形图转换为指令语句表。

① I/O 分配表如表 4-1 所示。

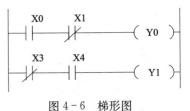

图 4-6 梯形图

表 4-1 I/O 分配表

| 输入 | | 输出 | |
| --- | --- | --- | --- |
| 元件代号 | 输入继电器 | 元件代号 | 输出继电器 |
| SB1 | X0 | L1 | Y0 |
| SB2 | X1 | L2 | Y1 |

② I/O 外部接线图如图 4-7 所示。

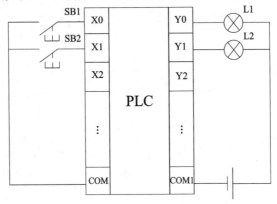

图 4-7 I/O 外部接线图

**温馨提示：**

　　外接输入信号元件与哪一个输入继电器相接以及外接执行元件与哪一个输出继电器相接，都没有硬性规定的，PLC 的 I/O 地址分配一般可根据元件的性质和程序编写的方便来决定。

③ 梯形图和指令语句表如图 4-8 所示。

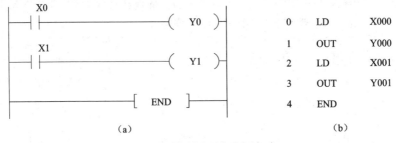

(a)　　　　　　　　　　　　　　(b)

图 4-8 梯形图和指令语句表

(a)梯形图；(b)指令语句表

1. 选择题

（1）动合触点与左母线相连接的指令是（　　）。

A. LD　　　　　　　　B. LDI　　　　　　　　C. AND　　　　　　　　D. ANI

（2）单个动断触点串联连接的指令是（　　）。

A. LD　　　　　　　　B. LDI　　　　　　　　C. AND　　　　　　　　D. ANI

（3）线圈驱动指令 OUT 不能驱动的软元件是（　　）。

A. X　　　　　　　　B. Y　　　　　　　　C. T　　　　　　　　D. C

（4）表示程序结束的指令是（　　）。

A. LD　　　　　　　　B. AND　　　　　　　　C. OUT　　　　　　　　D. END

2. 判断题

（1）（　　）串联一个动合触点时采用 AND 指令，串联一个动断触点时采用 LDI 指令。

（2）（　　）AND 指令和 ANI 指令可以连续使用，但不允许超过 8 次。

（3）（　　）OUT 指令是驱动线圈指令，用于驱动各种继电器。

（4）（　　）定时器或计数器线圈在 OUT 输出指令后要设定常数，形式为 K 后紧接数字。

（5）（　　）END 结束指令，其操作的目标元件为 X、Y、M、T、C、S。

（6）（　　）在程序调试时，可在程序中插入若干 END 指令。

3. 综合题：

控制要求：同时按下按钮 SB1 和 SB2 后，小灯 L1 亮，松开按钮 SB1 或 SB2 后，小灯 L1 熄灭；按下按钮 SB3 后，小灯 L2 亮，此时如果再按下按钮 SB4 或松开按钮 SB3，则小灯 L2 熄灭。请写出 I/O 分配表，画出 I/O 外部接线图及梯形图，并将梯形图转换为指令语句表。

1. 控制要求

如图 4－1 所示为继电器-接触器控制系统的点动控制线路原理图，现改为用 PLC 来实行控制。

2. 分析控制要求

电动机单向点动运行 PLC 控制，即使用可编程序控制器进行电动机单向点动运行。在 PLC 应用设计中应首先考虑主电路的设计，主电路是为电动机提供电能的通路，具有高电压、大电流的特点，因此使用可编程序控制器进行电动机单向点动运行，其主电路是不能改变的，改变的只是控制电路。该系统控制电路的要求是合上隔离开关 QS 后，按下按钮 SB，电动机得电运转，松开按钮 SB，电动机失电停转。

3. 确认输入设备

根据控制要求，PLC 输入信号为按钮 SB。

4. 确定输出设备

根据控制要求，输出控制为交流接触器 KM 的线圈，通过线圈的得、失电控制电动机的启动与停止。

5. I/O 分配表

I/O 分配表如表 4-2 所示。

表 4-2　I/O 分配表

| 输入 | | | 输出 | | |
|---|---|---|---|---|---|
| 元件代号 | 作用 | 输入继电器 | 元件代号 | 作用 | 输出继电器 |
| SB | 启动/停止按钮 | X0 | KM | 控制电动机运行 | Y0 |

6. PLC 接线图

PLC 接线图如图 4-9 所示。

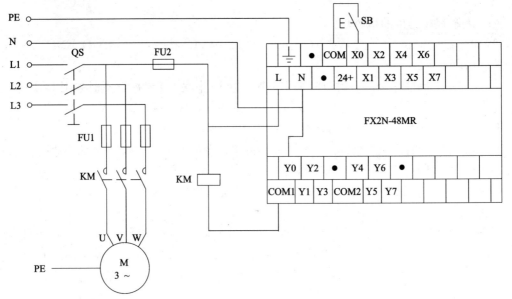

图 4-9　电动机单向点动运行 PLC 控制接线图

温馨提示:

① PLC 的空端子"·"上不能接线,以防损坏 PLC。

② PLC 不要与电动机公共接地。

③ 三菱 PLC 的 FX2N 系列硬件接线有区别,注意端口接线。

7. 程序设计

程序设计如图 4-10 所示。

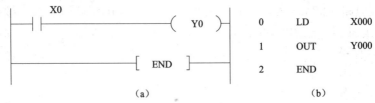

(a)　　　　　　　　　　　　(b)

图 4-10　电动机单向点动运行 PLC 控制的梯形图和指令语句表

(a)梯形图;(b)指令语句表

**8. 程序说明**

当按下按钮 SB 后，输入继电器 X0 的动合触点闭合，此时输出继电器 Y0 得电，从而使得交流接触器 KM 线圈得电，KM 主触头合上，电动机 M 得电运转；当松开按钮 SB 后，输入继电器 X0 的动合触点恢复断开，此时输出继电器 Y0 失电，从而使得交流接触器 KM 线圈失电，KM 主触头断开，电动机 M 失电停转。

> **温馨提示：**
> 设备送电要按操作安全要求进行。特别在实训中若发生突然停电，应立即将实训装置的电源切断。

**任务评价**

| 任务 | | | 电动机单向点动运行 PLC 控制 | | | | | |
|------|------|------|------|------|------|------|------|------|
| 班级 | | | 学号 | | | 姓名 | | |
| 序号 | 评价内容 | 配分 | 评价标准 | 评价结果 | | | 综合得分 | |
| | | | | 自评 | 小组评 | 教师评 | | |
| 1 | 程序设计 | 30 | 根据任务写出 I/O 分配表，画出 PLC 接线图及梯形图，并将梯形图转换为指令语句表 | | | | | |
| 2 | 元件安装 | 20 | 布线平整，接线正确，安装时不损伤导线或电器元件 | | | | | |
| 3 | 程序输入 | 10 | 将所编程序用编程软件和手持编程器两种方式输入到 PLC 中 | | | | | |
| 4 | 程序调试 | 20 | 按照被控设备的动作要求进行调试，达到设计要求 | | | | | |
| 5 | 同组协作 | 20 | 互相帮助，共同学习 | | | | | |
| 6 | 安全文明生产 | 只扣分不加分 | 工具摆放整齐，不发生伤人事故 | | | | | |

# 任务 2  电动机单向连续运行 PLC 控制

**任务目标**

1. 学会使用 OR、ORI、ANB、ORB、SET 和 RST 六个基本逻辑指令；
2. 学会使用 PLC 的定时器；
3. 掌握运用 PLC 以上六个基本逻辑指令进行简单编程设计的基本方法与技能；
4. 能够编辑电动机单向连续运行 PLC 控制程序并进行调试和运行。

**任务描述**

在要求电动机启动后能连续运转时，采用点动运行控制显然是不行的。为实现电动机的连续运转，可采用如图 4-11 所示的接触器自锁控制线路。本任务通过电动机单向连续运行

PLC 控制为载体,对 OR、ORI、ANB、ORB、SET 和 RST 六个基本指令相关知识进行讲解,通过电动机单向连续运行控制实例操作,使学生能够熟练进行 PLC 正确硬件接线,熟练使用手持编程器和编程软件进行编程。

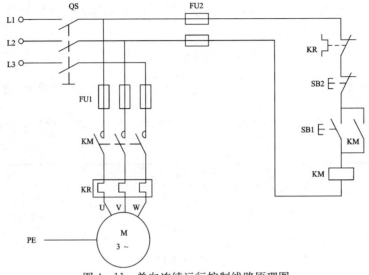

图 4 - 11　单向连续运行控制线路原理图

### 一、可编程序控制器的基本指令

1. OR 或指令

OR,或指令,用于单个动合触点与电路的并联。其操作的目标元件为输入继电器 X、输出继电器 Y、辅助继电器 M、定时器 T、计数器 C 和状态继电器 S。

2. ORI 或非指令

ORI,或非指令,用于单个动断触点与电路的并联。其操作的目标元件为输入继电器 X、输出继电器 Y、辅助继电器 M、定时器 T、计数器 C 和状态继电器 S。

> **温馨提示:**
> ① OR 指令和 ORI 指令紧接在 LD、LDI 指令后使用,也即对 LD、LDI 指令规定的触点再并联一个触点,可以连续使用,并且不受使用次数的限制。
> ② OR 指令和 ORI 指令用作一个触点的并联连接指令,如连接两个及以上的触点串联连接的电路块的并联连接时,要用后述的 ORB 指令。

3. ORB 块或指令

ORB,块或指令,又称串联电路块的并联指令。两个或两个以上触点串联的电路称为串联电路块。串联电路块并联时,分支开始用 LD 或 LDI 指令,分支结束用 ORB 指令。OR 指令和 ORB 指令使用的比较如图 4-12 所示。

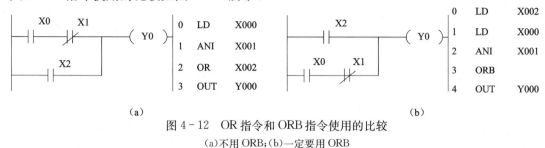

图 4-12　OR 指令和 ORB 指令使用的比较

(a)不用 ORB;(b)一定要用 ORB

**温馨提示：**

　　① ORB 指令不带操作数。

　　② 多个电路块并联时,若分别使用 ORB 指令,则并联电路块的数量没有限制,若连续使用 ORB 指令(不建议连续使用),则连续使用次数不能超过 8 次。

**4. ANB 块与指令**

ANB,块与指令,又称并联电路块的串联指令。两个或两个以上的触点并联的电路称为并联电路块。并联电路块串联时,分支开始用 LD 或 LDI 指令,分支结束用 ANB 指令。AND 指令和 ANB 指令使用的比较如图 4-13 所示。

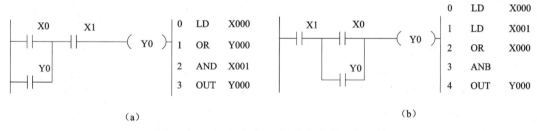

图 4-13　AND 指令和 ANB 指令使用的比较

(a)不用 ANB;(b)一定要用 ANB

**温馨提示：**

　　① ANB 指令不带操作数。

　　② 多个电路块串联时,若分别使用 ANB 指令,则串联电路块的数量没有限制;若连续使用 ANB 指令(不建议连续使用),则连续使用次数不能超过 8 次。

**5. SET 置位指令**

SET,置位指令。其功能为驱动指定线圈,使其具有自锁功能,维持接通状态。其操作的目标元件为输出继电器 Y、辅助继电器 M 和状态继电器 S。

**6. RST 复位指令**

RST,复位指令。其功能为使指定线圈复位。其操作的目标元件为输出继电器 Y、辅助继电器 M、状态继电器 S、定时器 T、计数器 C 和数据寄存器 D。

置位和复位指令的使用方法如图 4-14 所示。

**温馨提示：**

① SET 和 RST 指令都具有电路自锁功能，SET 指令使动作保持，即为 ON 状态，RST 指令使操作保持复位，即为 OFF 状态。

② 对于同一种软元件，SET 和 RST 指令可以多次使用，顺序也可随意，但最后执行后者。

③ 元件被"SET"置位后会一直保持被执行的状态，一定要用复位指令"RST"才能使元件退出执行状态。

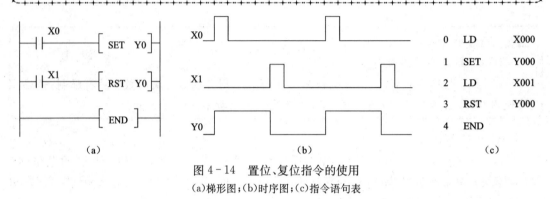

图 4-14 置位、复位指令的使用
(a)梯形图；(b)时序图；(c)指令语句表

**温馨提示：**

① 时序图是编写和分析控制程序的基本方法之一。时序图就是在某一个时间应该进行某一个控制动作的图形。

② 在画时序图时，一般规定只画各元件的动合触点的状态。如果动合触点是闭合的，用"1"表示（即高电平），动合触点是断开的，用"0"表示（即低电平）。假如梯形图中只有某元件的线圈或动断触点，则在时序图中仍然只画动合触点的状态。因为同一个元件的线圈和触点的状态是互相关联的。例如某元件线圈得电时，该零件的动合触点是闭合的，动断触点是断开的。

**二、可编程序控制器基本指令应用举例**

1. 根据如图 4-15 所示梯形图写出相应的指令语句表。

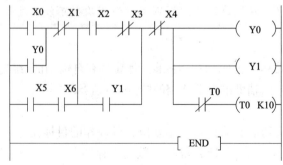

图 4-15 梯形图

图 4-15 所示梯形图对应的指令语句表如下所示。

| 0 | LD | X000 | 8 | OR | Y001 |
|---|---|---|---|---|---|
| 1 | OR | Y000 | 9 | ANB | |
| 2 | ANI | X001 | 10 | ANI | X004 |
| 3 | LD | X005 | 11 | OUT | Y000 |
| 4 | AND | X006 | 12 | OUT | Y001 |
| 5 | ORB | | 13 | ANI | T0 |
| 6 | LD | X002 | 14 | OUT | T0 | K10 |
| 7 | ANI | X003 | 17 | END | |

2. 根据下列指令语句表画出对应的梯形图。

| 0 | LDI | X000 | 6 | AND | X005 |
|---|---|---|---|---|---|
| 1 | AND | X001 | 7 | ORB | |
| 2 | OR | Y000 | 8 | ORI | Y000 |
| 3 | LD | X002 | 9 | ANB | |
| 4 | ANI | X003 | 10 | OR | X006 |
| 5 | LD | X004 | 11 | OUT | Y000 |

该指令语句表对应的梯形图如图 4-16 所示。

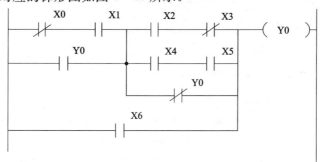

图 4-16 梯形图

3. 如图 4-17 所示为某一控制电路的梯形图和 X0 的动作波形图,试写出对应的指令语句表,并画出其对应时序图。

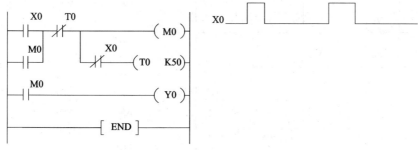

图 4-17 梯形图和 X0 的动作波形图

指令语句表和时序图如图 4-18 所示。

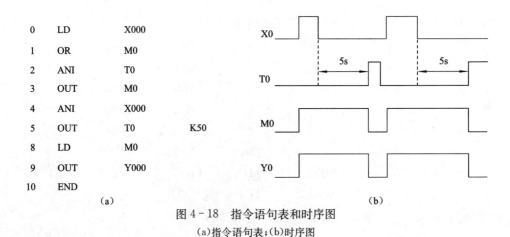

| 0 | LD | X000 |
|---|---|---|
| 1 | OR | M0 |
| 2 | ANI | T0 |
| 3 | OUT | M0 |
| 4 | ANI | X000 |
| 5 | OUT | T0 | K50 |
| 8 | LD | M0 |
| 9 | OUT | Y000 |
| 10 | END | |

(a)

图4-18 指令语句表和时序图

(a)指令语句表;(b)时序图

**温馨提示:**

　　该程序用输入继电器 X0 的动断触点与定时器 T0 的线圈串联,当按下 PLC 外部开关使得输入继电器 X0 得电时,其动合触点闭合,动断触点断开,因此定时器 T0 线圈必须在输入继电器 X0 线圈断电(即外部开关断开)时才开始得电,定时器 T0 计时开始。

　　4.试设计如图4-19所示时序图对应的梯形图并将该梯形图转换为指令语句表。

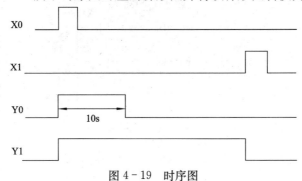

图4-19 时序图

该时序图对应的梯形图和指令语句表如图4-20所示。

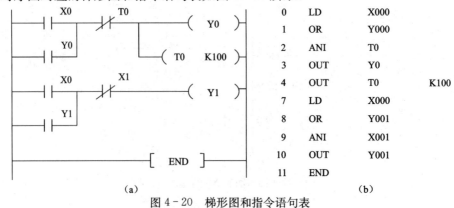

| 0 | LD | X000 |
|---|---|---|
| 1 | OR | Y000 |
| 2 | ANI | T0 |
| 3 | OUT | Y0 |
| 4 | OUT | T0 | K100 |
| 7 | LD | X000 |
| 8 | OR | Y001 |
| 9 | ANI | X001 |
| 10 | OUT | Y001 |
| 11 | END | |

(a)

(b)

图4-20 梯形图和指令语句表

(a)梯形图;(b)指令语句表

5. 综合题

控制要求：按下按钮 SB1 后，小灯 L1 亮，5s 后，小灯 L2 亮；按下按钮 SB2 后，小灯 L1 熄灭，3s 后，小灯 L2 熄灭。请写出 I/O 分配表，画出 I/O 外部接线图及梯形图，并将梯形图转换为指令语句表。

① I/O 分配表如表 4 - 3 所示。

② I/O 外部接线图如图 4 - 21 所示。

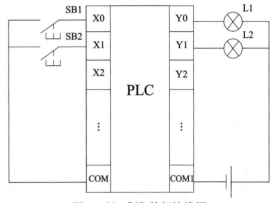

表 4 - 3　I/O 分配表

| 输入 | | 输出 | |
|---|---|---|---|
| 元件代号 | 输入继电器 | 元件代号 | 输出继电器 |
| SB1 | X0 | L1 | Y0 |
| SB2 | X1 | L2 | Y1 |

图 4 - 21　I/O 外部接线图

③ 梯形图和指令语句表如图 4 - 22 所示。

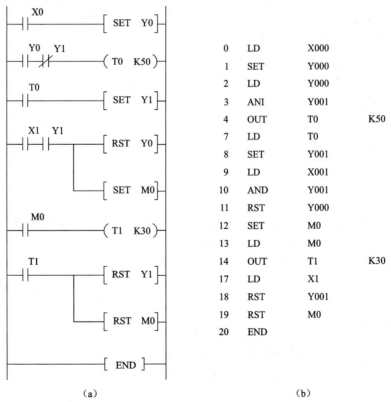

| 0 | LD | X000 | |
| 1 | SET | Y000 | |
| 2 | LD | Y000 | |
| 3 | ANI | Y001 | |
| 4 | OUT | T0 | K50 |
| 7 | LD | T0 | |
| 8 | SET | Y001 | |
| 9 | LD | X001 | |
| 10 | AND | Y001 | |
| 11 | RST | Y000 | |
| 12 | SET | M0 | |
| 13 | LD | M0 | |
| 14 | OUT | T1 | K30 |
| 17 | LD | X1 | |
| 18 | RST | Y001 | |
| 19 | RST | M0 | |
| 20 | END | | |

（a）　　　　　　　　　　　　　　　（b）

图 4 - 22　梯形图和指令语句表

（a）梯形图；（b）指令语句表

### 三、定时器的应用举例

#### 1. 100ms 通用定时器(T0～T199)

如图 4-23 所示为 100ms 通用定时器,实现当 X0 接通时间超过 5s 后 Y0 输出,当 X0 断开后,Y0 停止输出的梯形图与时序图。当输入继电器 X0 闭合后,定时器开始计时,计时过程中,如果 PLC 断电或输入继电器 X0 断开,则定时器停止计时,并且复位;当输入继电器 X0 再次闭合后,定时器重新开始计时,直到定时时间为 5s 时,定时器辅助触点动作输出,在输入继电器 X0 断开后自动复位。

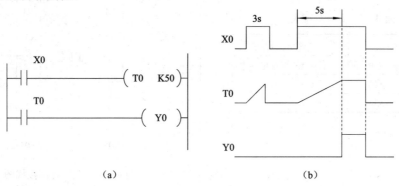

图 4-23　100ms 通用定时器梯形图和时序图
(a)梯形图;(b)时序图

#### 2. 10ms 通用定时器(T200～T245)

如图 4-24 所示为 10ms 通用定时器,实现当 X0 接通时间超过 5s 后 Y0 输出,当 X0 断开后,Y0 停止输出的梯形图与时序图。它与图 4-23 所示的程序均为实现定时 5s 的程序,不同之处为两者的设计值不同。当输入继电器 X0 闭合后,定时器开始计时,计时过程中如果 PLC 断电或输入继电器 X0 断开,则定时器停止计时,并且复位;当输入继电器 X0 再次闭合后,定时器重新开始计时,直到定时时间为 5s 时,定时器辅助触点动作输出,在输入继电器 X0 断开后自动复位。

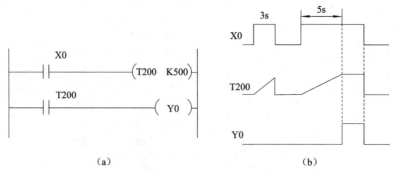

图 4-24　10ms 通用定时器梯形图和时序图
(a)梯形图;(b)时序图

#### 3. 1ms 累积定时器(T246～T249)

如图 4-25 所示为 1ms 累积定时器,实现当 X0 接通时间累计超过 5s 后 Y0 输出的梯形图与时序图。当输入继电器X0闭合后,定时器开始计时,计时过程中如果PLC断电或输入继电器X0断开,则定时器停止计时,但不会复位;当输入继电器X0再次闭合后,定时器在上次计时的基础上继续开始计时,直到定时时间为5s为止,此时输出继电器Y0线圈得电。

> **温馨提示:**
> 累积定时器不会自动复位,只有使用复位指令时才能复位。

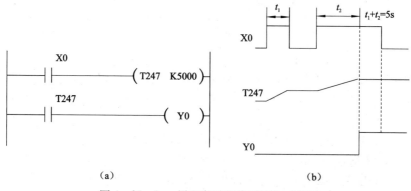

（a） （b）

图4-25 1ms累积定时器梯形图和时序图

(a)梯形图;(b)时序图

### 4.100ms累积定时器(T250～T255)

如图4-26所示为100ms累积定时器,实现当X0接通时间累计超过5s后Y0输出的梯形图与时序图。它与图4-25所示的程序均为实现定时5s的程序,不同之处为两者的设计值不同。当输入继电器X0闭合后,定时器开始计时,计时过程中如果PLC断电或输入继电器X0断开,则定时器停止计时,但不会复位;当输入继电器X0再次闭合后,定时器在上次计时的基础上继续开始计时,直到定时时间为5s为止,此时输出继电器Y0线圈得电;当输入继电器X1闭合后,定时器T250的线圈失电,其动合触点分断,使得输出继电器Y0线圈失电。

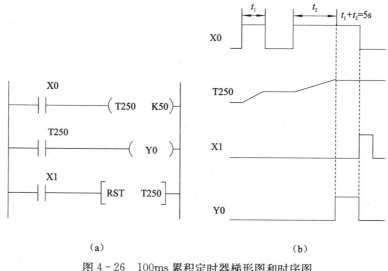

（a） （b）

图4-26 100ms累积定时器梯形图和时序图

(a)梯形图;(b)时序图

1. 选择题

(1) 单个动合触点与电路并联连接的指令是（　　　）。

A. OR            B. ORI            C. ANB            D. ORB

(2) 并联电路块的串联连接的指令是（　　　）。

A. OR            B. ORI            C. ANB            D. ORB

(3) 置位指令 SET 不能驱动的软元件是（　　　）。

A. M            B. Y            C. S            D. C

(4) 使用串联电路块和并联电路块时,分支开始的动合触点指令是（　　　）。

A. LD            B. AND            C. ANB            D. ORB

2. 判断题

(1)（　　）并联一个动合触点时采用 OR 指令,串联电路块的并联指令为 ORB。

(2)（　　）OR 指令和 ORB 指令可以连续使用,但不允许超过 8 次。

(3)（　　）ANB 指令操作的目标元件为 X、Y、M、T、C、S。

(4)（　　）在设计电路时,尽量把并联触点多的靠近左母线,把串联触点多的放在上边。

(5)（　　）SET 和 RST 指令都具有电路自锁功能。

(6)（　　）用 RST 指令复位的继电器一定是用 SET 指令置位的。

(7)（　　）累积定时器不会自动复位,只有使用复位指令时才能复位。

3. 试设计如图 4 - 27 所示时序图对应的梯形图并写出指令语句表。

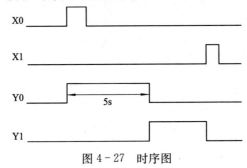

图 4 - 27 时序图

4. 综合题

控制要求：按下按钮 SB1,小灯 L1、L2 和 L3 一起亮,按下按钮 SB2 后,小灯 L1 熄灭,5s 后小灯 L2 熄灭,再过 10s 后小灯 L3 熄灭。请写出 I/O 分配表、画出 I/O 外部接线图及梯形图、并将梯形图转换为指令语句表。

1. 控制要求

如图 4 - 11 所示为继电器-接触器控制系统的单向连续运行控制线路原理图,现改为用 PLC 来实行控制。

### 2. 分析控制要求

电动机单向连续运行 PLC 控制,即使用可编程序控制器进行电动机单向连续运行控制。在 PLC 应用设计中应首先考虑主电路的设计,主电路是为电动机提供电能的通路,具有高电压、大电流的特点,因此使用可编程序控制器进行电动机单向连续运行控制,其主电路是不能改变的,改变的只是控制电路。该系统控制电路的要求是合上隔离开关 QS 后,按下按钮 SB1,电动机得电运转,按下按钮 SB2,电动机失电停转。

### 3. 确认输入设备

根据控制要求,PLC 输入信号是按钮 SB1 和 SB2。

### 4. 确定输出设备

根据控制要求,输出控制为交流接触器 KM 的线圈,通过线圈的得、失电控制电动机的启动与停止。

### 5. I/O 分配表

I/O 分配表如表 4 - 4 所示。

表 4 - 4　I/O 分配表

| 输入 | | | 输出 | | |
|---|---|---|---|---|---|
| 元件代号 | 作用 | 输入继电器 | 元件代号 | 作用 | 输出继电器 |
| SB1 | 启动按钮 | X0 | KM | 控制电动机运行 | Y0 |
| SB2 | 停止按钮 | X2 | | | |

### 6. PLC 接线图

PLC 接线图如图 4 - 28 所示。

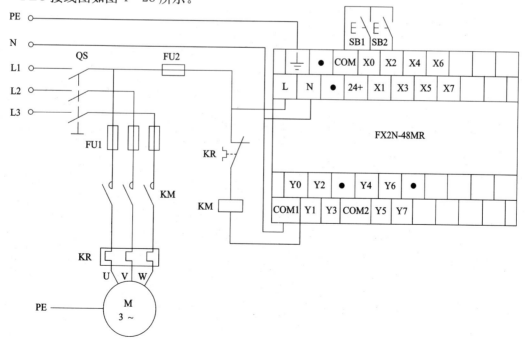

图 4 - 28　电动机单向连续运行 PLC 控制接线图

### 7. 程序设计

程序设计如图 4-29 所示。

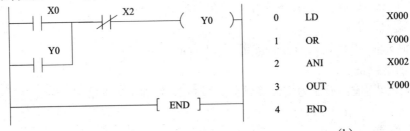

| 0 | LD | X000 |
| 1 | OR | Y000 |
| 2 | ANI | X002 |
| 3 | OUT | Y000 |
| 4 | END | |

(a)      (b)

图 4-29 电动机单向连续运行 PLC 控制的梯形图、指令语句表

(a)梯形图；(b)指令语句表

### 8. 程序说明

当按下按钮 SB1 后,输入继电器 X0 的动合触点闭合,此时输出继电器 Y0 线圈得电,输出继电器 Y0 的动合触点闭合,从而使得交流接触器 KM 线圈得电,KM 主触头合上,同时把输入继电器 X0 的动合触点锁住,电动机 M 得电连续运转;当按下按钮 SB2 后,输入继电器 X2 的动断触点断开,此时输出继电器 Y0 失电,输出继电器 Y0 的动合触点恢复断开,从而使得交流接触器 KM 线圈失电,KM 主触头断开,同时把输入继电器 X0 的动合触点解锁,电动机 M 失电停转。

**任务评价**

| 任务 | 电动机单向连续运行 PLC 控制 | | | | | | |
|---|---|---|---|---|---|---|---|
| 班级 | | | 学号 | | | 姓名 | |
| 序号 | 评价内容 | 配分 | 评价标准 | 评价结果 | | | 综合得分 |
| | | | | 自评 | 小组评 | 教师评 | |
| 1 | 程序设计 | 30 | 根据任务写出 I/O 分配表,画出 PLC 接线图及梯形图,并将梯形图转换为指令语句表 | | | | |
| 2 | 元件安装 | 20 | 布线平整,接线正确,安装时不损伤导线或电器元件 | | | | |
| 3 | 程序输入 | 10 | 将所编程序用编程软件和手持编程器两种方式输入到 PLC 中 | | | | |
| 4 | 程序调试 | 20 | 按照被控设备的动作要求进行调试,达到设计要求 | | | | |
| 5 | 同组协作 | 20 | 互相帮助,共同学习 | | | | |
| 6 | 安全文明生产 | 只扣分不加分 | 工具摆放整齐,不发生伤人事故 | | | | |

# 任务3　电动机正、反转运行 PLC 控制

## 任务目标

1. 学会使用 PLS 和 PLF 两个微分输出指令;
2. 掌握运用 PLC 的两个微分输出指令进行简单编程设计的基本方法与技能;
3. 知道应用基本指令编程时应注意的问题;
4. 能够编辑电动机正、反转运行 PLC 控制程序并进行调试和运行。

## 任务描述

电动机正、反转控制是电气控制系统的基本功能,其控制线路如图 4-30 所示。本任务通过电动机正、反转运行 PLC 控制为载体,对 PLS 和 PLF 两个微分输出指令相关知识进行讲解,通过电动机正、反转运行控制实例操作,使学生能够熟练进行 PLC 正确硬件接线,熟练使用软件进行编程,能够对电动机正、反转运行 PLC 控制系统进行调试和通电运行。

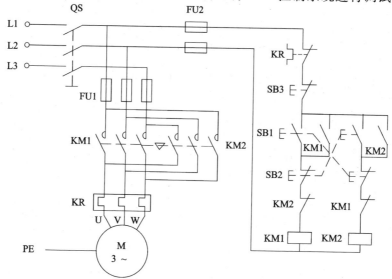

图 4-30　电动机正、反转运行控制线路原理图

## 任务过程

### 一、可编程序控制器的基本指令

#### 1. 上升沿脉冲微分指令

PLS 指令称为"上升沿脉冲微分指令",其功能为当检测到输入脉冲的上升沿时,PLS 指令的操作元件输出继电器 Y 或辅助继电器 M 的线圈得电一个扫描周期,产生一个宽度为一个扫描周期的脉冲信号输出。

### 2. 下降沿脉冲微分指令

PLF 指令称为"下降沿脉冲微分指令"，其功能为当检测到输入脉冲的下降沿时，PLF 指令的操作元件输出继电器 Y 或辅助继电器 M 的线圈得电一个扫描周期，产生一个宽度为一个扫描周期的脉冲信号输出。

**温馨提示：**

① PLS 和 PLF 指令主要作为信号变化的检测，即从断开到接通瞬间（上升沿）和从接通到断开瞬间（下降沿）信号的检测，如果条件满足，则被驱动的软元件产生一个扫描周期的脉冲信号，如图 4-31 所示。

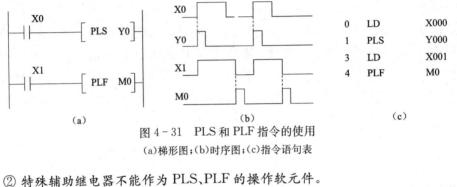

图 4-31 PLS 和 PLF 指令的使用

(a)梯形图；(b)时序图；(c)指令语句表

② 特殊辅助继电器不能作为 PLS、PLF 的操作软元件。

## 二、可编程序控制器基本指令应用举例

1. 试用 SET、RST 和微分输出指令设计满足下列时序图的梯形图，并写出其语句指令表。

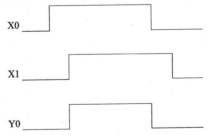

设计分析：由时序图可知，输出继电器 Y0 线圈是在输入继电器 X1 接通瞬间得电，输入继电器 X0 断开瞬间失电，因此可由输入继电器 X1 触发辅助继电器 M0 一个扫描周期的脉冲信号，由辅助继电器 M0 的动合触点使输出继电器 Y0 线圈得电并置位，由输入继电器 X0 触发辅助继电器 M1 一个扫描周期的脉冲信号，由辅助继电器 M1 的动合触点使输出继电器 Y0 线圈失电并复位。满足该时序图的梯形图及指令语句表如图 4-32 所示。

2. 如图 4-33 所示为某一控制电路的梯形图和 X0 的动作波形图，试写出对应的指令语句表，并画出其对应时序图。

语句指令表及时序图如图 4-34 所示。

3. 试设计用单按钮控制两挡发光吊灯的控制程序。

控制要求：某一吊灯共有四盏灯第一次按下按钮 SB，小灯 L1 亮，第二次按下按钮 SB，小

灯 L2、L3 和 L4 亮,第三次按下按钮 SB,小灯 L1、L2、L3 和 L4 全部熄灭。

设计分析:本电路采用三菱 FX2N 型可编程序控制器,按钮 SB 接入其输入继电器 X0,小灯 L1 接入其输出继电器 Y0,由于灯功率不大,小灯 L2、L3 和 L4 采用 PLC 外部并联后接于其输出继电器 Y1,以简化控制程序和接线。

在该电路的设计中,可以使用 PLC 内部的软元件辅助继电器 M0 和 M1,根据控制要求可画出其电路的时序图如图 4-35 所示。

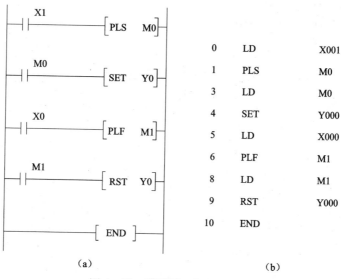

| 0 | LD | X001 |
| 1 | PLS | M0 |
| 3 | LD | M0 |
| 4 | SET | Y000 |
| 5 | LD | X000 |
| 6 | PLF | M1 |
| 8 | LD | M1 |
| 9 | RST | Y000 |
| 10 | END | |

(a)  (b)

图 4-32  梯形图及指令语句表

(a)梯形图;(b)指令语句表

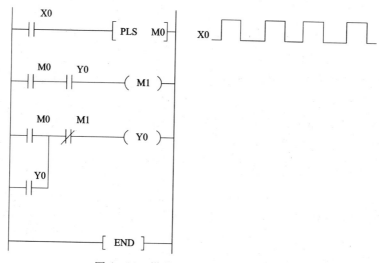

图 4-33  梯形图和 X0 的动作波形图

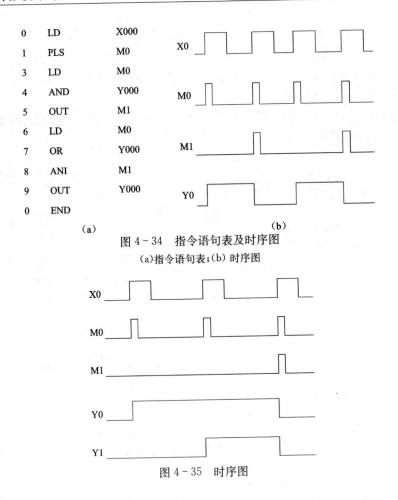

| 0 | LD | X000 |
| 1 | PLS | M0 |
| 3 | LD | M0 |
| 4 | AND | Y000 |
| 5 | OUT | M1 |
| 6 | LD | M0 |
| 7 | OR | Y000 |
| 8 | ANI | M1 |
| 9 | OUT | Y000 |
| 0 | END | |

(a)

(b)

图 4-34 指令语句表及时序图

(a)指令语句表;(b)时序图

图 4-35 时序图

**温馨提示:**

① 如果拿到一个新的程序,很难短时间内理清编程思路。可以利用时序图对一些复杂的程序进行快速分析,理清程序的编程思路。具体方法是:通过对程序的分析和系统控制工艺要求,先分析出各个输出有哪些影响因素。画时序图时要把相关的元件状态都画出来。画时序图时先对输入条件的变化进行假设,然后再模拟程序的运行过程,输出的变化就分析出来了。

② 输入按钮按下,时序图对应为高电平;输入按钮松开,时序图对应为低电平(按钮选择常开点动按钮)。对于输出,应严格按照它与输入的关系画出波形。对于PLC内部的继电器输出吸合画成高电平,表示元件被启动;继电器释放画成低电平,表示元件停止工作。

由时序图可知:当按钮SB第一次按下(即X0第一次接通)时,辅助继电器M0接通一个扫描周期,使得输出继电器Y0接通,此时接在输出继电器Y0上的小灯L1亮;当按钮SB第二次按下(即X0第二次接通)时,M0又接通一个扫描周期,使得输出继电器Y1接通,由于Y0已经接通,因此接在输出继电器Y0和Y1上的小灯L1、L2、L3和L4全亮,当第三次按下按钮SB(即X0第三次接通)时,M0又接通一个扫描周期,使得输出继电器Y0和Y1断开,从而使接在输出继电器Y0和Y1上的小灯L1、L2、L3和L4全部熄灭。

设计如下：

① I/O 分配表如表 4-5 所示。

表 4-5　I/O 分配表

| 输入 | | 输出 | |
|---|---|---|---|
| 元件代号 | 输入继电器 | 元件代号 | 输出继电器 |
| SB | X0 | L1 | Y0 |
| | | L2、L2、L3 | Y1 |

② I/O 外部接线图如图 4-36 所示。

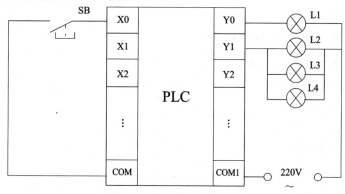

图 4-36　I/O 外部接线图

③ 梯形图及指令语句表如图 4-37 所示。

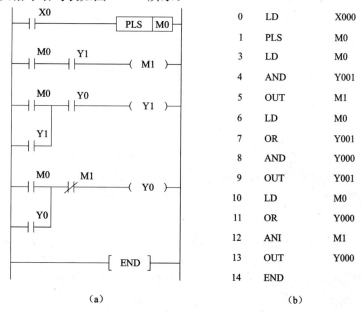

| 0 | LD | X000 |
|---|---|---|
| 1 | PLS | M0 |
| 3 | LD | M0 |
| 4 | AND | Y001 |
| 5 | OUT | M1 |
| 6 | LD | M0 |
| 7 | OR | Y001 |
| 8 | AND | Y000 |
| 9 | OUT | Y001 |
| 10 | LD | M0 |
| 11 | OR | Y000 |
| 12 | ANI | M1 |
| 13 | OUT | Y000 |
| 14 | END | |

（a）　　　　　　　　　　　　　　（b）

图 4-37　梯形图及指令语句表

（a）梯形图；（b）指令语句表

**温馨提示：**

    PLC的循环扫描工作方式与传统的继电器控制系统有明显的不同,继电器控制装置采用逻辑"并行"运行的方式,即在执行过程中,如果一个继电器的线圈通电,则继电器的所有动合和动断触点无论在控制线路的什么位置都会立即动作,即动合触点闭合、动断触点断开。而PLC执行梯形图程序时采用"串行"工作方式,即CPU从上到下、从左到右、一行一行地顺序扫描执行。在PLC的工作过程中,如果某一个软继电器的线圈接通,该线圈的所有动合和动断触点并不一定都会立即动作,只有CPU扫描到该触点时才会动作。因此,程序执行结果与梯形图的顺序至关重要。

### 三、应用基本指令编程时应注意的问题

**1. 尽量减少控制过程中的输入/输出信号**

在PLC的实践中经常碰到I/O点数不够的问题,若通过增加扩展来解决,则需要较大的经济投入,甚至由于可扩展的I/O点数有限以及扩展单元无法安装等原因而无法通过增加扩展来解决。因此,在满足控制系统要求的前提下,合理使用I/O点,尽量减少所需的I/O点数,这不仅可以降低PLC控制系统的硬件成本,还可以解决PLC扩展I/O点数的问题。

**2. 深刻理解和领会PLC执行梯形图程序时采用的"串行"工作方式**

PLC采用循环扫描工作方式,扫描梯形图的顺序是自左向右、自上而下,因此梯形图的编写也应按此顺序,避免输入/输出的滞后现象,如图4-38所示。

图4-38　输入/输出的滞后现象

(a)该电路Y0线圈得电;(b)该电路Y1线圈得电

**3. 适当安排编程顺序,节省程序存储空间,减少扫描时间**

对于有复杂逻辑关系的程序段,应按照先复杂后简单的原则编程。这样可以节省程序存储空间,减少扫描时间。

简化原则:并联电路块串联时遵循"左重右轻"的原则,即并联多的支路应靠近左母线。串联电路块并联时遵循"上重下轻"的原则,即串联多的支路应尽量放在上部。线圈输出部分遵循"上轻下重"的原则,即结构简单的输出线圈放置在梯形图的上面,结构较复杂的输出放置下面,如图4-39所示。

**4. 应避免出现无法编程的梯形图**

简化原则:以各输出为目标,找出形成输出的每一条通路,逐一处理,如图4-40所示桥式电路的等效。

## 5. 尽可能使用开关的动合触点

为了使梯形图和继电器电路图中触点的类型相同,尽可能地用动合触点作为 PLC 的输入信号。如果某些信号只能用动断触点输入,可以按输入全部为动合触点来设计梯形图,然后将梯形图中相应的输入位的触点改为相反的触点,即动合触点改为动断触点,动断触点改为动合触点。这样可以将继电器电路图直接翻译为梯形图。

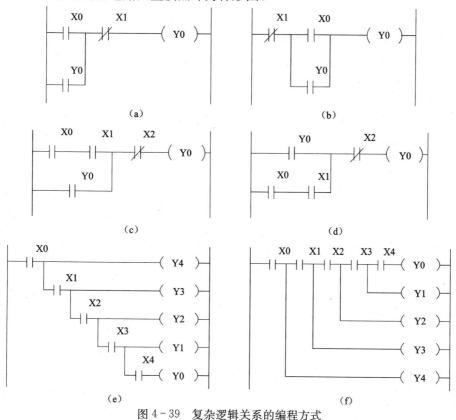

图 4 - 39　复杂逻辑关系的编程方式

(a)左重右轻(正确的编程);(b)左轻右重(错误的编程);(c)上重下轻(正确的编程);

(d)上轻下重(错误的编程);(e)上轻下重(正确的编程);(f)上重下轻(错误的编程)

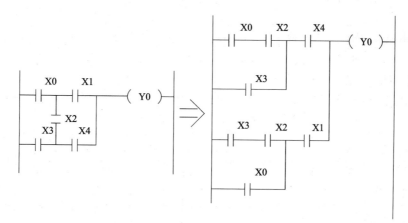

图 4 - 40　桥式电路的等效

### 四、PLC 控制系统设计与调试的一般步骤

**1. 分析被控对象并提出控制要求**

详细分析被控对象的工艺过程及工作特点,了解被控对象机、电、液之间的配合,提出被控对象对 PLC 控制系统的控制要求,确定控制方案,拟定设计任务书。

**2. 确定输入/输出设备**

根据系统的控制要求,确定系统所需的全部输入设备(如按钮、位置开关、转换开关及各种传感器等)和输出设备(如接触器、电磁阀、信号指示灯及其他执行器等),从而确定与 PLC 有关的输入/输出设备,以确定 PLC 的 I/O 点数。

**3. 选择 PLC**

PLC 选择包括对 PLC 的机型、容量、I/O 模块、电源等的选择。

**4. 分配 I/O 点并设计 PLC 外围硬件线路**

(1) 分配 I/O 点

画出 PLC 的 I/O 点与输入/输出设备的连接图或对应关系表,该部分也可在第 2 步中进行。

(2) 设计 PLC 外围硬件线路

画出系统的电气线路图,包括主电路和 PLC 外围电气线路图组成系统的电气原理图。

**5. 程序设计**

(1) 程序设计

根据系统的控制要求,采用合适的设计方法来设计 PLC 程序。程序要以满足系统控制要求为主线,逐一编写实现各控制功能或各子任务的程序,逐步完善系统指定的功能。除此之外,程序通常还应包括以下内容:

① 初始化程序。在 PLC 上电后,一般都要做一些初始化的操作,为启动作必要的准备,避免系统发生误动作。初始化程序的主要内容有:对某些数据区、计数器等进行清零,对某些数据区所需数据进行恢复,对某些继电器进行置位或复位,对某些初始状态进行显示等。

② 检测、故障诊断和显示等程序。这些程序相对独立,一般在程序设计基本完成时再添加。

③ 保护和连锁程序。保护和连锁是程序中不可缺少的部分,必须认真加以考虑。它可以避免由于非法操作而引起的控制逻辑混乱。

(2) 程序模拟调试

程序模拟调试的基本思想是,以方便的形式模拟生产现场实际状态,为程序的运行创造必要的环境条件。根据生产现场信号的方式不同,模拟调试有硬件模拟法和软件模拟法两种形式。

① 硬件模拟法是使用一些硬件设备(如用另一台 PLC 或一些输入器件等)模拟生产现场的信号,并将这些信号以硬接线的方式连到 PLC 系统的输入端,其时效性较强。

② 软件模拟法是在 PLC 中另外编写一套模拟程序,模拟提供现场信号,其简单易行,但时效性不易保证。模拟调试过程中,可采用分段调试的方法,并利用编程器的监控功能。

**6. 硬件实施**

硬件实施方面主要是进行控制柜（台）等硬件的设计及现场施工。主要内容有：

① 设计控制柜和操作台等部分的电器布置图及安装接线图。

② 设计系统各部分之间的电气互连图。

③ 根据施工图纸进行现场接线，并进行详细检查。

> **温馨提示：**
> 由于程序设计与硬件实施可同时进行，因此 PLC 控制系统的设计周期可大大缩短。

**7. 联机调试**

联机调试是将通过模拟调试的程序进一步进行在线统调。联机调试过程应循序渐进，从 PLC 只连接输入设备，再连接输出设备，再接上实际负载等逐步进行调试。如不符合要求，则对硬件和程序作调整。通常只需修改部分程序即可。

全部调试完毕后，交付试运行。经过一段时间运行，如果工作正常，程序不需要修改，应将程序固化到 EPROM 中，以防程序丢失。

**8. 整理和编写技术文件**

技术文件包括设计说明书、硬件原理图、安装接线图、电气元件明细表、PLC 程序以及使用说明书等。

 练一练

**1. 选择题**

（1）在正反转或其他控制电路中，当存在接触器同时动作会造成电气故障时，应增加（　　）来解决。

A. 按钮互锁　　　　　　　　　　　　B. 内部输出继电器互锁

C. 内部输入继电器互锁　　　　　　　D. 外部继电器互锁

（2）设计 PLC 梯形图时，并联电路块串联应遵循（　　）的原则。

A."左重右轻"　　　　B."左轻右重"　　　　C."上重下轻"　　　　D."上轻下重"

（3）设计 PLC 梯形图时，串联电路块并联应遵循（　　）的原则。

A."左重右轻"　　　　B."左轻右重"　　　　C."上重下轻"　　　　D."上轻下重"

（4）设计 PLC 梯形图时，线圈输出部分应遵循（　　）的原则。

A."左重右轻"　　　　B."左轻右重"　　　　C."上重下轻"　　　　D."上轻下重"

**2. 判断题**

（1）（　　）PLS 和 PLF 微分指令的操作元件为输出继电器 Y 或辅助继电器 M。

（2）（　　）程序执行结果与梯形图的顺序至关重要。

（3）（　　）在满足控制系统要求的前提下，应尽量减少控制过程中的输入/输出信号。

（4）（　　）对于有复杂逻辑关系的程序段，应按照先简单后复杂的原则编程。

（5）（　　）为了使梯形图和继电器电路图中触点的类型相同，PLC 的输入信号能用动合触点的用动合触点，能用动断触点的用动断触点。

(6)（　　）在 PLC 的工作过程中,如果某一个软继电器的线圈接通,则该线圈的所有动合和动断触点立即动作。

3. 试设计梯形图程序,并写出其对应的指令语句表。

控制要求：按下按钮使得输入继电器 X0 合上后,输出继电器 Y0 接通且保持,15s 后,输出继电器 Y0 自动断开。

4. 试设计洗手间的自动冲水控制程序

控制要求：当有人进入洗手间离便池 50cm 时,2s 后,便池开始冲水,冲水时间为 5s；当使用者离开后,再一次冲水,时间为 5s。(用光电开关来控制控制阀打开冲水)

1. 控制要求

如图 4-30 所示为继电器-接触器控制系统的正、反转运行控制线路原理图,现改为用 PLC 来实行控制。

2. 分析控制要求

电动机正、反转运行 PLC 控制,即使用可编程序控制器进行电动机正、反转运行控制。在 PLC 应用设计中应首先考虑主电路的设计,主电路是为电动机提供电能的通路,具有高电压、大电流的特点,因此使用可编程序控制器进行电动机正、反转运行控制,其主电路是不能改变的,改变的只是控制电路。该系统控制电路的要求是合上隔离开关 QS 后,按下正转启动按钮 SB1,电动机正转运行；按下反转启动按钮 SB2,电动机反转运行；按下停止按钮 SB3,电动机停止正转或反转。

3. 确认输入设备

根据控制要求,PLC 输入信号是按钮 SB1、SB2、SB3 和热继电器 KR。

4. 确定输出设备

根据控制要求,输出控制为交流接触器 KM1 和 KM2 的线圈,通过线圈的得、失电控制电动机的正转、反转与停止。

5. I/O 分配表

I/O 分配表如表 4-6 所示。

表 4-6　I/O 分配表

| 输　　入 | | | 输　　出 | | |
|---|---|---|---|---|---|
| 元件代号 | 作用 | 输入继电器 | 元件代号 | 作用 | 输出继电器 |
| SB1 | 正转启动按钮 | X0 | KM1 | 控制电动机正转 | Y0 |
| SB2 | 反转启动按钮 | X2 | KM2 | 控制电动机反转 | Y2 |
| SB3 | 停止按钮 | X4 | | | |
| KR | 热继电器 | X6 | | | |

### 6. PLC 接线图

PLC 接线图如图 4 - 41 所示。

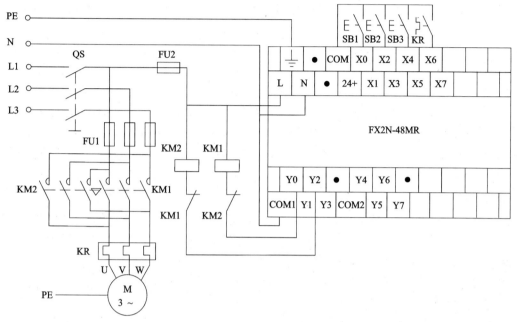

图 4 - 41　电动机正、反转运行 PLC 控制接线图

> **温馨提示：**
>
> 　　正、反转运行 PLC 控制仅仅靠软件程序的互锁是不够的，还必须有接触器动断触点的硬件互锁。

### 7. 程序设计

程序设计如图 4 - 42 所示。

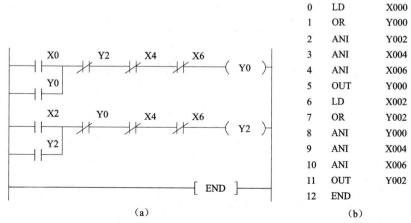

| 0 | LD | X000 |
|---|---|---|
| 1 | OR | Y000 |
| 2 | ANI | Y002 |
| 3 | ANI | X004 |
| 4 | ANI | X006 |
| 5 | OUT | Y000 |
| 6 | LD | X002 |
| 7 | OR | Y002 |
| 8 | ANI | Y000 |
| 9 | ANI | X004 |
| 10 | ANI | X006 |
| 11 | OUT | Y002 |
| 12 | END | |

（a）　　　　　　　　　　　　　　　（b）

图 4 - 42　电动机正、反转运行 PLC 控制的梯形图、指令语句表

（a）梯形图；（b）指令语句表

8. 程序说明

正转启动：按下正转启动按钮 SB1 后，输入继电器 X0 的动合触点闭合，此时输出继电器 Y0 得电自锁，从而使得交流接触器 KM1 线圈得电，KM1 主触头合上，电动机正转运行。同时输出继电器 Y0 的动断触点断开，从而使输出继电器 Y2 不会得电，起到互锁作用。

反转启动：按下反转启动按钮 SB2 后，输入继电器 X2 的动合触点闭合，此时输出继电器 Y2 得电自锁，从而使得交流接触器 KM2 线圈得电，KM2 主触头合上，电动机反转运行。同时输出继电器 Y2 的动断触点断开，从而使输出继电器 Y0 不会得电，起到互锁作用。

停止：当按下停止按钮 SB3 后，输入继电器 X4 的动断触点断开，此时输出继电器 Y0(或Y2)失电，使得输出继电器 Y0(或 Y2)的动合触点恢复断开，从而使得交流接触器 KM1(或KM2)线圈失电，KM1(或 KM2)主触头断开，同时把输入继电器 X0(或 X2)的动合触点解锁，电动机 M 失电停转。

### 任务评价

| 任务 | 电动机正、反转运行 PLC 控制 | | | | | | | |
|---|---|---|---|---|---|---|---|---|
| 班级 | | | 学号 | | | 姓名 | | |
| 序号 | 评价内容 | 配分 | 评价标准 | 评价结果 | | | 综合得分 | |
| | | | | 自评 | 小组评 | 教师评 | | |
| 1 | 程序设计 | 30 | 根据任务写出 I/O 分配表，画出 PLC 接线图及梯形图，并将梯形图转换为指令语句表 | | | | | |
| 2 | 元件安装 | 20 | 布线平整，接线正确，安装时不损伤导线或电器元件 | | | | | |
| 3 | 程序输入 | 10 | 将所编程序用编程软件和手持编程器两种方式输入到 PLC 中 | | | | | |
| 4 | 程序调试 | 20 | 按照被控设备的动作要求进行调试，达到设计要求 | | | | | |
| 5 | 同组协作 | 20 | 互相帮助，共同学习 | | | | | |
| 6 | 安全文明生产 | 只扣分不加分 | 工具摆放整齐，不发生伤人事故 | | | | | |

# 任务4 电动机丫/△降压启动 PLC 控制

### 任务目标

1. 学会使用 MPS、MRD 和 MPP 三个逻辑堆栈指令；
2. 掌握运用 PLC 逻辑堆栈指令进行简单编程设计的基本方法与技能；
3. 学会使用 PLC 的计数器；
4. 能够编辑电动机丫/△降压启动 PLC 控制程序并进行调试和运行。

### 任务描述

丫/△降压启动是指电动机启动时，把定子绕组接成丫形，以降低启动电压，限制启动电流。待电动机启动后，再把定子绕组改接成△形，使电动机全压运行。其控制电路如图 4-43

所示。本任务通过电动机丫/△降压启动 PLC 控制为载体,学习 PLC 的基本工作原理,理解梯形图程序的意义及其编辑方法,学会使用 MPS、MRD 和 MPP 三个逻辑堆栈指令来实现简单的 PLC 控制。

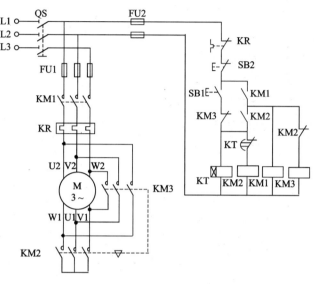

图 4-43　电动机丫/△降压启动原理图

### 一、可编程序控制器的逻辑堆栈指令

逻辑堆栈指令是 FX 系列中新增的基本指令,用于多重输出电路,为编程带来便利。逻辑堆栈指令又被称为多重输出指令,MPS、MRD、MPP 为一组指令,主要用在当多重输出且逻辑条件不同的情况下,将连接点的结果存储起来,以便连接点后面的电路编程。如图 4-44 所示为逻辑堆栈指令的应用。

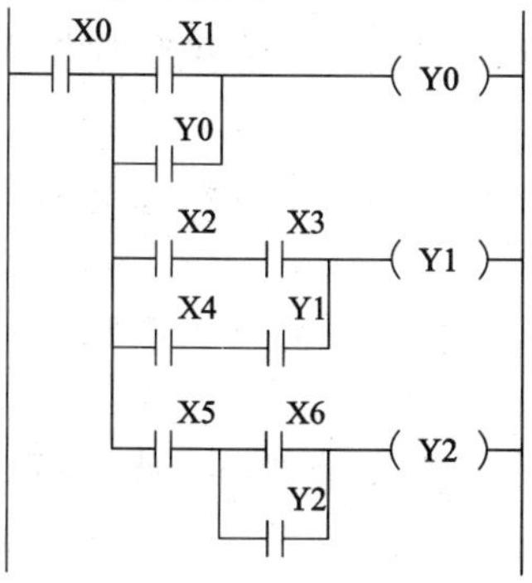

| 0 | LD | X000 | 10 | AND | Y001 |
|---|----|------|----|-----|------|
| 1 | MPS | | 11 | ORB | |
| 2 | LD | X001 | 12 | ANB | |
| 3 | OR | Y000 | 13 | OUT | Y001 |
| 4 | ANB | | 14 | MPP | |
| 5 | OUT | Y000 | 15 | AND | X005 |
| 6 | MRD | | 16 | LD | X006 |
| 7 | LD | X002 | 17 | OR | Y002 |
| 8 | AND | X003 | 18 | ANB | |
| 9 | LD | X004 | 19 | OUT | Y002 |

（a）　　　　　　　　　　　　　　　　　　（b）

图 4-44　逻辑堆栈指令的应用

(a)梯形图;(b)指令语句表

### 1. MPS 进栈指令

MPS,进栈指令,用于存储电路中分支点处的逻辑运算结果,以便后面处理有线圈的支路时可以调用该运算结果。

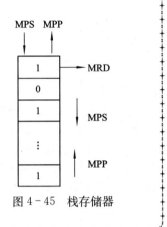

温馨提示:

使用一次 MPS 指令,当时的逻辑运算结果压入堆栈的第一层,堆栈中原来的数据依次向下一层推移。在 FX 系列 PLC 中有 11 个存储单元,它们专门用来存储程序运算的中间结果,被称为栈存储器,如图4-45所示。

图4-45 栈存储器

### 2. MPP 出栈指令

MPP,出栈指令,用于将存储在电路中分支点的运算结果弹出(调用并去掉),将下一触点连接在该点后,从堆栈中去掉该点的运算结果。

温馨提示:

使用 MPP 指令时,堆栈中各层的数据向上移动一层,最上层的数据在读出后从栈内消失。

### 3. MRD 读栈指令

MRD,读栈指令,用于读取存储在堆栈最上层的电路中分支点处的运算结果,将下一触点强制性地连接在该点,计数后堆栈内的数据不会上移或下移。

温馨提示:

① MPS 指令和 MPP 指令必须成对出现,缺一不可,MRD 指令有时可以不用。

② MPS 指令连续使用次数最多不能超过 11 次,如图4-46所示梯形图中,MPS 指令连续使用 3 次。

③ MPS 指令、MRD 指令或 MPP 指令之后若有单个动断触点或动合触点串联,则应该使用 ANI 指令或 AND 指令,如图4-44所示。

④ MPS 指令、MRD 指令或 MPP 指令之后若有触点组成的电路块串联,则应该用 ANB 指令,如图4-44所示。

⑤ MPS 指令、MRD 指令或 MPP 指令之后若无触点串联,直接驱动线圈,则应该用 OUT 指令,如图4-46所示。

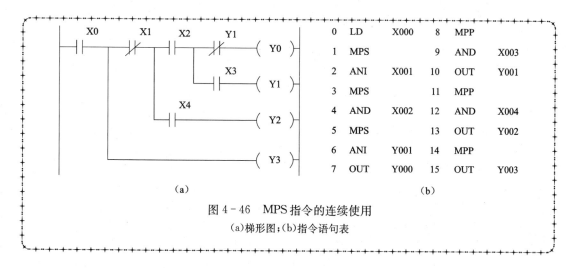

图 4-46　MPS 指令的连续使用

(a)梯形图；(b)指令语句表

### 二、可编程序控制器逻辑堆栈指令应用举例

1. 根据如图 4-47 所示梯形图写出相应的指令语句表。

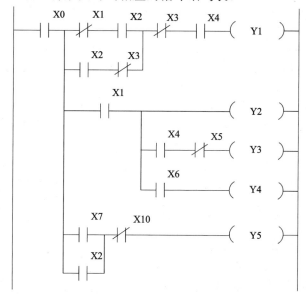

图 4-47　梯形图

图 4-47 所示梯形图对应的指令语句表如下所示。

| 0 | LD | X000 | 14 | MPS | |
| 1 | MPS | | 15 | AND | X004 |
| 2 | LDI | X001 | 16 | ANI | X005 |
| 3 | AND | X002 | 17 | OUT | Y003 |
| 4 | LD | X002 | 18 | MPP | |

| 5 | ANI | X003 | 19 | AND | X006 |
|---|---|---|---|---|---|
| 6 | ORB | | 20 | OUT | Y004 |
| 7 | ANB | | 21 | MPP | |
| 8 | ANI | X003 | 22 | LD | X007 |
| 9 | AND | X004 | 23 | OR | X002 |
| 10 | OUT | Y001 | 24 | ANB | |
| 11 | MRD | | 25 | ANI | X010 |
| 12 | AND | X001 | 26 | OUT | Y005 |
| 13 | OUT | Y002 | | | |

2. 根据下列指令语句表画出对应的梯形图。

| 0 | LD | X000 | 7 | AND | X003 |
|---|---|---|---|---|---|
| 1 | MPS | | 8 | OUT | Y001 |
| 2 | AND | X001 | 9 | MPP | |
| 3 | MPS | | 10 | AND | X004 |
| 4 | AND | X002 | 11 | AND | X005 |
| 5 | OUT | Y000 | 12 | OUT | Y002 |
| 6 | MPP | | | | |

该指令语句表对应的梯形图如图 4-48 所示。

3. 综合题

控制要求：按下按钮 SB，小灯 L 亮 5s，再灭 3s，重复 4 次后，恢复初始状态。

设计分析：本电路采用三菱 FX2N 型可编程序控制器，按钮 SB 接入其输入继电器 X0，小灯 L 接入其输出继电器 Y0。

在该电路的设计中，可以使用 PLC 内部的软元件辅助继电器 M0、定时器 T0 和 T1、计数器 C0，根据控制要求可画出其电路的时序图如图 4-49 所示。

由时序图可知：当按钮 SB(即 X0 闭合)时，辅助继电器 M0 接通并自锁，使得输出继电器 Y0 接通，此时接在输出继电器 Y0 上的小灯 L 亮，同时定时器 T0 线圈得电并延时；5s 后，定时器 T0 触点动作，其动断触点断开输出继电器 Y0，小灯 L 熄灭。动合触点接通定时器 T1 线圈回路，使得定时器 T1 线圈得电并延时，同时让计数器计数 1 次；3s 后，定时器 T1 触点动作，其动断触点断开定时器 T0 回路，使得定时器 T0 线圈失电，从而使定时器 T0 的触点恢复原状。定时器 T0 的动断触点恢复闭合使得输出继电器 Y0 线圈再次得电，小灯 L 亮起来；定时器 T0 的动合触点恢复断开使得定时器 T1 线圈失电，定时器 T1 的动断触点恢复闭合，定时器 T0 线圈再次得电并延时……这样定时器 T0 线圈接通 4 次后，计数器也计数 4 次。计数器 C0 线圈得电，其动断触点断开，电路恢复初始状态；动合触点闭合，使得计数器 C0 复位。要想小灯 L 亮，则必须再次按下按钮 SB。

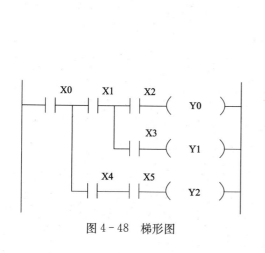

图 4-48  梯形图

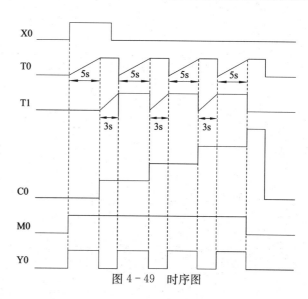

图 4-49  时序图

设计如下：

(1)I/O 分配表

I/O 分配表如表 4-7 所示。

表 4-7  I/O 分配表

| 输入 | | 输出 | |
| --- | --- | --- | --- |
| 元件代号 | 输入继电器 | 元件代号 | 输出继电器 |
| SB | X0 | L | Y0 |

(2)I/O 外部接线图

I/O 外部接线图如图 4-50 所示。

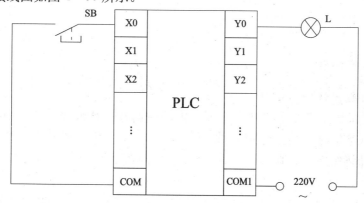

图 4-50  I/O 外部接线图

(3)梯形图及指令语句表

梯形图及指令语句表如图 4-51 所示。

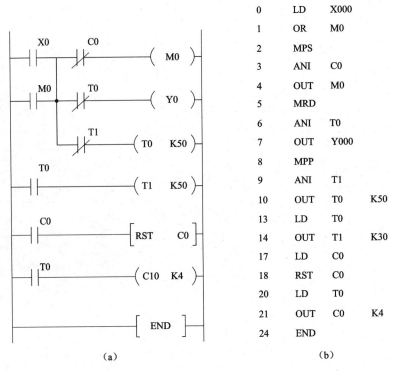

| 0  | LD  | X000 |     |
|----|-----|------|-----|
| 1  | OR  | M0   |     |
| 2  | MPS |      |     |
| 3  | ANI | C0   |     |
| 4  | OUT | M0   |     |
| 5  | MRD |      |     |
| 6  | ANI | T0   |     |
| 7  | OUT | Y000 |     |
| 8  | MPP |      |     |
| 9  | ANI | T1   |     |
| 10 | OUT | T0   | K50 |
| 13 | LD  | T0   |     |
| 14 | OUT | T1   | K30 |
| 17 | LD  | C0   |     |
| 18 | RST | C0   |     |
| 20 | LD  | T0   |     |
| 21 | OUT | C0   | K4  |
| 24 | END |      |     |

（a）　　　　　　　　　　　（b）

图 4-51　梯形图及指令语句表

(a)梯形图;(b)指令语句表

**温馨提示:**

　　① 控制计数器的动合触点每接通一次,计数器计数 1 次,当其接通次数与计数器设定系数一致时,计数器线圈接通,计数器触点发生变化。

　　② 计数器动作后,即使已停止驱动计数器,但计数器的触点仍将保持动作状态,要使计数器触点复位,必须要使用复位指令。

### 三、计数器应用举例

**1.16 位增计数器(C0~C199)**

16 位增计数器共分两大类,其中 C0~C99 共 100 点为通用型(使用过程中突然断电,计数器将归零,等下次来电时,计数器重新计数),C100~C199 共 100 点为断电保持型(使用过程中突然断电,计数器将保持当前值,等下次来电时,计数器在上次计数的基础上继续开始计数)。其用法如图 4-52 所示。

**温馨提示:**

　　当输入继电器 X0 接通 5 次后,计数器 C0 的线圈得电,其动合触点闭合,输出继电器 Y0 线圈得电;当输入继电器 X1 闭合时,计数器 C0 复位,输出触点也复位,输出继电器 Y0 线圈被断开。

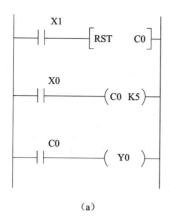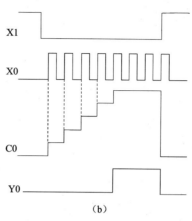

图 4 - 52　16 位增计数器的梯形图及时序图

(a)梯形图；(b)时序图

**2.32 位双向计数器(C200～C234)**

32 位双向计数器共分两大类，其中 C200～C219 共 20 点为通用型(使用过程中突然断电，计数器将归零，等下次来电时，计数器重新计数)，C220～C234 共 15 点为断电保持型(使用过程中突然断电，计数器将保持当前值，等下次来电时，计数器在上次计数的基础上继续开始计数)。

双向计数器既可以设置为增计数器，又可以设置为减计数器，增计数或减计数由特殊辅助继电器 M8200～M8234 设定。计数器与特殊辅助继电器一一对应，如 C210 与 M8210 对应。当特殊辅助继电器接通时，对应的计数器为减计数器，当特殊辅助继电器断开时，对应的计数器为增计数器，如图 4 - 53 所示。

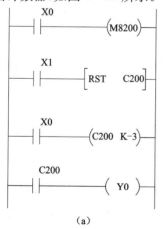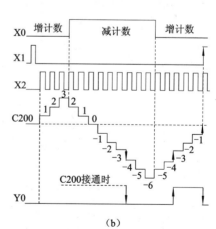

图 4 - 53　32 位双向计数器的梯形图及时序图

(a)梯形图；(b)时序图

**温馨提示：**

　① 当复位输入继电器 X1 为 OFF 时，计数输入继电器 X2 每接通一次，计数器 C200 计一次数。

② 当输入继电器 X0 为 OFF,即特殊辅助继电器 M8200 为 OFF 时,计数器 C200 以增计数方式计数,C200 每计数一次,当前值加 1。当计数器的当前值由-4 增加到-3 时,C200 触点接通(置"1")。

③ 当输入继电器 X0 为 ON,即特殊辅助继电器 M8200 为 ON 时,C200 为减计数方式,C200 每计数一次,当前值减 1。当计数器的当前值由-3 减少到-4 时,C200 触点置"0"(假设 C200 触点原来为"1"状态)。

④ 复位输入继电器 X1 为 ON 时,计数器 C200 被复位,当前值为 0,计数器触点也复位。

## 练一练

1. 选择题

(1) 用于存储电路中分支点处的逻辑运算结果,以便后面处理有线圈的支路时可以调用该运算结果的指令为(    )。

A. SP          B. MPS          C. MRD          D. MPP

(2) 用于读取存储在堆栈最上层的电路中分支点处的运算结果,将下一触点强制性地连接在该点,计数后堆栈内的数据不会上移或下移的指令为(    )。

A. SP          B. MPS          C. MRD          D. MPP

(3) MPS 指令连续使用次数最多不能超过(    )次。

A. 8          B. 10          C. 11          D. 15

(4) MPS 指令、MRD 指令或 MPP 指令之后若有单个动断触点串联,则应该使用(    )指令。

A. LD          B. LDI          C. AND          D. ANI

(5) MPS 指令、MRD 指令或 MPP 指令之后若有触点组成的电路块串联,则应该用(    )指令。

A. AND          B. ANI          C. ANB          D. ORB

(6) 下列属于断电保持计数器的是(    )。

A. C0          B. C100          C. C200          D. C215

2. 判断题

(1)(    ) 逻辑堆栈指令主要用在当多重输出且逻辑条件不同的情况下,将连接点的结果存储起来,以便连接点后面的电路编程。

(2)(    ) MPS 指令和 MPP 指令可以成对出现,有时也可以单独使用。

(3)(    ) MPS 指令、MRD 指令或 MPP 指令之后若无触点串联,直接驱动线圈,则应该用 OUT 指令。

(4)(    ) 双向计数器既可以设置为增计数器,又可以设置为减计数器,增计数或减计数由辅助继电器 M 设定。

(5)(    ) 控制计数器的动合触点每接通一次,计数器计数 1 次,当其接通次数与计数器设定系数一致时,计数器线圈接通。

(6)（　　）当控制计数器的动合触点恢复原状时,计数器的触点即复位。

3. 综合题

控制要求：按下按钮 SB1 后,小灯 L1 与小灯 L2 交替发光(各亮 1s,熄灭 1s);交替发光 5 次后,小灯 L1、L2 改为长亮,5s 后,再次以小灯 L1 与小灯 L2 交替发光(各亮 1s,熄灭 1s);交替发光 5 次后,小灯 L1、L2 改为长亮,依次循环,按下按钮 SB2 后,小灯 L1 与小灯 L2 停止发光。请写出 I/O 分配表,画出 I/O 外部接线图及梯形图,并将梯形图转换为指令语句表。

1. 控制要求

如图 4-43 所示为继电器-接触器控制系统的电动机丫/△降压启动原理图,现改为用 PLC 来实行控制。

2. 分析控制要求

电动机丫/△降压启动 PLC 控制,即使用可编程序控制器进行电动机丫/△降压启动。在 PLC 应用设计中应首先考虑主电路的设计,主电路是为电动机提供电能的通路,具有高电压、大电流的特点,因此使用可编程序控制器进行电动机丫/△降压启动,其主电路是不能改变的,改变的只是控制电路。该系统控制电路的要求是合上隔离开关 QS 后,按下按钮 SB1,电动机星形连接启动,一段时间(5~10s)后电动机以三角形连接正常运行,按下按钮 SB2,电动机失电停转。

3. 确认输入设备

根据控制要求,PLC 输入信号是按钮 SB1 和 SB2。

4. 确定输出设备

根据控制要求,输出控制的交流接触器应有三个,分别为主控接触器 KM1、星形启动接触器 KM2 和三角形运行接触器 KM3。当按下启动按钮 SB1 时,主控接触器 KM1 和星形启动接触器 KM2 的线圈得电,5s 后,星形启动接触器线圈失电,三角形运行接触器 KM3 线圈得电,电动机以三角形连接正常运行,按下按钮 SB2,主控接触器 KM1 和三角形运行接触器 KM3 线圈失电,电动机失电停转。

5. I/O 分配表

I/O 分配表如表 4-8 所示。

表 4-8　I/O 分配表

| 输入 | | | 输出 | | |
|---|---|---|---|---|---|
| 元件代号 | 作用 | 输入继电器 | 元件代号 | 作用 | 输出继电器 |
| SB1 | 启动按钮 | X0 | KM1 | 主控接触器 | Y0 |
| SB2 | 停止按钮 | X2 | KM2 | 星形启动接触器 | Y2 |
| | | | KM3 | 三角形运行接触器 | Y3 |

6. PLC 接线图

PLC 接线图如图 4-54 所示。

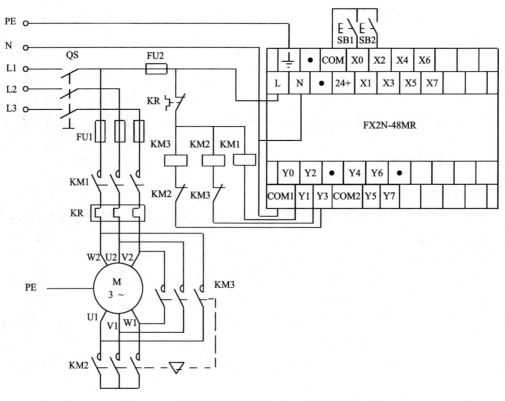

图4-54 电动机丫/△降压启动 PLC 控制接线图

## 7. 程序设计

程序设计如图4-55所示。

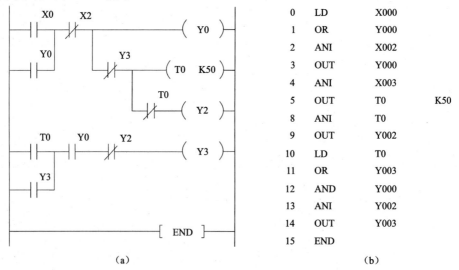

| | | |
|---|---|---|
| 0 | LD | X000 |
| 1 | OR | Y000 |
| 2 | ANI | X002 |
| 3 | OUT | Y000 |
| 4 | ANI | X003 |
| 5 | OUT | T0 ... K50 |
| 8 | ANI | T0 |
| 9 | OUT | Y002 |
| 10 | LD | T0 |
| 11 | OR | Y003 |
| 12 | AND | Y000 |
| 13 | ANI | Y002 |
| 14 | OUT | Y003 |
| 15 | END | |

(a)                                           (b)

图4-55 电动机丫/△降压启动 PLC 控制的梯形图、指令语句表
(a)梯形图;(b)指令语句表

8. 程序说明

当按下按钮 SB1 后,输入继电器 X0 的动合触点闭合,此时输出继电器线圈 Y0 得电,使得输出继电器 Y0 的动合触点闭合,一个动合触点把输入继电器 X0 动合触点锁住,另一个动合触点为输出继电器 Y3 线圈得电作准备;输入继电器 X0 的动合触点闭合的同时也使得定时器 T0 线圈得电(为电动机三角形运行作准备),输出继电器 Y2 线圈得电。输出继电器线圈 Y0 得电,从而使得主控接触器 KM1 线圈得电,KM1 主触头合上;输出继电器线圈 Y2 得电,一方面使得星形启动接触器 KM2 线圈得电,另一方面断开了三角形运行接触器线圈回路(互锁),这样电动机 M 得电以星形连接启动。5s 后,定时器触点动作,首先其动断触点断开了输出继电器 Y2 线圈回路(其动断触点也恢复闭合),使得电动机 M 断开星形连接,其次动合触点合上接通输出继电器 Y3 线圈回路,使得三角形运行接触器线圈得电,电动机 M 以三角形连接全压运行。按下按钮 SB2,输入继电器 X2 动断触点断开,使得输出继电器 Y0、Y3 线圈失电,也就是主控接触器和三角形运行接触器断开,电动机 M 停止运行。

**任务评价**

| 任务 | | | 电动机丫/△降压启动 PLC 控制 | | | | | |
|---|---|---|---|---|---|---|---|---|
| 班级 | | | 学号 | | | 姓名 | | |
| 序号 | 评价内容 | 配分 | 评价标准 | 评价结果 | | | 综合得分 | |
| | | | | 自评 | 小组评 | 教师评 | | |
| 1 | 程序设计 | 30 | 根据任务写出 I/O 分配表,画出 PLC 接线图及梯形图,并将梯形图转换为指令语句表 | | | | | |
| 2 | 元件安装 | 20 | 布线平整,接线正确,安装时不损伤导线或电器元件 | | | | | |
| 3 | 程序输入 | 10 | 将所编程序用编程软件和手持编程器两种方式输入到 PLC 中 | | | | | |
| 4 | 程序调试 | 20 | 按照被控设备的动作要求进行调试,达到设计要求 | | | | | |
| 5 | 同组协作 | 20 | 互相帮助,共同学习 | | | | | |
| 6 | 安全文明生产 | 只扣分不加分 | 工具摆放整齐,不发生伤人事故 | | | | | |

# 任务5　交通灯控制系统

**任务目标**

1. 学会使用 MC、MCR 和 NOP 三个基本逻辑指令;

2. 掌握运用 PLC 以上三个基本逻辑指令进行简单编程设计的基本方法与技能;

3. 了解闪烁电路;

4. 能够编辑交通信号灯 PLC 控制程序并进行调试和运行。

**任务描述**

随着交通的不断发展和汽车化进程的加快,交通拥挤加剧,交通事故频发,交通环境恶化,已经成为引人注目的城市问题之一。交通拥堵问题的原因在道路的交叉口,堵车先堵交叉口,如何能够控制好十字路口车辆的通行,可以有效地解决交通拥堵问题。所以交通灯设计的合理与否,就显得尤为重要,对解决交通拥堵具有重要意义。本任务通过交通灯控制系统为载体,对 MC、MCR 和 NOP 三个基本逻辑指令相关知识进行讲解,通过交通信号灯控制实例操作,使学生能够熟练进行 PLC 正确硬件接线,熟练使用软件进行编程,能够对 PLC 的交通信号灯控制系统进行调试和通电运行。

**任务过程**

### 一、可编程序控制器的基本指令

1. MC 主控指令

MC,主控指令。表示主控区的开始指令,其功能是:通过 MC 指令的操作元件辅助继电器 M(不包括特殊辅助继电器)或输出继电器 Y(在实际使用时,一般不用)的动合触点将左母线临时移到一个所需的位置,产生一个临时左母线,形成一个主控电路块。

> **温馨提示:**
> ① 在编程时,经常会遇到许多线圈同时受一个或一组触点控制的情况,如果在每个线圈的控制电路中都串入同样的触点,将占用很多存储单元,MC 指令可以解决这一问题。
> ② 使用 MC 指令的触点称为主控触点,它在梯形图中与一般的触点垂直。主控触点是控制一组电路的总开关。
> ③ 与主控触点相连的触点必须使用 LD 或 LDI 指令,换句话说,执行 MC 指令后,母线移到主控触点的后面。
> ④ 主控电路块中触点之间的逻辑关系可以用触点连接的基本指令表示。

2. MCR 主控复位指令

MCR,主控复位指令。表示主控区的结束指令,其功能是:取消临时左母线,即将左母线返回到原来的位置,结束主控电路块。

> **温馨提示:**
> ① MC 指令和 MCR 指令必须配对使用。执行 MC 指令后,必须用 MCR 指令使左母线由临时位置返回到原来位置。
> ② MC 指令和 MCR 指令可以嵌套使用,最多 8 级,即 MC 指令内可以再使用 MC 指令,这时嵌套级编号是从 N0 到 N7 按顺序增加,顺序不能颠倒。最后主控返回用 MCR 指令时,必须从大的嵌套级编号开始返回,也就是按 N7 到 N0 的顺序返回,不能颠倒,最后一定是 MCR N0 指令。

③ MC 指令和 MCR 指令没有嵌套形式时，主控号 N0 可以重复使用，但是主控指令如果是嵌套形式，N0 不能重复使用。

④ 在运行中，若 MC 指令被停止驱动，在 MC 和 MCR 之内的一般定时器、计数器和用 OUT 指令驱动的软元件都将复位；但有断电保持功能的定时器、计数器和用复位/置位指令驱动的软元件都会保持现状。

### 3. NOP 空操作指令

NOP，空操作指令。不执行操作，但占一个程序步。执行 NOP 时并不做任何事，有时可用 NOP 指令短接某些触点或用 NOP 指令将不要的指令覆盖。当 PLC 执行了清除用户存储器操作后，用户存储器的内容全部变为空操作指令。

### 二、可编程序控制器基本指令应用举例

1. 根据图 4-56 梯形图写出相应的指令语句表。

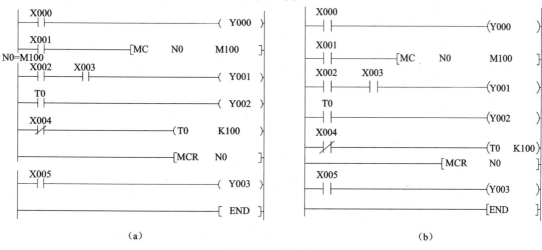

(a)                                    (b)

图 4-56　梯形图

(a)FXGP 软件编写；(b)GX Developer 软件编写

图 4-56 所示梯形图相应的指令语句表如下所示：

| 0 | LD | X000 | | 10 | OUT | Y002 | |
|---|---|---|---|---|---|---|---|
| 1 | OUT | Y000 | | 11 | LDI | X004 | |
| 2 | LD | X001 | | 12 | OUT | T0 | K100 |
| 3 | MC | N0 | M100 | 15 | MCR | N0 | |
| 6 | LD | X002 | | 17 | LD | X005 | |
| 7 | AND | X003 | | 18 | OUT | Y003 | |
| 8 | OUT | Y001 | | 19 | END | | |
| 9 | LD | T0 | | | | | |

**温馨提示：**
　　FXGP 软件编写的梯形图比 GX Developer 软件编写梯形图要直观些，但表达的内容是一致的。

　　2. 根据下列指令语句表画出对应的梯形图。

| | | | | | | | | |
|---|---|---|---|---|---|---|---|---|
| 0 | LD | X001 | | 9 | MC | N1 | M101 |
| 1 | MC | N0 | M100 | 12 | LD | X005 | |
| 4 | LD | X002 | | 13 | OUT | Y003 | |
| 5 | OUT | Y001 | | 14 | MCR | N1 | |
| 6 | LD | X000 | | 16 | MCR | N0 | |
| 7 | OUT | Y002 | | 18 | END | | |
| 8 | LD | X004 | | | | | |

　　该指令语句表对应的梯形图如图 4 - 57 所示。

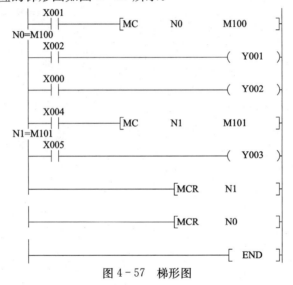

图 4 - 57　梯形图

　　3. 综合题
　　控制要求：若将手动开关 SA 闭合，按下按钮 SB1 后小灯 L1 亮，5s 后，小灯 L2、L3 亮。若将手动开关 SA 断开，按下按钮 SB1 后小灯 L1 亮，5s 后，小灯 L3 亮。任何时候按下按钮 SB2 后，小灯 L1、L2 和 L3 都熄灭。请写出 I/O 分配表，画出 I/O 外部接线图及梯形图，并将梯形图转换为指令语句表（用主控指令编写）。

　　（1）I/O 分配表
　　I/O 分配表如表 4 - 9 所示。

表 4 - 9　I/O 分配表

| 输　入 | | 输　出 | |
|---|---|---|---|
| 元件代号 | 输入继电器 | 元件代号 | 输出继电器 |
| SA | X0 | L1 | Y0 |

| 输　　入 | | 输　　出 | |
| --- | --- | --- | --- |
| 元件代号 | 输入继电器 | 元件代号 | 输出继电器 |
| SB1 | X1 | L2 | Y1 |
| SB2 | X2 | L3 | Y2 |

（2）I/O 外部接线图

I/O 外部接线图如图 4-58 所示。

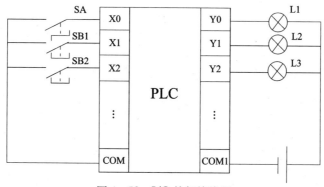

图 4-58　I/O 外部接线图

（3）梯形图和指令语句表

梯形图和指令语句表如图 4-59 所示。

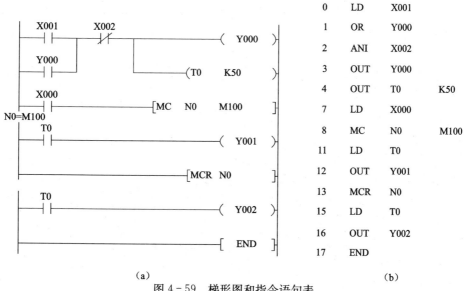

（a）　　　　　　　　　　　　　　　　　　　　　（b）

图 4-59　梯形图和指令语句表

（a）梯形图；（b）指令语句表

## 三、闪烁电路

### 1. 使用特殊辅助继电器

特殊辅助继电器是辅助继电器（M）中的一种，在 FX2N 中，特殊辅助继电器有数百个，它

们都分别具有确定的元件号与相应的指定功能,其中产生时钟脉冲功能的特殊继电器有四个它们分别为:

M8011,触点以 10ms 的频率作周期性振荡,产生 10ms 的时钟脉冲。

M8012,触点以 100ms 的频率作周期性振荡,产生 100ms 的时钟脉冲。

M8013,触点以 1s 的频率作周期性振荡,产生 1s 的时钟脉冲。

M8014,触点以 1min 的频率作周期性振荡,产生 1min 的时钟脉冲。

如图 4-60 所示,当 X0 为 ON 时,Y0 输出周期为 1s 的脉冲。

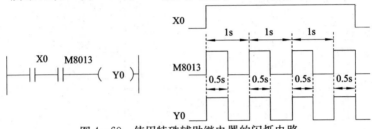

图 4-60 使用特殊辅助继电器的闪烁电路

**温馨提示:**
① 特殊继电器 M8011~M8014 产生的脉冲是方波脉冲,经常直接用于灯的闪烁控制。
② 使用特殊辅助继电器实现闪烁电路的缺点是无法输出可调整周期和宽度的脉冲。

**2. 使用定时器**

如图 4-61 所示,当输入继电器 X0 为 ON 时,输出继电器 Y0 得电输出,同时定时器 T0 开始定时,0.5s 后,定时器 T0 动断触点断开输出继电器 Y0 线圈回路,使得输出继电器 Y0 失电,同时定时器 T0 动合触点接通定时器 T1,定时器 T1 开始定时,0.5s 后,定时器 T1 线圈得电,定时器 T1 的动断触点断开,使得定时器 T0 线圈失电,这样定时器 T0 的动断触点恢复闭合接通输出继电器 Y0 线圈,定时器 T0 的动合触点恢复断开,从而使得定时器 T1 线圈失电,T0 又开始定时,如此重复。通过调整定时器 T0 和 T1 的定时时间,可以改变输出继电器 Y0 输出 ON 和 OFF 的时间,以此来调整脉冲输出的宽度和周期。

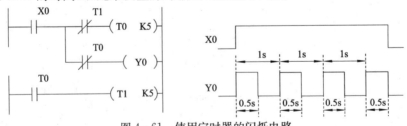

图 4-61 使用定时器的闪烁电路

1. 选择题

(1) 与主控触点相连的动断触点使用( )指令。

A. LD           B. LDI           C. AND           D. ANI

（2）MC 指令和 MCR 指令可以嵌套使用，最多（　　　）级。

A. 3　　　　　　　　　B. 8　　　　　　　　　C. 11　　　　　　　　　D. 16

（3）在运行中，若 MC 指令被停止驱动，在 MC 和 MCR 之内的（　　　）会保持现状。

A. 累积定时器　　　　　　　　　　　　　　B. 非累积定时器

C. 非累积计数器　　　　　　　　　　　　　D. 用 OUT 指令驱动的继电器

（4）主控指令嵌套级 N 的编号顺序，返回时的顺序分别是（　　　）。

A. 从大到小　　　　　　B. 从小到大　　　　　　C. 随机嵌套　　　　　　D. 同一数码

2. 判断题

（1）（　　）主控触点是控制一组电路的总开关。

（2）（　　）执行 MC 指令后，既可以用 MCR 指令，也可以用 OUT 指令使左母线由临时位置返回到原来位置。

（3）（　　）MC 指令和 MCR 指令使用时，主控号 N0 可以重复使用。

（4）（　　）MC 指令可以解决许多线圈同时受一个或一组触点控制的情况。

（5）（　　）MC 主控指令表示主控区的开始指令，其操作的目标元件为 Y、M。

（6）（　　）在运行中，若 MC 指令被停止驱动，在 MC 和 MCR 之内的软元件都将复位。

3. 综合题

控制要求：若将手动开关 SA 断开，按下按钮 SB1 后小灯 L1 和 L2 长亮。若将手动开关 SA 闭合，按下按钮 SB1 后小灯 L1 长亮，小灯 L2 亮 2s，灭 3s。任何时候按下按钮 SB2 后，小灯 L1 和 L2 都熄灭。请写出 I/O 分配表，画出 I/O 外部接线图及梯形图，并将梯形图转换为指令语句表（用主控指令编写）。

 做一做

1. 控制要求

如图 4-62 所示为十字路口交通灯的示意图及红、黄、绿灯的发光控制要求，现用 PLC 来实行控制，其中按下按钮 SB1 红绿灯能正常工作，按下按钮 SB2 红绿灯停止工作。

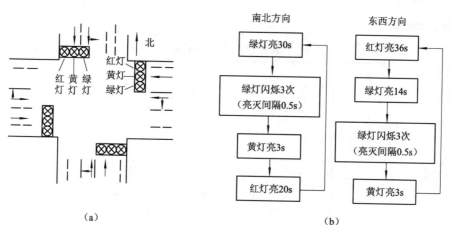

图 4-62　交通信号灯控制示意图

（a）交通信号灯示意图；（b）交通信号灯控制图

**2. 分析控制要求**

根据交通信号灯控制示意图,该系统控制电路的要求是按下按钮 SB1 红绿灯能正常工作,按下按钮 SB2 红绿灯停止工作,根据控制要求可画出其电路的时序图如图 4-63 所示。

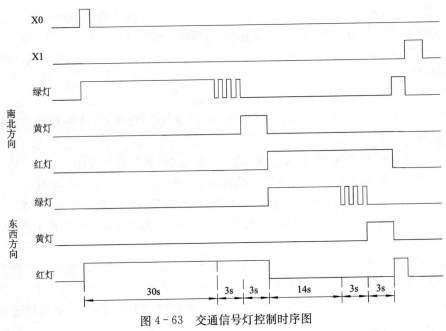

图 4-63　交通信号灯控制时序图

**3. 确认输入设备**

根据控制要求,PLC 输入信号是按钮 SB1 和 SB2。

**4. 确定输出设备**

根据控制要求,输出控制的交通灯有 12 个,其中南北向红灯 2 个,黄灯 2 个,绿灯 2 个;东西向红灯 2 个,黄灯 2 个,绿灯 2 个。因此 PLC 需要 6 个输出点分别驱动它们。

**5. I/O 分配表**

I/O 分配表如表 4-10 所示。

表 4-10　I/O 分配表

| 输入 | | | 输出 | | |
|---|---|---|---|---|---|
| 元件代号 | 作用 | 输入继电器 | 元件代号 | 作用 | 输出继电器 |
| SB1 | 启动按钮 | X0 | L1、L7 | 南北向绿灯 | Y0 |
| SB2 | 停止按钮 | X2 | L2、L8 | 南北向黄灯 | Y1 |
|  |  |  | L3、L9 | 南北向红灯 | Y2 |
|  |  |  | L4、L10 | 东西向绿灯 | Y3 |
|  |  |  | L5、L11 | 东西向黄灯 | Y4 |
|  |  |  | L6、L12 | 东西向红灯 | Y5 |

### 6. PLC 接线图

PLC 接线图如图 4-64 所示。

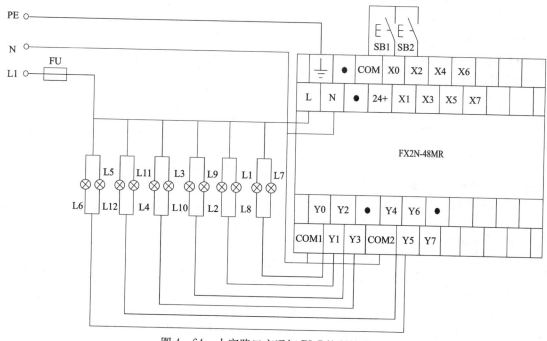

图 4-64　十字路口交通灯 PLC 控制接线图

### 7. 程序设计

程序设计如图 4-65 所示。

> **温馨提示：**
> 图 4-65 梯形图是用 GX Developer 软件编写的，请同学们仔细观察它与 FXGP 软件编写的梯形图有何区别。

### 8. 程序说明

当按下按钮 SB1 时，输入继电器 X0 动断触点闭合，使得辅助继电器 M0 线圈得电并自锁，由辅助继电器 M0 的动合触点控制主控开始。此时定时器 T0、T1、T2、T3、T4 和 T5 线圈均得电，同时输出继电器 Y5、Y0 的线圈也得电，驱动其负载东西的红灯、南北的绿灯发光；30s 后，定时器 T0 动作，其动断触点断开，使得输出继电器 Y0 在特殊辅助继电器 M8013 的作用下，以 1s 的频率作周期性振荡，产生 1s 的时钟脉冲，从而驱动其负载南北的绿灯闪烁；3s 后，定时器 T1 动作，其动合触点接通输出继电器 Y1 线圈回路，使得输出继电器 Y1 线圈得电，驱动其负载南北的黄灯发光，定时器 T1 的动断触点断开，使得输出继电器 Y0 线圈失电，其驱动的负载南北的绿灯熄灭；3s 后，定时器 T2 动作，其动合触点接通输出继电器 Y2 线圈回路，使得输出继电器 Y2 线圈得电，驱动其负载南北的红灯发光，输出继电器 Y2 的动合触点闭合，使得输出继电器 Y3 线圈得电，驱动其负载东西的绿灯发光；14s 后，定时器 T3 动作，其动断触点断开，使得输出继电器 Y3 在特殊辅助继电器 M8013 的作用下，以 1s 的频率作周期性振荡，产生 1s 的时钟脉冲，从而驱动其负载东西的绿灯闪烁；3s 后，定时器 T4

动作,其动合触点接通输出继电器 Y4 线圈回路,使得输出继电器 Y4 线圈得电,驱动其负载东西的黄灯发光,定时器 T4 的动断触点断开,使得输出继电器 Y3 线圈失电,其驱动的负载东西的绿灯熄灭;3s 后,定时器 T5 动作,其动断触点断开所有定时器线圈,这样所有定时器触点恢复原状,计时重新开始,红、绿灯继续按照以上顺序发光和闪烁,直至按下按钮 SB2 时,输入继电器 X2 的动断触点断开,使得辅助继电器 M0 线圈失电,其动合触点断开,主控结束,红、绿灯停止发光。

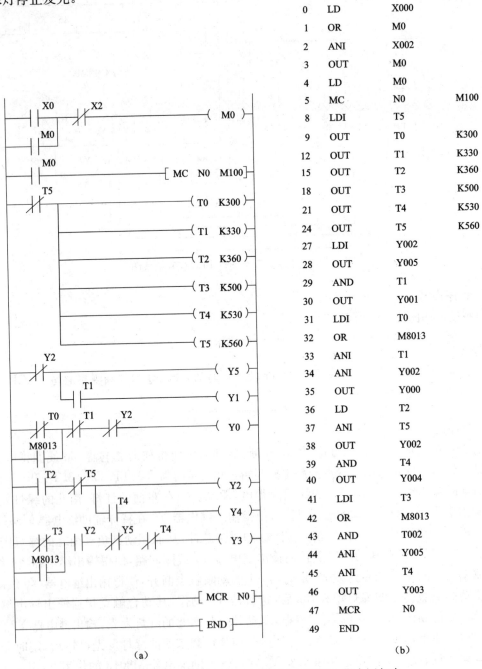

| 0 | LD | X000 | |
| 1 | OR | M0 | |
| 2 | ANI | X002 | |
| 3 | OUT | M0 | |
| 4 | LD | M0 | |
| 5 | MC | N0 | M100 |
| 8 | LDI | T5 | |
| 9 | OUT | T0 | K300 |
| 12 | OUT | T1 | K330 |
| 15 | OUT | T2 | K360 |
| 18 | OUT | T3 | K500 |
| 21 | OUT | T4 | K530 |
| 24 | OUT | T5 | K560 |
| 27 | LDI | Y002 | |
| 28 | OUT | Y005 | |
| 29 | AND | T1 | |
| 30 | OUT | Y001 | |
| 31 | LDI | T0 | |
| 32 | OR | M8013 | |
| 33 | ANI | T1 | |
| 34 | ANI | Y002 | |
| 35 | OUT | Y000 | |
| 36 | LD | T2 | |
| 37 | ANI | T5 | |
| 38 | OUT | Y002 | |
| 39 | AND | T4 | |
| 40 | OUT | Y004 | |
| 41 | LDI | T3 | |
| 42 | OR | M8013 | |
| 43 | AND | T002 | |
| 44 | ANI | Y005 | |
| 45 | ANI | T4 | |
| 46 | OUT | Y003 | |
| 47 | MCR | N0 | |
| 49 | END | | |

(a)                                           (b)

图 4-65  十字路口交通灯 PLC 控制的梯形图、指令语句表

(a)梯形图;(b)指令语句表

## 任务评价

| 任务 | | | 十字路口交通灯 PLC 控制 | | | | | |
|---|---|---|---|---|---|---|---|---|
| 班级 | | | 学号 | | | 姓名 | | |
| 序号 | 评价内容 | 配分 | 评价标准 | 评价结果 | | | 综合得分 | |
| | | | | 自评 | 小组评 | 教师评 | | |
| 1 | 程序设计 | 30 | 根据任务写出 I/O 分配表,画出 PLC 接线图及梯形图,并将梯形图转换为指令语句表 | | | | | |
| 2 | 元件安装 | 20 | 布线平整,接线正确,安装时不损伤导线或电器元件 | | | | | |
| 3 | 程序输入 | 10 | 将所编程序用编程软件和手持编程器两种方式输入到 PLC 中 | | | | | |
| 4 | 程序调试 | 20 | 按照被控设备的动作要求进行调试,达到设计要求 | | | | | |
| 5 | 同组协作 | 20 | 互相帮助,共同学习 | | | | | |
| 6 | 安全文明生产 | 只扣分不加分 | 工具摆放整齐,不发生伤人事故 | | | | | |

# 项目五 学习可编程序控制器的步进指令

在工业控制中,除了过程控制系统外,大部分的控制系统属于顺序控制系统。一个顺序控制系统的程序设计,首先要根据系统的控制要求,设计功能图,再根据梯形图的启动优先或停止优先的基本控制形式,将功能图转换成梯形图。其步骤比较烦琐,仅适用于简单的控制系统。对于一个较复杂的顺序控制系统,用一般逻辑指令下的功能图和梯形图进行设计,有时显得很困难,即使编出程序,其梯形图往往长达数百行,指令语句的可读性很差,指令修改也不方便。为此 FX 系列 PLC 除了基本指令之外,又增加了两条步进指令,其目标继电器是状态器 S。

本项目主要以四个典型任务为载体,来学习三菱 FX2N 系列可编程序编程器步进指令的应用。

## 任务 1 三台电动机顺序控制

### 任务目标

1. 了解步进指令的功能;
2. 熟悉单一顺序功能图的画法;
3. 熟悉步进梯形图的编程方法。

### 任务描述

在工业生产中,经常要求多台电动机按照一定的顺序进行启停,来完成生产某一流程。下面是三台电动机的控制要求,试完成 PLC 控制系统的设计。

按下 SB1,M1、M2、M3 三台电动机按时序图运行(图 5-1),要求它们相隔 5s 启动,各运行 10s 停止,如此循环。

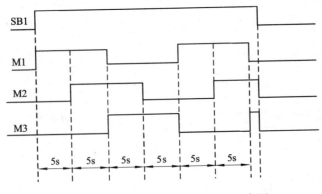

图 5-1 三台电动机顺序启停控制时序图

本任务通过三台电动机顺序控制来学习可编程序控制器的步进指令功能以及顺序功能图。

### 一、顺序功能图

顺序功能图（Sequential Function Chart,SFC）又称状态转移图,它是描述控制系统的控制过程、功能和特性的一种图形,同时也是设计 PLC 顺序控制程序的一种有力工具。

#### 1. 顺序功能图的组成

顺序功能图是一种用于描述顺序控制系统的图形说明语言,由步、转移条件、有向线段和动作组成,如图 5-2 所示。

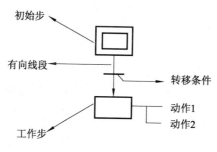

图 5-2　顺序功能图的组成

（1）状态步

将系统的一个周期划分为若干个顺序相连的阶段,这些阶段称为步。"步"是控制过程的一个特定状态。步又分为初始步和工作步,在每一步中要完成一个或多个特定动作。初始步表示一个控制系统的初始状态,所以,一个控制系统必须有一个初始步,初始步可以没有具体要完成的动作。初始步用双线框表示,工作步用单线框表示,如图 5-2 所示。

（2）有向线段

步与步之间用"有向线段"连接,表示顺序功能图控制的工作流程。当系统的控制顺序是从上向下时,可以不标注箭头,若控制从下向上时,必须要标注箭头。控制系统结束时一般要有返回状态,若返回到初始状态,则实现一个工作周期的控制。

（3）转移条件

在有向线段上用一个或多个小短线表示一个或多个转移条件。当条件满足时,可以实现由前一步"转移"到下一步的控制。为了确保控制系统严格地按照顺序执行,步与步之间必须有转移条件。

**温馨提示：**

步与步之间不允许直接相连,必须有转换隔开;而转换之间也不能直接相连,必须有步隔开。

（4）动作

在每一步中要完成一个或多个特定"动作"，"动作"是指某步工作时，PLC 向被控系统发出的命令，或被控系统执行的动作。每步所驱动的负载（线圈）用线段与方框连接。当系统工作于某步时，该步处于活动状态，称为"活动步"，相应的动作被执行。处于不活动状态时，相应的非保持型动作被停止。

---

**温馨提示：**

　　每步所驱动的负载（线圈）包括输出继电器 Y、定时器 T、计数器 C、辅助继电器 M 等，可以是一个或多个，由状态继电器器 S 直接驱动，也可由各种软继电器的逻辑组合来驱动。

---

2. 顺序功能图的特点

① 顺序功能图中的状态步是一步接着一步地执行，步与步之间由转移条件分隔，相邻两步之间的转移条件得到满足时，就实现转移。即前一个状态步执行了，才允许后一个状态步发生。

② 由某一状态步转移到下一个状态步后，前一个状态步将自动复位。

3. 编程元件

状态继电器 S 用于记录系统的运行状态，是编制顺序控制程序的重要编程元件。状态继电器应与步进顺控指令 STL 配合使用。FX2N 系列 PLC 内部的状态继电器共有 1000 个，如表 5－1 所示。

表 5－1　状态继电器

| 类型 | 地址编号 | 数量（个） | 用途及特点 |
|---|---|---|---|
| 初始状态继电器 | S0～S9 | 10 | 初始化使用 |
| 回零位状态继电器 | S10～S19 | 10 | 返回原点使用 |
| 通用状态继电器 | S0～S499 | 500 | 无断电保护功能 |
| 停电保护状态继电器 | S500～S899 | 400 | 有断电保持功能，重启后，可继续执行 |
| 报警用状态继电器 | S900～S999 | 100 | 故障诊断和报警 |

4. 步进顺控指令

FX2N 系列 PLC 有两条步进顺控指令。

（1）步进接点指令 STL

步进接点指令 STL 的功能是从左母线连接步进接点。STL 指令的操作元件为状态元件 S。步进接点的作用与主控接点一样，将左母线向右移动，形成副母线。

步进接点具有主控和跳转作用。当步进接点闭合时，步进接点后的电路块被执行；当步进接点断开时，步进接点后面的电路块不执行。因此在步进接点后面的电路块中不允许使用主控或主控复位指令。

STL 触点可以直接驱动或通过别的触点驱动 Y、M、S、T 等元件的线圈和应用指令。

**温馨提示:**

① 步进接点只有动合触点,没有动断触点。

② 步进接点要接通,应该采用 SET 指令进行置位。

③ 与 STL 触点相连的起始触点应使用 LD 或 LDI 指令,如图 5-3 所示。

④ 与 STL 触点相连的线圈可不经过触点直接进行驱动,如图 5-3 所示。

⑤ 由于 CPU 只执行活动步对应的电路块,使用 STL 指令时允许双线圈输出,即不同的 STL 触点可以分别驱动同一编程元件的一个线圈。但是同一元件的线圈不能在可能同时为活动步的 STL 区内出现,在有并行序列的顺序功能图中,应特别注意这一问题。

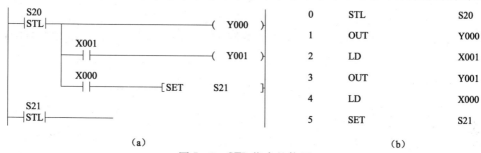

图 5-3　STL 指令的使用
(a)梯形图;(b)指令语句表

**温馨提示:**

图 5-3 所示的步进梯形图是用编程软件 FXGP-WIN-C 编写的图形,而用编程软件 GX Developer 编写的步进梯形图的图形与此略有不同(但指令语句表是一致的,如图 5-4 所示)。由于编程软件 FXGP-WIN 编写的步进梯形图比较直观,先以此作步进梯形图的介绍,在以后的实训任务中再改用编程软件 GX Developer 编写的步进梯形图。

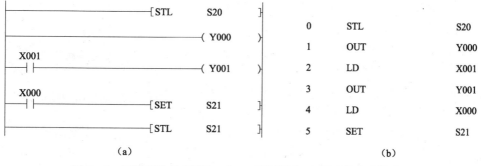

图 5-4　用编程软件 GX Developer 编写图 5-3 所示的步进梯形图
(a)梯形图;(b)指令语句表

(2)步进返回指令 RET

步进返回指令 RET 的功能是使由 STL 指令所形成的副母线复位,RET 指令无操作元件。

**温馨提示：**

① RET 指令表明整个 STL 程序区的结束，LD 点返回原母线。各 STL 触点驱动的电路一般放在一起，最后一个 STL 电路结束时一定要使用 RET 指令，否则将出现"程序错误"信息，PLC 不能执行用户程序。

② 由于步进接点指令具有主控和跳转作用，因此不必在每一条 STL 指令后都加一条 RET 指令，只需在最后使用一条 RET 指令就可以了。

**5. 单一顺序功能图**

根据步与步之间转换的不同情况，顺序功能图有四种不同的基本结构形式：单一顺序、选择顺序、并行顺序、跳转与循环顺序。此任务所用的顺序功能图即为单一顺序。

单一顺序功能图没有分支，由一系列按顺序排列、相继工作的步组成，如图 5-5 所示。单一顺序功能图的编程要点和注意事项如下：

① 状态编程顺序为先进行驱动，再进行转移，不能颠倒。

② 对状态处理，编程时必须使用步进接点指令 STL。

③ 程序的最后必须使用步进返回指令 RET，返回主母线。

④ 驱动负载使用 OUT 指令。当同一负载需要连续多个状态驱动，可使用多重输出，也可使用 SET 指令将负载置位，等到负载不需驱动时用 RST 指令将其复位。在状态程序中，不同时"激活"的"双线圈"是允许的。另外，相邻状态使用的 T、C 元件编号不能相同。

⑤ 负载的驱动、状态转移条件可能为多个元件的逻辑组合，视具体情况，按串、并联关系处理，不遗漏。

⑥ 若为顺序不连续转移，不能使用 SET 指令进行状态转移，应改用 OUT 指令进行状态转移。

⑦ 在 STL 与 RET 指令之间不能使用 MC、MCR 指令。

⑧ 初始状态可由其他状态驱动，但运行开始必须用其他方法预先作好驱动，否则状态流程不可能向下进行。一般用系统的初始条件，若无初始条件，可用

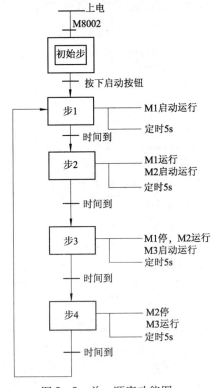

图 5-5 单一顺序功能图

M8002（PLC 从 STOP→RUN 切换时的初始脉冲）进行驱动。需在停电恢复后继续原状态运行时，可使用 S500→S899 停电保持状态元件。

**温馨提示：**

顺序功能图中的状态有驱动负载、指定转移目标和指定转移条件三个要素。其中指定转移目标和指定转移条件是必不可少的，而驱动负载则视具体情况，也可能不进行实际的负载驱动。

**二、可编程序控制器步进指令应用举例**

1. 根据图5-6所示的顺序功能图画出其对应的步进梯形图,并写出相应的指令语句表。

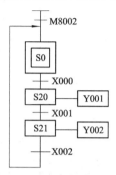

图5-6 顺序功能图

图5-6所示的顺序功能图对应的步进梯形图及指令语句表如图5-7所示。

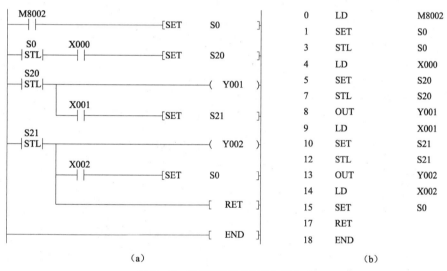

| 0 | LD | M8002 |
|---|---|---|
| 1 | SET | S0 |
| 3 | STL | S0 |
| 4 | LD | X000 |
| 5 | SET | S20 |
| 7 | STL | S20 |
| 8 | OUT | Y001 |
| 9 | LD | X001 |
| 10 | SET | S21 |
| 12 | STL | S21 |
| 13 | OUT | Y002 |
| 14 | LD | X002 |
| 15 | SET | S0 |
| 17 | RET | |
| 18 | END | |

（a）　　　　　　　　　　　　　　　　　　（b）

图5-7 步进梯形图及指令语句表
(a)步进梯形图；(b)指令语句表

2. 根据下列指令语句表画出顺序功能图及其对应的梯形图。

| 0 | LD | M8002 | 16 | LD | X002 | |
|---|---|---|---|---|---|---|
| 1 | SET | S0 | 17 | SET | S22 | |
| 3 | STL | S0 | 19 | STL | S22 | |
| 4 | LD | X000 | 20 | OUT | T0 | K50 |
| 5 | SET | S20 | 23 | LD | T0 | |
| 7 | STL | S20 | 24 | SET | S23 | |
| 8 | LDI | Y002 | 26 | STL | S23 | |
| 9 | OUT | Y001 | 27 | LDI | Y002 | |
| 10 | LD | X001 | 28 | OUT | Y001 | |
| 11 | SET | S21 | 29 | LD | X003 | |
| 13 | STL | S21 | 30 | OUT | S0 | |
| 14 | LDI | Y001 | 32 | RET | | |
| 15 | OUT | Y002 | 33 | END | | |

该指令语句表对应的顺序功能图及步进梯形图如图5-8所示。

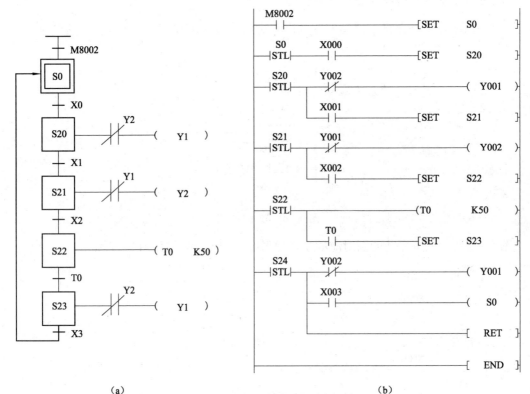

(a)                                                                （b）

图5-8　顺序功能图及步进梯形图
(a)顺序功能图；(b)步进梯形图

**3. 综合题**

控制要求:按下按钮SB1后,小灯L1亮;按下按钮SB2后,小灯L2亮,小灯L1熄灭;按下按钮SB3后,小灯L3亮,小灯L2熄灭;按下按钮SB4后,小灯L4亮,小灯L3熄灭;按下按钮SB5后,小灯L1亮,小灯L4熄灭,依次循环。请写出I/O分配表,画出I/O外部接线图、顺序功能图及步进梯形图,并将步进梯形图转换为指令语句表。

(1) I/O分配表

I/O分配表如表5-2所示。

表5-2　I/O分配表

| 输 | 入 | 输 | 出 |
|---|---|---|---|
| 元件代号 | 输入继电器 | 元件代号 | 输出继电器 |
| SB1 | X0 | L1 | Y0 |
| SB2 | X1 | L2 | Y1 |
| SB3 | X2 | L3 | Y2 |
| SB4 | X3 | L4 | Y3 |
| SB5 | X4 | | |

(2) I/O外部接线图

I/O外部接线图如图5-9所示。

（3）顺序功能图

顺序功能图如图 5-10 所示。

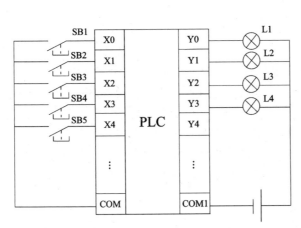

图 5-9　I/O 外部接线图

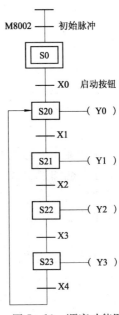

图 5-10　顺序功能图

（4）步进梯形图和指令语句表

步进梯形图和指令语句表如图 5-11 所示。

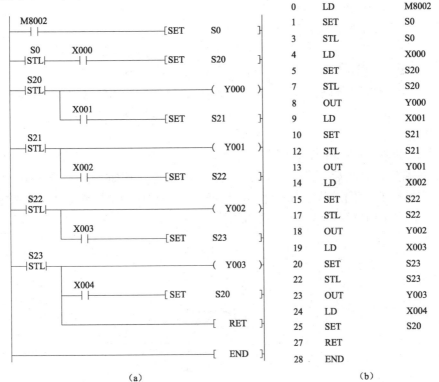

| (a) | (b) |

图 5-11　步进梯形图和指令语句表

(a)步进梯形图；(b)指令语句表

1. 填空题

(1) FX 系列 PLC 除了基本指令之外,又增加了_____条步进指令,其目标继电器是_____。

(2) 顺序功能图又称为_____,它是描述控制系统的_____、功能和特性的一种图形,同时也是设计 PLC _____的一种有力工具。

(3) 顺序功能图由_____、_____、_____和_____组成。

(4) 顺序功能图中由某一状态步转移到下一个状态步后,前一个状态步将_____。

(5) 顺序功能图中的状态有_____、_____和_____三个要素。

2. 选择题

(1) 顺序功能图中步分为( )和工作步。

A. 状态      B. 初始步      C. 顺序步      D. 启动

(2) 控制系统结束时一般要有返回状态,若返回到( ),则实现一个工作周期的控制。

A. 上一步      B. 最后步      C. 初始状态      D. 下一步

(3) 在 STL 与 RET 指令之间不能使用( )指令。

A. LD      B. LDI      C. OUT      D. MC

3. 判断题

(1) ( )顺序功能图是由步、转移条件及有向线段组成的。

(2) ( )STL 用于 S 状态器的动断触点。

(3) ( )STL 指令在同一程序中对同一状态寄存器能使用多次。

(4) ( )一个控制系统必须有一个初始步,初始步要有具体要完成的动作。

(5) ( )为了确保控制系统严格地按照顺序执行,步与步之间必须有转移条件。

(6) ( )每一条步进接点指令 STL 后都要加一条步进返回指令 RET。

4. 综合题

控制要求:如图 5 - 12 所示为皮带运输机示意图,两条运输带顺序相连,按下启动按钮 SB1,2 号运输带运行,10s 后 1 号运输带自行启动。按下停止按钮 SB2,1 号运输带先停止运行,8s 后 2 号运输带才停止运行。请写出 I/O 分配表,画出 I/O 外部接线图、顺序功能图及步进梯形图,并将步进梯形图转换为指令语句表。

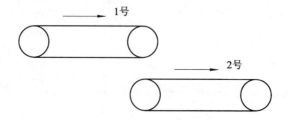

图 5 - 12   皮带运输机示意图

**1. 控制要求**

三台电动机 M1、M2 和 M3,按下按钮 SB1 时,电动机 M1 先启动运行,10s 后 M1 停止;电动机 M1 启动 5s 后,电动机 M2 启动运行,10s 后 M2 停止;电动机 M2 启动 5s 后,电动机 M3 启动运行,10s 后 M3 停止;电动机 M3 停止时,电动机 M1 启动运行,如此循环。三台电动机顺序启停控制时序图如图 5-1 所示,松开按钮 SB1,三台电动机 M1、M2 和 M3 全部停止。

**2. 分析控制要求**

(1) 初始状态:三台电动机均不运行,等待启动按钮按下。

(2) 结合本项目系统特点,可以采用如下时间顺序控制的单一顺序结构。

① 按下启动按钮 SB1,M1 启动;5s 计时开始。

② 5s 计时到,M2 启动,M1、M2 同时运行;5s 计时开始。

③ 5s 计时到,M1 停止,M3 启动,M2、M3 同时运行;5s 计时开始。

④ 5s 计时到,M2 停止,M3 运行;计时 5s 开始。

⑤ 5s 计时到,M3 停止,M1 启动运行,如此循环。

画出其顺序功能图如图 5-13 所示。

**3. 确认输入设备**

根据控制要求,PLC 输入信号是按钮 SB1。

**4. 确定输出设备**

根据控制要求,需要三个交流接触器 KM1、KM2 和 KM3,通过三个交流接触器 KM1、KM2 和 KM3 线圈的得、失电控制电动机 M1、M2 和 M3 的启动与停止。

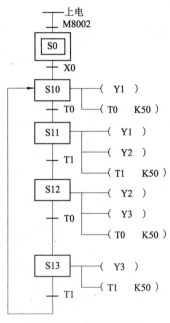

图 5-13　顺序功能图

**5. I/O 分配表**

I/O 分配表如表 5-3 所示。

表 5-3　I/O 分配表

| 输　　入 | | | 输　　出 | | |
|---|---|---|---|---|---|
| 元件代号 | 作用 | 输入继电器 | 元件代号 | 作用 | 输出继电器 |
| SB1 | 启动/停止按钮 | X0 | KM1 | 控制电动机 M1 | Y1 |
| | | | KM2 | 控制电动机 M2 | Y2 |
| | | | KM3 | 控制电动机 M3 | Y3 |

**6. 电气主电路的实现**

根据控制要求,电气主电路如图 5-14 所示。

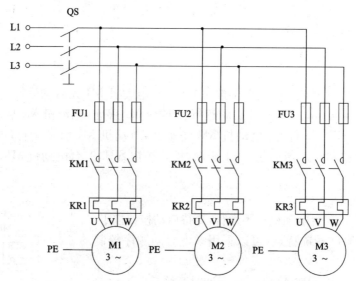

图 5-14 三台电动机顺序控制电气主电路接线图

**7. PLC 接线图**

PLC 接线图如图 5-15 所示。

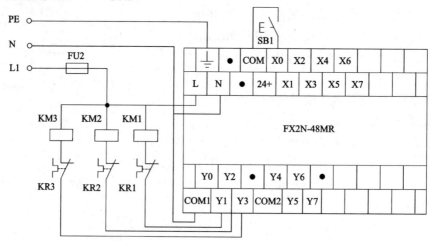

图 5-15 三台电动机顺序控制 PLC 控制 I/O 接线图

**8. 程序设计**

程序设计如图 5-16 所示。

**温馨提示:**

  区间复位指令 ZRST,指令代码为 FNC40,其功能是将[D1·]、[D2·]指定的元件号范围内的同类元件成批复位,目标操作数可取 T、C、D 或 Y、M、S 等软元件。[D1·]、[D2·]指定的元件应为同类元件,[D1·]的元件号应小于[D2·]的元件号。若[D1·]的元件号大于[D2·]的元件号,则只有[D1·]指定的元件被复位。如图 5-16 所示,M8002 在 PLC 运行开始瞬间为 ON,S0~S15 均被复位。

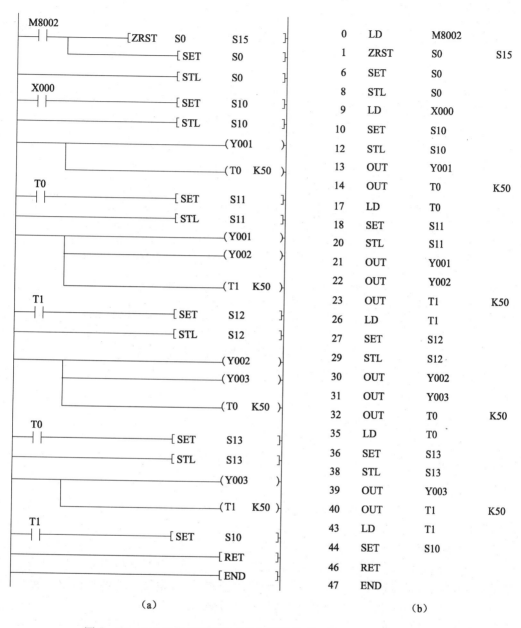

图 5-16　三台电动机顺序启动控制系统的步进梯形图和指令语句表
(a)步进梯形图；(b)指令语句表

9. 程序说明

① PLC通电，M8002工作一个扫描周期，执行将S0-S15置零并激活S0（初始步必须由M8002激活）。

② 由于步进功能是上一步结束，下一步开始，所以Y1在相邻两步都工作时，两步都要驱动。不是相邻步可以用同一个定时器。

③ M3运行时间到，停止后，跳转到M1启动运行。

任务评价

| 任务 | 三台电动机顺序控制 | | | | | | |
|---|---|---|---|---|---|---|---|
| 班级 | | 学号 | | | 姓名 | | |
| 序号 | 评价内容 | 配分 | 评价标准 | 评价结果 | | | 综合得分 |
| | | | | 自评 | 小组评 | 教师评 | |
| 1 | 程序设计 | 30 | 根据任务写出 I/O 分配表,画出PLC接线图及梯形图,并将梯形图转换为指令语句表 | | | | |
| 2 | 元件安装 | 20 | 布线平整,接线正确,安装时不损伤导线或电器元件 | | | | |
| 3 | 程序输入 | 10 | 将所编程序用编程软件输入到PLC中 | | | | |
| 4 | 程序调试 | 20 | 按照被控设备的动作要求进行调试,达到设计要求 | | | | |
| 5 | 同组协作 | 20 | 互相帮助,共同学习 | | | | |
| 6 | 安全文明生产 | 只扣分不加分 | 工具摆放整齐,不发生伤人事故 | | | | |

# 任务 2　电镀生产线控制

## 任务目标

1. 进一步熟悉单一顺序功能图的画法;
2. 掌握顺序功能图的编程方法;
3. 掌握编程软件 GX Developer 的使用方法及编程技巧。

## 任务描述

工业电镀生产线工位多、生产复杂,在电镀中许多工艺具有严重的化学污染和腐蚀,人工操作对人的身心健康十分不利,而且人工操作随机性大,影响产品质量。电镀生产线的自动化程度在德国、美国等国家发展水平较高,我国尚处于发展阶段,我国的传统方法使用顺序控制器,电路复杂,接口多,受外界干扰大,工作可靠性差,维护也困难。随着 PLC 的控制功能和应用领域不断拓展,电镀生产线也可实现 PLC 的自动控制,PLC 电镀生产线控制既可提高产品质量和生产效率,又可提高可靠性和抗干扰能力,且维修方便。

本任务通过电镀生产线控制为载体,学习顺序功能图的编程方法以及编程软件 GX Developer 的使用方法及编程技巧,进一步熟悉单一顺序功能图的画法。

## 任务过程

学一学

**一、应用三菱 GX Developer 编程软件编写 SFC 顺序功能图的方法**

1. 启动 SFC 顺序功能图的编程

打开编程软件 GX Developer 编程界面,单击创建新工程,PLC 类型选择 FX2N,程序类型选择 SFC,单击确定,如图 5-17 所示。

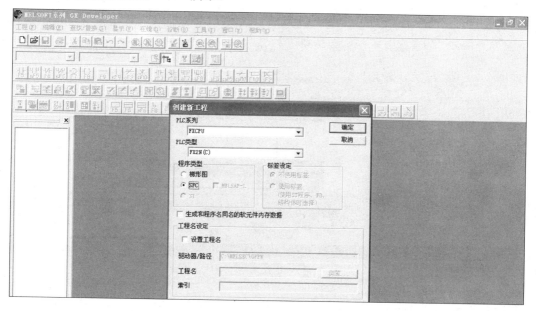

图 5-17　启动 SFC 顺序功能图的编程

2. SFC 程序初始状态编程

① 双击第 0 块,填写块标题(如初始化),块类型选择梯形图块,单击执行,如图 5-18 所示。

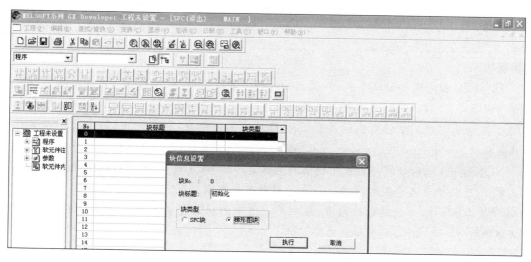

图 5-18　SFC 程序初始状态编程

② 单击执行按钮后,在梯形图 0 步的右边双击出现梯形图输入对话框,输入 LD＋空格＋M8002,如图 5-19 所示。

③ 单击确定后,再输入 SET＋空格＋S0,再单击确定,出现如图 5-20 所示图形。单击"变换"菜单选择"变换"项或按 F4 快捷键,完成梯形图的变换。

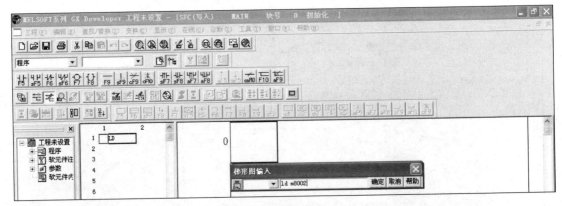

图 5-19　初始状态的激活

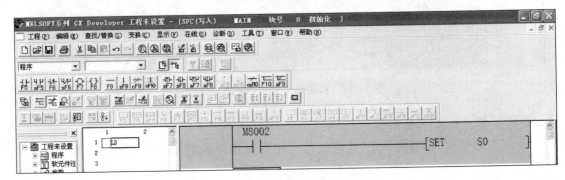

图 5-20　初始化块的编辑

**温馨提示：**

　　① SFC 程序由初始状态开始，故初始状态必须激活，而激活的通用方法是利用一段梯形图程序，且这一段梯形图程序必须放在 SFC 程序的开头部分。同理，在以后的 SFC 编程中，初始状态的激活都需由放在 SFC 程序的第一部分（即第一块）的一段梯形图程序来执行。

　　② 初始状态的激活一般采用辅助继电器 M8002 来完成，也可以采用其他触点方式来完成，这只需要在它们之间建立一个并联电路就可以实现。

　　③ 在 SFC 程序的编制过程中，每一个状态中的梯形图编制完成后必须进行变换，才能进行下一步工作，否则弹出出错信息。

　　3. 初始化块的编辑结束后的编辑

　　① 在完成了程序的第一块（梯形图块）编辑以后，双击工程数据列表窗口中的"程序"/"MAIN"，返回块列表窗口如图 5-21 所示。

　　② 双击第一块，在弹出的块信息设置对话框中"块类型"一栏选择 SFC，在块标题中可以填入相应的标题或什么也不填，点击执行按钮，弹出 SFC 程序编辑窗口如图 5-22 所示。

图 5-21 列表窗口

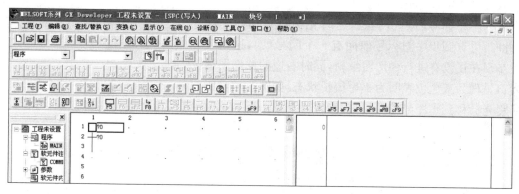

图 5-22 SFC 程序编辑窗口

**温馨提示：**
　　在 SFC 程序编辑窗口中光标变成空心矩形。

4. 转换条件的编辑

　　在 SFC 程序编辑窗口将光标移到转移条件符号处并单击，如图 5-23 所示。在右侧将出现梯形图编辑窗口，在梯形图 0 步的右边双击出现梯形图输入对话框，在此中输入使状态转移的梯形图（如 LD＋空格＋X0），然后再输入 TRAN 结束。单击"变换"菜单选择"变换"项或按 F4 快捷键，完成梯形图的变换。

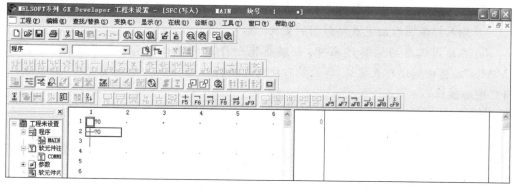

图 5-23 转换条件的编辑

**温馨提示:**

　　① TRAN 意思是表示转移(Transfer)。在 SFC 程序中,所有的转移都用 TRAN 表示,不可以采用 SET＋S□语句表示,否则将告知出错。

　　② 对转换条件梯形图的编辑,可按 PLC 编程的要求来完成。

　　③ 每编辑完一个条件后应按 F4 快捷键转换,转换后梯形图则由原来的灰色变成亮白色,完成转换后再看 SFC 程序编辑窗口中数字前面的问号(?)会消失。

### 5. 通用状态的编辑

　　在左侧的 SFC 程序编辑窗口中把光标下移到方向线底端,双击或单击 F5 快捷键弹出步序输入设置对话框,如图 5-24 所示。

　　输入步序标号后点击确定,这时光标将自动向下移动,此时,可看到步序图标号前面有一个问号(?),这是表明此步现在还没有进行梯形图编辑,同时右边的梯形图编辑窗口呈现为灰色也表明为不可编辑状态,如图 5-25 所

图 5-24　SFC 符号输入

示。将光标移到步序号符号处,在步符号上单击后,右边的窗口将变成可编辑状态,可在此梯形图编辑窗口中输入梯形图。

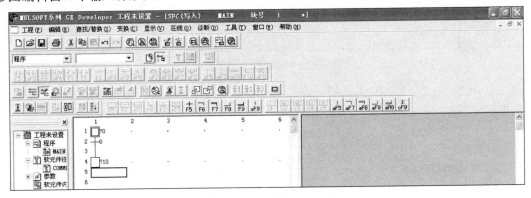

图 5-25　还没有编辑的状态步

**温馨提示:**

　　① 输入梯形图的方法与前面所说方法一致,并参考该步进梯形图和指令表。

　　② 输入梯形图后应完成梯形图的变换。

　　③ 在通用状态的编辑过程中,每编辑完一个通用步后,不需要再操作"程序"/"MAIN"而返回到块列表窗口,再次执行块列表编辑,而是在一个初始状态下,直接进行 SFC 图形编辑。

### 6. 系统循环或周期性的工作编辑

　　把光标移到方向线的最下端,按 F8 快捷键或菜单栏中的跳转按钮 ,在弹出的对话框中填入要跳转到的目的地步序号,然后单击确定按钮,如图 5-26 所示。当输入完跳转符号后,在 SFC 编辑窗口中将会看到,在有跳转返回指向的步序符号方框图中多出一个小黑点儿,这

说明此工序步是跳转返回的目标步。

图 5-26　跳转符号的输入

温馨提示：

　　如果在程序中有选择分支也要用 JUMP＋"标号"来表示。

**7. 程序变换**

当所有 SFC 程序编辑完后，可点击变换按钮进行 SFC 程序的变换（编译），如果在变换时弹出了块信息设置对话框，可不用理会，直接点击执行按钮即可。经过变换后的程序如果成功，就可以进行仿真实验或写入 PLC 进行调试了。

**8. 观看 SFC 程序所对应的顺序控制梯形图**

点击工程/编辑数据/改变程序类型，进行数据改变，如图 5-27 所示。双击工程数据列表窗口中的"程序"/"MAIN"，就可以看到 SFC 程序所对应的梯形图。

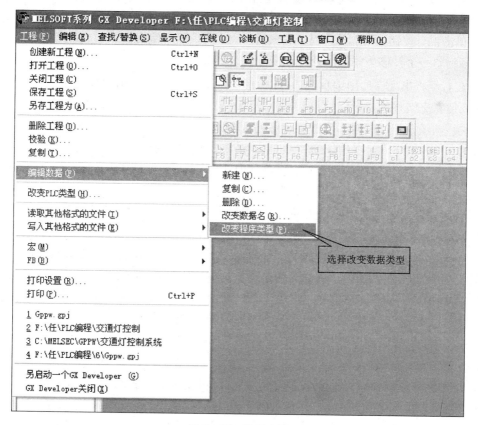

图 5-27　数据变换

**温馨提示:**

① 在 SFC 程序中仍然需要进行梯形图的设计。

② SFC 程序中所有的状态转移需用 TRAN 表示。

### 二、用三菱 GX Developer 编程软件编写 SFC 顺序功能图举例

如图 5-28 所示的顺序功能图,试用三菱 GX Developer 编程软件来编写该 SFC 顺序功能图。

① 打开编程软件 GX Developer 编程界面,单击创建新工程,PLC 类型选择 FX2N,程序类型选择 SFC,单击确定。

② 双击第 0 块,填写块标题(初始化),块类型选择梯形图块,单击执行。

③ 点击执行按钮后,在梯形图 0 步的右边双击出现梯形图输入对话框,输入 LD+空格+M8002。

④ 单击确定后,再输入 SET+空格+S0,再单击确定。然后再单击"变换"菜单选择"变换"项或按 F4 快捷键,完成梯形图的变换。

⑤ 双击工程数据列表窗口中的"程序"/"MAIN",返回块列表窗口,双击第一块,在弹出的块信息设置对话框中块类型一栏中选择 SFC。

⑥ 单击执行按钮,弹出 SFC 程序编辑窗口,在 SFC 程序编辑窗口将光标移到第一个转移条件符号处并单击。

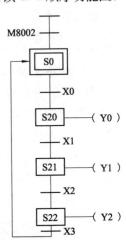

图 5-28 顺序功能图

⑦ 在右侧将出现梯形图编辑窗口,在梯形图 0 步的右边双击出现梯形图输入对话框,在此中输入使状态转移的梯形图(LD+空格+X0),然后再输入 TRAN 结束。单击"变换"菜单选择"变换"项或按 F4 快捷键,完成梯形图的变换。

⑧ 在左侧的 SFC 程序编辑窗口中把光标下移到方向线底端,双击或按 F5 快捷键弹出 SFC 符号输入对话框,输入 20 后点击确定,这时光标将自动向下移动。将光标移到"? 20"符号处单击,右边的窗口将变成可编辑状态。

⑨ 在此梯形图编辑窗口中输入梯形图(OUT+空格+Y0)。单击"变换"菜单选择"变换"项或按 F4 快捷键,完成梯形图的变换。

⑩ 将光标移到标号 5 处,双击或按 F5,输入步序号后单击确定。将光标移至第二个转移条件符号处并单击,在右侧将出现梯形图编辑窗口,在梯形图 0 步的右边双击出现梯形图输入对话框,在此中输入使状态转移的梯形图(LD+空格+X1),然后再输入 TRAN 结束。单击"变换"菜单选择"变换"项或按 F4 快捷键,完成该梯形图的变换。

⑪ 在左侧的 SFC 程序编辑窗口中把光标下移到方向线底端,双击或按 F5 快捷键弹出 SFC 符号输入对话框,输入 21 后单击确定。

⑫ 将光标移到"? 21"符号处单击,右边的窗口将变成可编辑状态,在梯形图编辑窗口中输入梯形图(OUT+空格+Y1)。单击"变换"菜单选择"变换"项或按 F4 快捷键,完成该梯形图的变换。

⑬ 在左侧的 SFC 程序编辑窗口中把光标下移到方向线底端,双击或按 F5 快捷键弹出步

序输入设置对话框,单击确定。将光标移至第三个转移条件符号处并单击,在右侧将出现梯形图编辑窗口,在梯形图 0 步的右边双击出现梯形图输入对话框,在此中输入使状态转移的梯形图(LD＋空格＋X2),然后再输入 TRAN 结束。单击"变换"菜单选择"变换"项或按 F4 快捷键,完成该梯形图的变换。

⑭ 在左侧的 SFC 程序编辑窗口中把光标下移到方向线底端,双击或按 F5 快捷键弹出 SFC 符号输入对话框,输入 22 后单击确定。将光标移到"？22"符号处单击,右边的窗口将变成可编辑状态,在梯形图编辑窗口中输入梯形图(OUT＋空格＋Y2)。单击"变换"菜单选择"变换"项或按 F4 快捷键,完成该梯形图的变换。

⑮ 在左侧的 SFC 程序编辑窗口中把光标下移到方向线底端,双击或按 F5 快捷键弹出步序输入设置对话框,单击确定。将光标移至第四个转移条件符号处并单击,在右侧将出现梯形图编辑窗口,在梯形图 0 步的右边双击出现梯形图输入对话框,在此中输入使状态转移的梯形图(LD＋空格＋X3),然后再输入 TRAN 结束。单击"变换"菜单选择"变换"项或按 F4 快捷键,完成该梯形图的变换。

⑯ 把光标移到方向线的最下端,按 F8 快捷键或菜单栏中的跳转按钮🔖,在弹出的对话框中填入要跳转到的目的地步序号 0(即从这一步跳转至状态器 S0),然后单击确定按钮,单击"变换"菜单选择"变换"项或按 F4 快捷键,完成该 SFC 程序的变换。

这样用三菱 GX Developer 编程软件来编写图 5－28 的 SFC 顺序功能图就完成了。要想观看 SFC 程序对应的顺序控制梯形图点击工程/编辑数据/改变程序类型,进行数据改变,双击工程数据列表窗口中的"程序"/"MAIN",就可以看到 SFC 程序所对应的梯形图。

### 三、电镀生产线控制介绍

电镀生产线采用专用行车,行车架上装有可升降的吊钩,行车和吊钩各有一台电动机拖动。行车的前进、后退和吊钩的上升、下降均由相应的行程开关发出信号。

电镀生产线只有三个基本的槽位,分别是清水槽、回收槽和电镀槽。工件由装有可升降吊钩的行车带动,经过电镀、镀液回收、清洗等工序,完成电镀全过程。在电镀生产线一侧,工人将待加工的零件装入吊篮,并发出信号,专用行车便提升并自动逐段进行。按工艺要求在需要停留的槽位停下,并自动下降,停留一定时间(各槽停留时间按事先工艺要求调定)后自动提升,如此完成电镀工艺规定的每一道工序,直至生产线的末端自动返回原位,卸下处理好的零件,重新装料发出信号进入下一加工循环。

电镀生产线的工艺流程:工件放入电镀槽中,电镀 5min 后提起,停 30s,再放入回收液槽中停放 30s,提起后停 20s,再放入清水槽中,清洗 20s,行车返回到原位,镀件的加工过程全部结束。工艺流程图如图 5－29 所示。

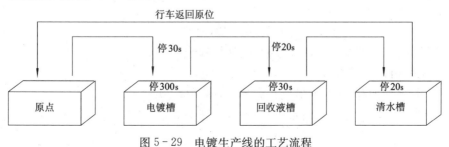

图 5－29　电镀生产线的工艺流程

### 1. 填空题

（1）SFC 程序由初始状态开始，故初始状态必须_____，而_____的通用方法是利用一段梯形图程序，且这一段梯形图程序必须放在 SFC 程序的开头部分。

（2）初始状态的激活一般采用辅助继电器_____来完成，也可以采用_____方式来完成，这只需要在它们之间建立一个_____就可以实现。

（3）在 SFC 程序的编制过程中每一个状态中的梯形图编制完成后必须进行_____，才能进行下一步工作，否则弹出出错信息。

（4）在 SFC 程序中仍然需要进行_____的设计；SFC 程序中所有的状态转移需用_____表示。

### 2. 试用三菱 GX Developer 编程软件来编写如图 5-30 所示的 SFC 顺序功能图。

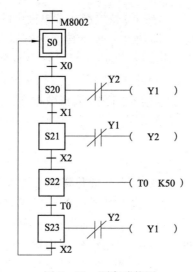

图 5-30 顺序功能图

### 1. 电镀生产线控制要求

① 行车右行至电镀槽碰到行程开关 SQ3，行车停下，吊钩下降，碰到下限位开关 SQ1，吊钩停下，等待 5min。

② 5min 后，吊钩上升，碰到上限位开关 SQ2，吊钩停 30s。

③ 30s 后，行车继续右行至回收液槽，碰到行程开关 SQ4，行车停下，吊钩下降，碰到下限位开关 SQ1，吊钩停下，等待 30s。

④ 30s 后，吊钩上升，碰到上限位开关 SQ2，吊钩停 20s。

⑤ 20s 后，行车继续右行至清水槽，碰到行程开关 SQ5，行车停下，吊钩下降，碰到下限位开关 SQ1，吊钩停下，等待 20s。

⑥ 20s后,吊钩上升,碰到上限位开关 SQ2,行车左行,碰到原位开关 SQ6,停下。一个循环结束。

⑦ 停止按钮无论何时按下,要求该循环结束再停止。

2. 分析控制要求

① 初始状态两台电动机均不运行,等待启动按钮按下。

② 由于行车和吊钩均由电动机控制,因此在硬件设计中必须考虑相应的硬件互锁。另外,为避免PLC在运行过程中出现故障而造成人员及财产损失,在硬件电路中加入了紧急停车按钮,在出现紧急情况时用"紧急停车"按钮断开负载电源。硬件电路中也存在过载保护部分。

3. 确认输入设备

根据控制要求,需要一个启动按钮 SB1,一个停止按钮 SB2。

4. 确定输出设备

根据控制要求,需要四个交流接触器控制两台电动机。

5. I/O 分配表

I/O 分配表如表 5-4 所示。

表 5-4　I/O 分配表

| 输　入 | | | 输　出 | | |
| --- | --- | --- | --- | --- | --- |
| 元件代号 | 作用 | 输入继电器 | 元件代号 | 作用 | 输出继电器 |
| SB1 | 启动按钮 | X0 | KM1 | 控制吊钩下降 | Y1 |
| SB2 | 停止按钮 | X1 | KM2 | 控制吊钩上升 | Y2 |
| SQ1 | 吊钩下限位开关 | X2 | KM3 | 控制行车右行 | Y3 |
| SQ2 | 吊钩上限位开关 | X3 | KM4 | 控制行车左行 | Y4 |
| SQ3 | 电镀槽行程开关 | X4 | | | |
| SQ4 | 回收液槽行程开关 | X5 | | | |
| SQ5 | 清水槽行程开关 | X6 | | | |
| SQ6 | 原位开关 | X7 | | | |

6. PLC 接线图

PLC 接线图如图 5-31 所示。

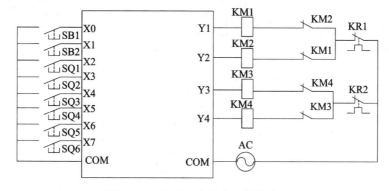

图 5-31　电镀生产线的 I/O 接线图

## 7. 程序设计

程序设计如图 5 - 32 所示。

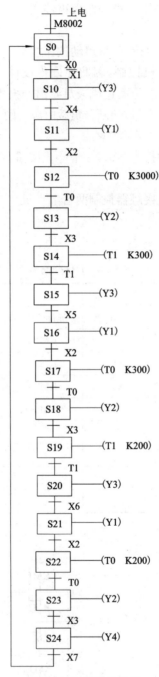

图 5 - 32　顺序功能图

## 8. 程序说明

① PLC 上电,M8002 常开闭合,激活 S0,判断启动开关闭合且停止开关断开,激活第一步,行车右行,至电镀液槽,碰到行程开关,X4 常开闭合,激活第二步。

② 吊钩下降,至碰到下限位开关,X2 闭合,激活第三步,停止下降,开始电镀,5min 后。时间继电器 T1 常开闭合,电镀结束,激活第四步。

③ 以此类推,一步步执行,直到整个过程结束。

**任务评价**

| 任务 | | | 电镀生产线控制 | | | | | |
|---|---|---|---|---|---|---|---|---|
| 班级 | | | 学号 | | | 姓名 | | |
| 序号 | 评价内容 | 配分 | 评 价 标 准 | 评价结果 | | | 综合得分 | |
| | | | | 自评 | 小组评 | 教师评 | | |
| 1 | 程序设计 | 30 | 根据任务写出 I/O 分配表,画出 PLC 接线图及梯形图,并将梯形图转换为指令语句表 | | | | | |
| 2 | 元件安装 | 20 | 布线平整,接线正确,安装时不损伤导线或电器元件 | | | | | |
| 3 | 程序输入 | 10 | 将所编程序用编程软件输入到 PLC 中 | | | | | |
| 4 | 程序调试 | 20 | 按照被控设备的动作要求进行调试,达到设计要求 | | | | | |
| 5 | 同组协作 | 20 | 互相帮助,共同学习 | | | | | |
| 6 | 安全文明生产 | 只扣分不加分 | 工具摆放整齐,不发生伤人事故 | | | | | |

# 任务3 邮件分拣控制

**任务目标**

1. 掌握选择顺序功能图的组成及画法;

2. 熟悉选择顺序 SFC 图的程序输入方法;

3. 理解邮件自动分拣 PLC 控制。

**任务描述**

最初的邮件分拣系统是完全基于人力的作业系统,通过人工搜索、搬运来完成货物的提取。这种分拣系统的作业效率低下,无法满足现代化物流配送对速度和准确性的高要求。利用 PLC 控制的自动分拣系统,它不仅可以降低人工拣取、搬运的劳动强度,提高劳动生产率,降低成本,还具有较高的可靠性和安全性。邮件分拣机工作示意图如图 5-33 所示。

本任务通过邮件分拣控制为载体,学习选择顺序功能图的组成及画法、选择顺序 SFC 图的程序输入方法。

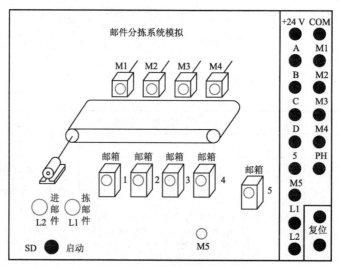

图 5-33　邮件分拣机模拟图

**一、选择顺序功能图**

在步进顺序控制过程中,较为简单的是只有一个分支的单一顺序功能图,但是也会碰到具有多个转移条件和多个分支的多流程状态编程。其中包括需要根据不同的转移条件,选择向不同分支的选择结构功能图。选择顺序功能图是有多个转移条件转向不同的分支,即一步之后有若干个单一顺序等待选择,而一次只能选择一个单一顺序。

1. 选择顺序功能图的组成

选择顺序的 STL 功能图如图 5-34 所示。图中 X1 和 X4 为选择转换条件,当 X1 闭合时,S21 状态转向 S22;当 X4 闭合时,S21 状态转向 S24,但 X1 和 X4 不能同时闭合。当 S22 或 S24 置位时,S21 自动复位。状态器 S26 由 S23 或 S25 置位,当 S26 置位时,S23 或 S25 自动复位。

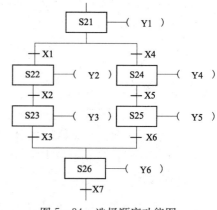

图 5-34　选择顺序功能图

> **温馨提示:**
>
> ① 在选择顺序功能图中,为了保证一次仅选择一个顺序,即选择性优先权,必须对各个条件加以约束。
>
> ② 选择顺序的转移条件应标注在单水平线以内。
>
> ③ 一条选择分支的回路数限定为 8 条以下。

2. 选择顺序功能图的特点

(1) 在多个分支结构中,当状态的转移条件在一个以上时,需要根据转移条件来选择转向哪个分支,这就是选择结构,如图 5 - 34 所示。选择顺序功能图中选择分支每次只能执行一个。

(2) 选择顺序功能图中选择分支与汇合的编程原则是:先集中处理分支状态,然后再集中处理汇合状态。

① 选择性分支的编程:选择性分支仍遵循先负载驱动,后转移处理。如图 5 - 34 所示,在 S21 状态下,先驱动负载 Y1,再作转移处理,转移处理从左至右,然后程序先对左边分支的状态 S22、S23 编程,左边分支的各个状态处理完毕后,再依次逐一将右边的分支状态 S24、S25 编程处理。

② 选择性汇合的编程:图 5 - 34 中有两条分支均向 S26 汇合,通常在上两个分支的 S23、S25 状态下都已分别用"SET"指令驱动状态 S23,因此 S26 可直接用步进指令"STL"编程。图 5 - 34对应的步进梯形图与指令语句表如图 5 - 35 所示。

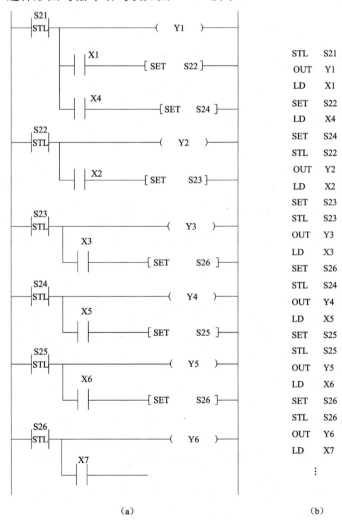

(a)                                        (b)

图 5 - 35　选择顺序步进梯形图与指令语句表

(a)步进梯形图;(b)指令语句表

温馨提示:

① 在设计梯形图时,没有必要特别留意如何处理选择性汇合,只要正确地确定每一步的转换条件和转换目标,就能自然地实现选择性汇合。

② 分支、汇合的处理程序中,不能用 MPS、MRD、MPP、ANB 和 ORB 等指令。

### 二、选择顺序功能指令应用举例

根据如图 5-36 所示的选择顺序功能图,画出其对应的步进梯形图,并写出相应的指令语句表。

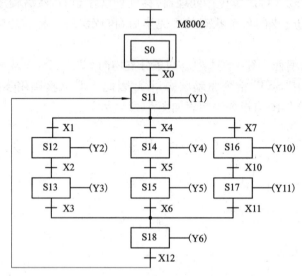

图 5-36 选择顺序功能图

图 5-36 所示的选择顺序功能图所对应的步进梯形图及指令语句表如图 5-37 所示。

### 三、应用三菱 GX Developer 编程软件编写 SFC 选择顺序功能图的方法

如图 5-38 所示的选择顺序功能图,试用三菱 GX Developer 编程软件来编写该 SFC 选择顺序功能图。

① 打开编程软件 GX Developer 编程界面,单击创建新工程,PLC 类型选择 FX2N,程序类型选择 SFC,单击确定。

② 双击第 0 块,填写块标题(初始化),块类型选择梯形图块,单击执行。

③ 点击执行按钮后,在梯形图 0 步的右边双击出现梯形图输入对话框,输入 LD+空格+M8002。

④ 单击确定后,再输入 SET+空格+S0,再单击确定。然后再单击"变换"菜单选择"变换"项或按 F4 快捷键,完成梯形图的变换。

⑤ 双击工程数据列表窗口中的"程序"/"MAIN",返回块列表窗口,双击第一块,在弹出的块信息设置对话框中块类型一栏中选择 SFC。

⑥ 单击执行按钮,弹出 SFC 程序编辑窗口,在 SFC 程序编辑窗口将光标移到第一个转移条件符号处并单击。

⑦ 在右侧将出现梯形图编辑窗口,在梯形图 0 步的右边双击出现梯形图输入对话框,在此中输入使状态转移的梯形图(LD+空格+X0),然后再输入 TRAN 结束。单击"变换"菜单选择"变换"项或按 F4 快捷键,完成梯形图的变换。

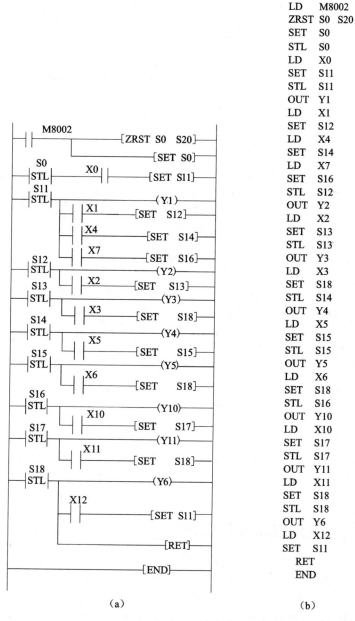

```
LD    M8002
ZRST  S0  S20
SET   S0
STL   S0
LD    X0
SET   S11
STL   S11
OUT   Y1
LD    X1
SET   S12
LD    X4
SET   S14
LD    X7
SET   S16
STL   S12
OUT   Y2
LD    X2
SET   S13
STL   S13
OUT   Y3
LD    X3
SET   S18
STL   S14
OUT   Y4
LD    X5
SET   S15
STL   S15
OUT   Y5
LD    X6
SET   S18
STL   S16
OUT   Y10
LD    X10
SET   S17
STL   S17
OUT   Y11
LD    X11
SET   S18
STL   S18
OUT   Y6
LD    X12
SET   S11
   RET
   END
```

（a）                                          （b）

图 5-37　选择顺序梯形图及指令语句表

（a）步进梯形图；（b）指令语句表

⑧ 在左侧的 SFC 程序编辑窗口中把光标下移到方向线底端，双击或按 F5 快捷键弹出 SFC 符号输入对话框，输入 21 后点击确定，这时光标将自动向下移动。将光标移到"? 21"符号处单击，右边的窗口将变成可编辑状态。

⑨ 在此梯形图编辑窗口中输入梯形图（OUT＋空格＋Y1）。单击"变换"菜单选择"变换"项或按 F4 快捷键，完成梯形图的变换。

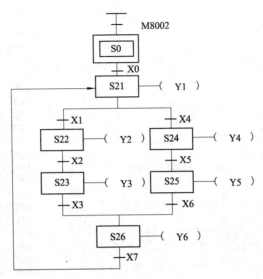

图 5-38　选择顺序功能图

⑩ 将光标移到标号 5 处,双击或按 F5,输入步序号后单击确定。将光标移到"? 1"符号处单击工具栏上的图标，或者使用快捷键 F6,出现 SFC 符号输入,如图 5-39 所示,单击确定。

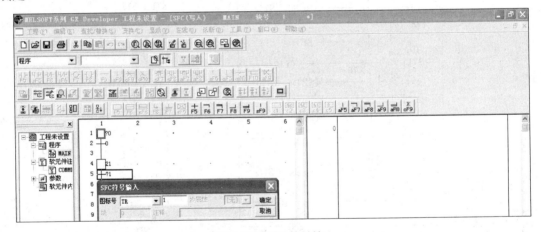

图 5-39　SFC 符号输入

⑪ 在右侧将出现梯形图编辑窗口,在梯形图 0 步的右边双击出现梯形图输入对话框,在此中输入使状态转移的梯形图(LD＋空格＋X1),然后再输入 TRAN 结束。单击"变换"菜单选择"变换"项或按 F4 快捷键,完成该梯形图的变换。

⑫ 在左侧的 SFC 程序编辑窗口中把光标下移到方向线底端,双击或按 F5 快捷键弹出 SFC 符号输入对话框,输入 22 后单击确定。

⑬ 将光标移到"? 22"符号处单击,右边的窗口将变成可编辑状态,在梯形图编辑窗口中输入梯形图(OUT＋空格＋Y2)。单击"变换"菜单选择"变换"项或按 F4 快捷键,完成该梯形图的变换。

⑭ 在左侧的 SFC 程序编辑窗口中把光标下移到方向线底端,双击或按 F5 快捷键弹出步

序输入设置对话框,单击确定。将光标移至第三个转移条件符号处并单击,在右侧将出现梯形图编辑窗口,在梯形图 0 步的右边双击出现梯形图输入对话框,在此中输入使状态转移的梯形图(LD+空格+X2),然后再输入 TRAN 结束。单击"变换"菜单选择"变换"项或按 F4 快捷键,完成该梯形图的变换。

⑮ 在左侧的 SFC 程序编辑窗口中把光标下移到方向线底端,双击或按 F5 快捷键弹出SFC 符号输入对话框,输入 23 后单击确定。将光标移到"? 23"符号处单击,右边的窗口将变成可编辑状态,在梯形图编辑窗口中输入梯形图(OUT+空格+Y3)。单击"变换"菜单选择"变换"项或按 F4 快捷键,完成该梯形图的变换。

⑯ 在左侧的 SFC 程序编辑窗口中把光标下移到方向线底端,双击或按 F5 快捷键弹出序输入设置对话框,单击确定。将光标移至第四个转移条件符号处并单击,在右侧将出现梯形图编辑窗口,在梯形图 0 步的右边双击出现梯形图输入对话框,在此中输入使状态转移的梯形图(LD+空格+X3),然后再输入 TRAN 结束。单击"变换"菜单选择"变换"项或按 F4 快捷键,完成该梯形图的变换。

⑰ 把光标移到分支线下双击,出现 SFC 符号输入,单击确定,如图 5-40 所示。

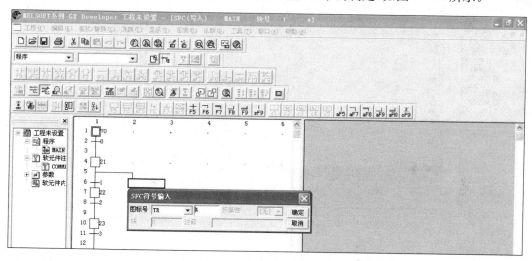

图 5-40　SFC 符号输入

⑱ 将光标移到"? 4"符号处单击,右边的窗口将变成可编辑状态,在梯形图编辑窗口中输入梯形图(LD+空格+X4),然后再输入 TRAN 结束。单击"变换"菜单选择"变换"项或按 F4 快捷键,完成该梯形图的变换。

⑲ 在左侧的 SFC 程序编辑窗口中把光标下移到"4"方向线底端,双击或按 F5 快捷键弹出步序输入设置对话框,输入"24"后单击确定。

⑳ 将光标移到"? 24"符号处单击,右边的窗口将变成可编辑状态,在梯形图编辑窗口中输入梯形图(OUT+空格+Y4)。单击"变换"菜单选择"变换"项或按 F4 快捷键,完成该梯形图的变换。

㉑ 将光标移至块"24"下面,双击出现 SFC 符号输入,单击确定;然后再将光标移至"? 5"符号处单击,右边的窗口将变成可编辑状态,在梯形图编辑窗口中输入梯形图(LD+空格+X5),然后再输入 TRAN 结束。单击"变换"菜单选择"变换"项或按 F4 快捷键,完成该梯形图的变换。

㉒ 在左侧的 SFC 程序编辑窗口中把光标下移到方向线底端,双击或按 F5 快捷键弹出 SFC 符号输入对话框,输入 25 后单击确定。将光标移至"？25"符号处单击,右边的窗口将变成可编辑状态,在梯形图编辑窗口中输入梯形图(OUT＋空格＋Y5),单击"变换"菜单选择"变换"项或按 F4 快捷键,完成该梯形图的变换。

㉓ 将光标移至块"25"下面,双击出现 SFC 符号输入,单击确定;然后再将光标移至"？6"符号处单击,右边的窗口将变成可编辑状态,在梯形图编辑窗口中输入梯形图(LD＋空格＋X6),然后再输入 TRAN 结束。单击"变换"菜单选择"变换"项或按 F4 快捷键,完成该梯形图的变换。

㉔ 在左侧的 SFC 程序编辑窗口,将光标移至最左边一列方向线的底端,单击按钮 或者使用快捷键 F8,当出现 SFC 符号输入时,单击确定,如图 5-41 所示。

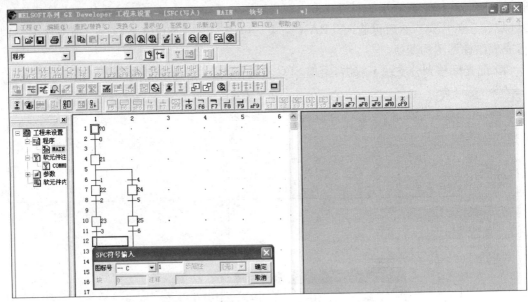

图 5-41　两个分支合并

㉕ 在左侧的 SFC 程序编辑窗口中把光标下移到方向线底端,双击或按 F5 快捷键弹出 SFC 符号输入对话框,输入 26 后单击确定。将光标移至"？26"符号处单击,右边的窗口将变成可编辑状态,在梯形图编辑窗口中输入梯形图(OUT＋空格＋Y6),单击"变换"菜单选择"变换"项或按 F4 快捷键,完成该梯形图的变换。

㉖ 将光标移至块"26"下面,双击出现 SFC 符号输入,单击确定;然后再将光标移至"？7"符号处单击,右边的窗口将变成可编辑状态,在梯形图编辑窗口中输入梯形图(LD＋空格＋X7),然后再输入 TRAN 结束。单击"变换"菜单选择"变换"项或按 F4 快捷键,完成该梯形图的变换。

㉗ 把光标移到方向线的最下端,按 F8 快捷键或菜单栏中的跳转按钮 ,在弹出的对话框中填入要跳转到的目的地步序号 21(即从这一步跳转至状态器 S21),然后单击确定按钮,单击"变换"菜单选择"变换"项或按 F4 快捷键,完成该 SFC 程序的变换。

这样用三菱 GX Developer 编程软件来编写图 5-38 的 SFC 顺序功能图就完成了。要想观看 SFC 程序对应的顺序控制梯形图点击工程/编辑数据/改变程序类型,进行数据改变,双击工程数据列表窗口中的"程序"/"MAIN",就可以看到 SFC 程序所对应的梯形图。

### 四、邮件分拣控制工艺流程

如图 5-33 所示邮件分拣机工作示意图,该系统为五种邮件的模拟分拣系统。启动后绿灯 L1 亮表示可以进邮件,光电检测器 PH"ON"表示光电信号检测到邮件。四位拨码器模拟邮件的邮码,从拨码器读到的邮码正常值为 1、2、3、4、5 表示被检测邮件为所要求的五种之一,则红灯 L2 亮,主电动机 M 运行。将邮件分拣至对应的 1、2、3、4、5 号邮箱内,之后 L2 灯灭,L1 灯亮,表示可以继续分拣邮件。若被检邮件不是所要求的五种之一,则红灯 L2 闪烁,表示出错,主电动机 M 停止。重新启动,能重新运行。

1. 填空题

(1)在选择顺序功能图中,为了保证一次仅选择一个顺序,即选择性优先权,必须对_____加以约束。

(2)选择顺序功能图中选择分支与汇合的编程原则是:先集中处理_____,然后再集中处理_____。

(3)选择性分支仍遵循先_____,后_____。

(4)分支、汇合的处理程序中,不能用_____、_____、_____、_____和_____等指令。

2. 判断题

(1)(　　)选择分支用双横线表示。

(2)(　　)一条选择分支的回路数不作限制。

(3)(　　)在多个分支结构中,当状态的转移条件在一个以上时,需要根据转移条件来选择转向哪个分支。

3. 综合题

如图 5-42 所示,该选择顺序的转换条件是什么? 写出它的梯形图和指令语句,并用三菱 GX Developer 编程软件来编写该 SFC 选择顺序功能图。

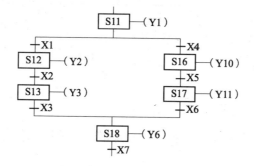

图 5-42　选择顺序功能图

**1. 控制要求**

邮件分拣机启动后绿灯 L1 亮表示可以进邮件,PH 为 ON 表示模拟检测邮件的光信号检测到了邮件,拨码器模拟邮件的邮码,从拨码器读到的邮码的正常值为 1、2、3、4、5,若是此 5 个数中的任一个,则红灯 L2 亮,电动机 M5 运行,将邮件分拣至邮箱内,之后 L2 灭,L1 亮,表示可以继续分拣邮件。若读到的邮码不是该 5 个数,则红灯 L2 闪烁,表示出错,电动机 M 停止,重新启动后,能重新运行。邮件自动分拣系统控制流程图如图 5-43 所示。

**2. 分析控制要求**

① 检测到邮件后,四位拨码器的数值分别为 0001、0010、0011、0100、0101 时表示邮码正确,将邮件分拣至对应邮箱,若数值为其他 11 种组合(0000、0110、0111、1000、1001、1010、1011、1100、1101、1110、1111)时则红灯 L2 闪烁,表示出错,主电动机 M 停止,重新启动后方能重新运行。整个控制流程如图 5-43 所示。

② 红灯 L2 的闪烁由定时器 T0 和计数器 C0 进行组合共同实现。

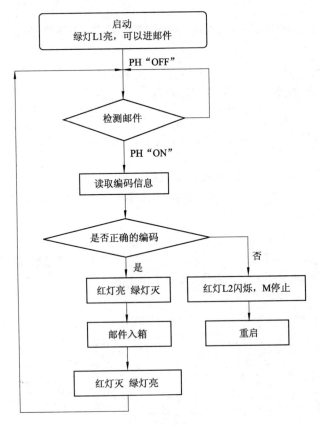

图 5-43　邮件分拣系统控制流程图

**3. 确定输入设备**

确定输入设备如表 5-5 所示。

表 5 - 5　输入设备

| 元件 | SD | PH | A | B | C | D |
|------|-----|------|-----|-----|-----|-----|
| 功能 | 启动 | 检测邮件有无 | 拨码盘的四位 | | | |

### 4. 确定输出设备

确定输出设备如表 5 - 6 所示。

表 5 - 6　输出设备

| 元件 | L1 | L2 | M1 | M2 | M3 | M4 | M5 | M |
|------|-----|-----|-----|-----|-----|-----|-----|-----|
| 断电器 | Y1 | Y2 | Y3 | Y4 | Y5 | Y6 | Y7 | Y0 |

### 5. I/O 分配表

I/O 分配表如表 5 - 7 所示。

表 5 - 7　I/O 分配表

| 输　　入 | | | 输　　出 | | |
|------|------|------|------|------|------|
| 元件代号 | 作用 | 输入继电器 | 元件代号 | 作用 | 输出继电器 |
| SD | 启动按钮 | X0 | 绿灯 L1 | | Y1 |
| PH | 光检 | X1 | 红灯 L2 | | Y2 |
| SB2 | 停止按钮 | X2 | M 电动机 | | Y0 |
| 拨码盘 A | | X3 | 1 号邮件 | | Y3 |
| 拨码盘 B | | X4 | 2 号邮件 | | Y4 |
| 拨码盘 C | | X5 | 3 号邮件 | | Y5 |
| 拨码盘 D | | X6 | 4 号邮件 | | Y6 |
| | | | 5 号邮件 | | Y7 |

### 6. PLC 接线图

PLC 接线图如图 5 - 44 所示。

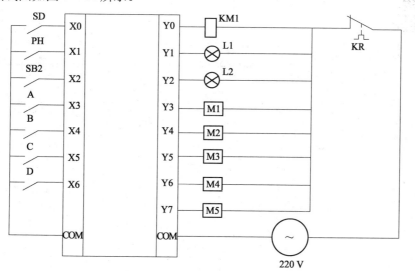

图 5 - 44　邮件分拣系统的 I/O 接线图

7. 程序设计

程序设计如图 5-45 所示。

8. 程序说明

系统上电后 M8002 导通,按下启动按钮 X0 后绿灯 L1 亮,表示可以进邮件;按下 X1,表示光检器接通,检测到邮件,按下 X6,则此时的拨码盘 X3X4X5X6 组合码是 0001,表示检测到的是 1 号邮件,此时红灯 L2(Y2)亮,绿灯 L1(Y1)灭,主电动机 Y0 运行,1 号邮件推进器 Y3 运行。按下 X5,则组合码是 0010,表示的是 2 号邮件,此时红灯 L2 亮,绿灯 L1 灭,主电动机 Y0 运行,2 号邮件推进器 Y4 运行。按下 X5X6,则组合码是 0011,表示的是 3 号邮件,此时红灯 L2 亮,绿灯 L1 灭,主电动机 Y0 运行,3 号邮件推进器 Y5 运行。按下 X4,则组合码是 0100,表示的是 4 号邮件,此时红灯 L2 亮,绿灯 L1 灭,主电动机 Y0 运行,4 号邮件推进器 Y6 运行。按下 X4X6,则组合码是 0101,表示的是 5 号邮件,此时红灯 L2 亮,绿灯 L1 灭,主电动机 Y0 运行,2 号邮件推进器 Y7 运行。按下 X4X5、X4X5X6、X3、X3X6、X3X5、X3X5X6、X3X4、X3X4X6、X3X4X5、X3X4X5X6 分别表示读到的拨码是 0110、0111、1000、1001、1010、1011、1100、1101、1110、1111,此时红灯闪烁 5 次,表示出错,主电动机 M 停止。

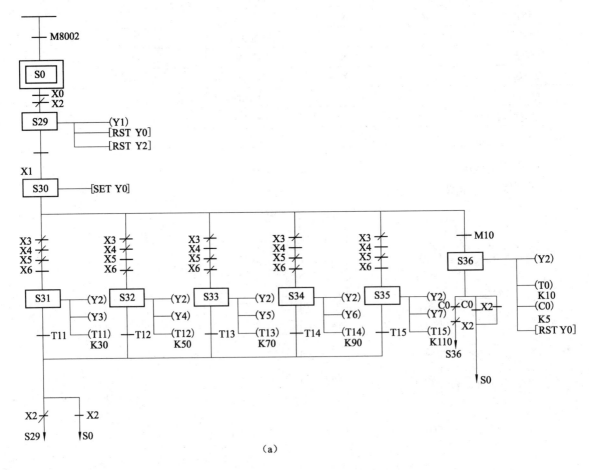

(a)

图 5-45　邮件分拣控制的功能图及梯形图

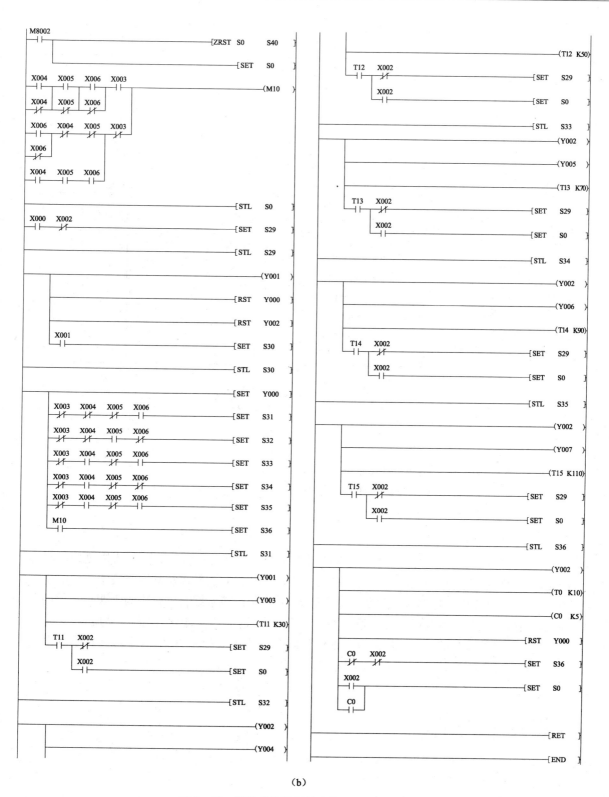

图 5-45　邮件分拣控制的功能图及梯形图(续)
(a)功能图;(b)梯形图

**任务评价**

| 任务 | | | | 邮件分拣控制 | | | | |
|------|------|------|------|------|------|------|------|------|
| 班级 | | | 学号 | | | 姓名 | | |
| 序号 | 评价内容 | 配分 | 评 价 标 准 | 评价结果 | | | 综合得分 |
| | | | | 自评 | 小组评 | 教师评 | |
| 1 | 程序设计 | 30 | 根据任务写出 I/O 分配表，画出PLC接线图及梯形图，并将梯形图转换为指令语句表 | | | | |
| 2 | 元件安装 | 20 | 布线平整，接线正确，安装时不损伤导线或电器元件 | | | | |
| 3 | 程序输入 | 10 | 将所编程序用编程软件输入到PLC中 | | | | |
| 4 | 程序调试 | 20 | 按照被控设备的动作要求进行调试，达到设计要求 | | | | |
| 5 | 同组协作 | 20 | 互相帮助，共同学习 | | | | |
| 6 | 安全文明生产 | 只扣分不加分 | 工具摆放整齐，不发生伤人事故 | | | | |

# 任务4　装配流水线控制

**任务目标**

1. 掌握并行顺序功能图的组成及画法；
2. 熟悉并行顺序SFC图的程序输入方法；
3. 理解装配流水线控制方式。

**任务描述**

在社会快速发展、竞争激烈的今天，提高生产效率，降低生产工艺成本，最大限度地满足生产要求将直接决定各企业工厂能否紧跟社会脚步，赢得时间，占领市场甚至将决定企业的生死存亡。为此，企业生产自动化无疑扮演着重要的角色，装配流水线自动化作为工业自动化的一部分，能提高生产效率，降低工艺流程成本，最大限度地适应产品变化，提高产品质量，它是现代化生产控制系统中的重要组成部分。本任务以装配流水线控制为载体，学习并行顺序功能图的组成及画法、并行顺序SFC图的程序输入方法。

**任务过程**

**一、并行顺序功能图**

并行顺序功能图是根据同一个转移条件，同时转向不同的几个分支，即一步之后有若干个单一顺序同时进行，再根据同一个条件同时结束。

1. 并行顺序功能图的组成

并行顺序功能图如图 5-46 所示。图中转换条件 X1 满足时由状态器 S30 同时转向 S31 和 S32，S30 自动复位。当两个分支都处理完毕，S33 和 S34 同时置位，转换条件 X5 也满足时，S35 接通，同时 S33、S34 自动复位。

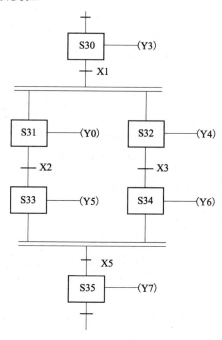

图 5-46　并行顺序功能图

2. 并行顺序功能图的特点

（1）并行顺序功能图中各分支同时执行。

（2）并行分支与汇合的编程原则是：先集中处理分支状态，然后再集中处理汇合状态。图 5-46 并行顺序功能图对应的梯形图以及指令语句表如图 5-47 所示。

**二、并行顺序功能指令应用举例**

根据图 5-48 所示的并行顺序功能图画出其对应的步进梯形图，并写出相应的指令语句表。

图 5-48 所示的并行顺序功能图对应的步进梯形图及指令语句表如图 5-49 所示。

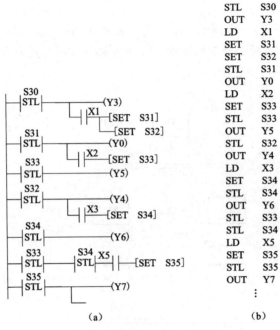

| | |
|---|---|
| STL | S30 |
| OUT | Y3 |
| LD | X1 |
| SET | S31 |
| SET | S32 |
| STL | S31 |
| OUT | Y0 |
| LD | X2 |
| SET | S33 |
| STL | S33 |
| OUT | Y5 |
| STL | S32 |
| OUT | Y4 |
| LD | X3 |
| SET | S34 |
| STL | S34 |
| OUT | Y6 |
| STL | S33 |
| STL | S34 |
| LD | X5 |
| SET | S35 |
| STL | S35 |
| OUT | Y7 |
| ⋮ | |

(a)　　　　　　　　(b)

图 5-47　梯形图以及指令语句表
(a)梯形图;(b)指令语句表

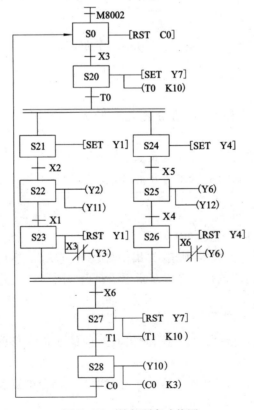

图 5-48　并行顺序功能图

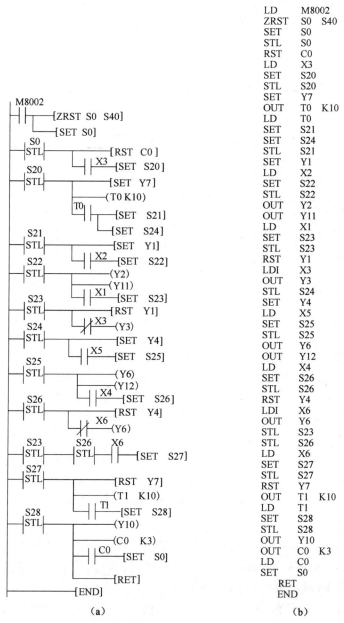

图 5-49  梯形图以及指令语句表
(a)梯形图;(b)指令语句表

### 三、应用三菱 GX Developer 编程软件编写 SFC 并行顺序功能图的方法

如图 5-50 所示的并行顺序功能图,试用三菱 GX Developer 编程软件来编写该 SFC 并行顺序功能图。

① 打开编程软件 GX Developer 编程界面,单击创建新工程,PLC 类型选择 FX2N,程序类型选择 SFC,单击确定。

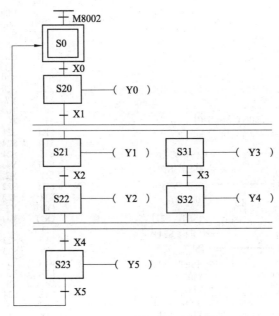

图 5 - 50  并行顺序功能图

② 双击第 0 块,填写块标题(初始化),块类型选择梯形图块,单击执行。

③ 点击执行按钮后,在梯形图 0 步的右边双击出现梯形图输入对话框,输入 LD+空格+M8002。

④ 单击确定后,再输入 SET+空格+S0,再单击确定。然后再单击"变换"菜单选择"变换"项或按 F4 快捷键,完成梯形图的变换。

⑤ 双击工程数据列表窗口中的"程序"/"MAIN",返回块列表窗口,双击第一块,在弹出的块信息设置对话框中块类型一栏中选择 SFC。

⑥ 单击执行按钮,弹出 SFC 程序编辑窗口,在 SFC 程序编辑窗口将光标移到第一个转移条件符号处并单击。

⑦ 在右侧将出现梯形图编辑窗口,在梯形图 0 步的右边双击出现梯形图输入对话框,在此中输入使状态转移的梯形图(LD+空格+X0),然后再输入 TRAN 结束。单击"变换"菜单选择"变换"项或按 F4 快捷键,完成梯形图的变换。

⑧ 在左侧的 SFC 程序编辑窗口中把光标下移到方向线底端,双击或按 F5 快捷键弹出 SFC 符号输入对话框,输入 20 后点击确定,这时光标将自动向下移动。将光标移到"? 20"符号处单击,右边的窗口将变成可编辑状态。

⑨ 在此梯形图编辑窗口中输入梯形图(OUT+空格+Y0)。单击"变换"菜单选择"变换"项或按 F4 快捷键,完成梯形图的变换。

⑩ 将光标移到标号 5 处,双击或按 F5,输入步序号后单击确定。将光标移到"? 1"符号处,在梯形图 0 步的右边双击出现梯形图输入对话框,在此中输入使状态转移的梯形图(LD+空格+X1),然后再输入 TRAN 结束。单击"变换"菜单选择"变换"项或按 F4 快捷键,完成该梯形图的变换。

⑪ 在左侧的 SFC 程序编辑窗口中把光标下移到 6 处,单击工具栏上的图标📕或快捷键

F7,出现 SFC 符号输入,单击确定,如图 5-51 所示。

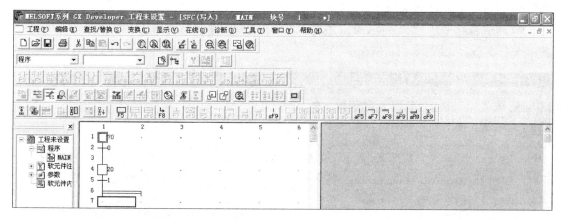

图 5-51　并行顺序的分支编辑

⑫ 在左侧的 SFC 程序编辑窗口中把光标放在 7 处,双击或按 F5 快捷键弹出 SFC 符号输入对话框,输入 21 后点击确定,这时光标将自动向下移动。将光标移到"? 21"符号处单击,右边的窗口将变成可编辑状态。

⑬ 在梯形图编辑窗口中输入梯形图(OUT＋空格＋Y2)。单击"变换"菜单选择"变换"项或按 F4 快捷键,完成该梯形图的变换。

⑭ 在左侧的 SFC 程序编辑窗口中把光标下移到方向线底端,双击或按 F5 快捷键弹出步序输入设置对话框,单击确定。将光标移至第三个转移条件符号处并单击,在右侧将出现梯形图编辑窗口,在梯形图 0 步的右边双击出现梯形图输入对话框,在此中输入使状态转移的梯形图(LD＋空格＋X2),然后再输入 TRAN 结束。单击"变换"菜单选择"变换"项或按 F4 快捷键,完成该梯形图的变换。

⑮ 在左侧的 SFC 程序编辑窗口中把光标下移到方向线底端,双击或按 F5 快捷键弹出 SFC 符号输入对话框,输入 22 后单击确定。将光标移到"? 22"符号处单击,右边的窗口将变成可编辑状态,在梯形图编辑窗口中输入梯形图(OUT＋空格＋Y2)。单击"变换"菜单选择"变换"项或按 F4 快捷键,完成该梯形图的变换。

⑯ 在左侧的 SFC 程序编辑窗口中把光标放在并行线下双击,出现 SFC 符号输入,输入 31 后单击确定。

⑰ 将光标移到"? 31"符号处单击,右边的窗口将变成可编辑状态,在梯形图编辑窗口中输入梯形图(OUT＋空格＋Y3)。单击"变换"菜单选择"变换"项或按 F4 快捷键,完成该梯形图的变换。

⑱ 将光标移至块"31"下面,双击出现 SFC 符号输入,单击确定;然后再将光标移至"? 3"符号处单击,右边的窗口将变成可编辑状态,在梯形图编辑窗口中输入梯形图(LD＋空格＋X3),然后再输入 TRAN 结束。单击"变换"菜单选择"变换"项或按 F4 快捷键,完成该梯形图的变换。

⑲ 在左侧的 SFC 程序编辑窗口中把光标下移到 3 方向线底端,双击或按 F5 快捷键弹出 SFC 符号输入对话框,输入 32 后单击确定。将光标移至"? 32"符号处单击,右边的窗口将变

成可编辑状态，在梯形图编辑窗口中输入梯形图（OUT＋空格＋Y4），单击"变换"菜单选择"变换"项或按 F4 快捷键，完成该梯形图的变换。

⑳ 将光标移至块"22"下面，单击工具栏上的图标，或使用快捷键 F9，在标号 11 处画线使两个分支合并，如图 5-52 所示。

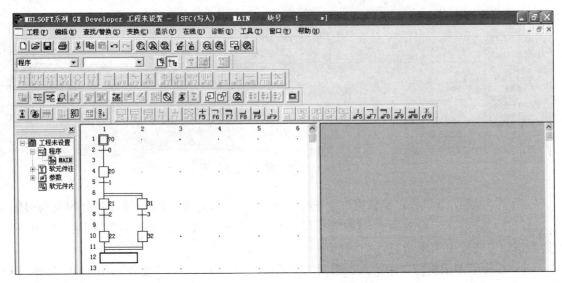

图 5-52　并行顺序的汇合编辑

㉑ 将光标移至 12 处双击出现 SFC 符号输入，单击确定；然后再将光标移至"? 4"符号处单击，右边的窗口将变成可编辑状态，在梯形图编辑窗口中输入梯形图（LD＋空格＋X4），然后再输入 TRAN 结束。单击"变换"菜单选择"变换"项或按 F4 快捷键，完成该梯形图的变换。

㉒ 在左侧的 SFC 程序编辑窗口中把光标下移到 4 方向线底端，双击或按 F5 快捷键弹出 SFC 符号输入对话框，输入 23 后单击确定。将光标移至"? 23"符号处单击，右边的窗口将变成可编辑状态，在梯形图编辑窗口中输入梯形图（OUT＋空格＋Y5），单击"变换"菜单选择"变换"项或按 F4 快捷键，完成该梯形图的变换。

㉓ 将光标移至 14 处双击出现 SFC 符号输入，单击确定；然后再将光标移至"? 5"符号处单击，右边的窗口将变成可编辑状态，在梯形图编辑窗口中输入梯形图（LD＋空格＋X5），然后再输入 TRAN 结束。单击"变换"菜单选择"变换"项或按 F4 快捷键，完成该梯形图的变换。

㉔ 把光标移到方向线的最下端，按 F8 快捷键或菜单栏中的跳转，在弹出的对话框中填入要跳转到的目的地步序号 0（即从这一步跳转至状态器 S0），然后单击确定按钮，单击"变换"菜单选择"变换"项或按 F4 快捷键，完成该 SFC 程序的变换。

这样用三菱 GX Developer 编程软件来编写图 5-50 的 SFC 顺序功能图就完成了。要想观看 SFC 程序对应的顺序控制梯形图点击工程/编辑数据/改变程序类型，进行数据改变，双击工程数据列表窗口中的"程序"/"MAIN"，就可以看到 SFC 程序所对应的梯形图。

## 四、装配流水线控制工艺流程

流水线生产是目前生产线采取的主要方式之一,在流水线生产作业过程中,产品按照设计好的工艺过程依次顺序地通过每个工作站,并按照一定的作业速度完成每道工序的作业任务。生产过程是一个连续的不断重复的过程,具有高度的连续性,如图 5-53 所示为装配流水线模拟图。

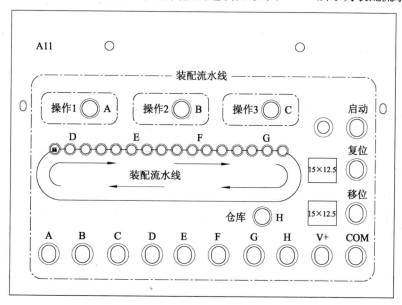

图 5-53　装配流水线模拟图

工艺流程:启动时先按下启动按钮,启动整个传送系统,工件开始在传送带移位。停止时按下复位按钮,装配流水线停止工作,系统初始化重新开始运行。A、B、C、H 四个灯模拟的是四个操作工位,这四个工位完成四种装配操作。D、E、F、G 四组灯模拟的是传送带,这些传送带用于传送工件。工件在传送带上开始传送,经过 D 传送之后进行 A 操作,再经过 E 和 F 传送之后同时进行 B 和 C 操作,B、C 操作同时结束,再经过 E、F 传送到 G,G 传送到 H 工位进行组装操作,如此循环,直到停止按钮按下。整个过程如图 5-54 所示。

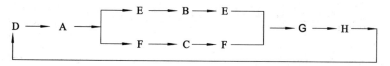

图 5-54　装配流水线工艺流程图

1. 填空题

(1) 并行顺序功能图是根据同一个转移条件,_____转向不同的几个分支。

(2) 并行顺序功能图中各分支_____执行。

(3) 在并行顺序功能图中,转入和转出的条件_____。

2. 判断题

(1)(　　)并发顺序功能图是由单横线结束的。

(2)(　　)并行分支与汇合的编程原则是:先集中处理分支状态,然后再集中处理汇合状态。

3. 综合题

用并行顺序功能图编写项目四任务5做一做中的交通信号灯控制。

1. 控制要求

装配流水线控制:启动时先按下启动按钮,启动整个传送系统,工件开始在传送带移位。停止时按下复位按钮,装配流水线停止工作,系统初始化重新开始运行。A、B、C、H 四个灯模拟的是四个操作工位,这四个工位完成四种装配操作。D、E、F、G 四组灯模拟的是传送带,这些传送带用于传送工件。工件在传送带上开始传送,经过 D 传送之后进行 A 操作,再经过 E 和 F 传送之后同时进行 B 和 C 操作,B、C 操作同时结束,再经过 E、F 传送到 G,G 传送到 H 工位进行组装操作,如此循环,直到停止按钮按下。

2. 分析控制要求

本系统可以采用并行顺序结构设计程序,同时在并行顺序中时间顺序控制较为简便。

3. 确认输入设备

根据控制要求,PLC输入信号是启动按钮 SB1,复位按钮 SB2。

4. 确定输出设备

根据控制要求,需要 8 个 LED 模拟信号灯,模拟 A、B、C、H 四个工位与 D、E、F、G 四组传送带。

5. I/O 分配表

I/O 分配表如表 5-8 所示。

表 5-8　I/O 分配表

| 输　　入 | | | 输　　出 | | |
|---|---|---|---|---|---|
| 元件代号 | 作用 | 输入继电器 | 元件代号 | 作用 | 输出继电器 |
| SB1 | 启动 | X0 | A | 四个工位 | Y0 |
| SB2 | 复位 | X1 | B | | Y1 |
| | | | C | | Y2 |
| | | | H | | Y3 |
| | | | D | 四组传送带 | Y4 |
| | | | E | | Y5 |
| | | | F | | Y6 |
| | | | G | | Y7 |

6. PLC 接线图

PLC 接线图如图 5-55 所示。

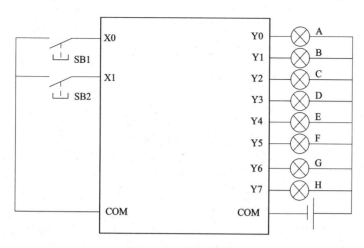

图 5-55  PLC 接线图

## 7. 程序设计

程序设计如图 5-56 所示。

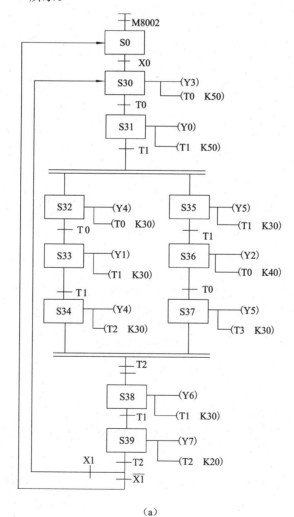

（a）

图 5-56  并行顺序功能图及步进梯形图

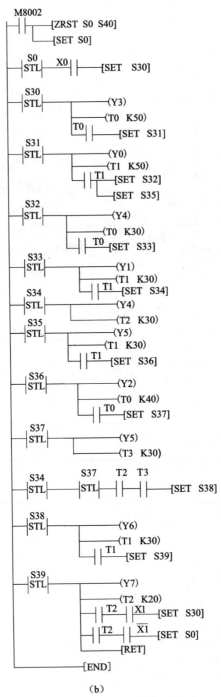

图 5-56 并行顺序功能图及步进梯形图(续)

(a)功能图;(b)步进梯形图

## 8. 程序说明

系统上电后 M8002 导通,按下启动按钮,D 亮(传送带运行),传送到位后,在 A 工位操作,工件分两部分,由 E、F 传送带分别传送到 B、C 工位操作,操作完毕后,E、F 传送带再次启动,工件送到传送带 G,传送到仓库 H。

🖐 **任务评价**

| 任务 | | | | 装配流水线控制 | | | | | |
|---|---|---|---|---|---|---|---|---|---|
| 班级 | | | 学号 | | | 姓名 | | | |
| 序号 | 评价内容 | 配分 | 评 价 标 准 | | 评价结果 | | | 综合得分 | |
| | | | | | 自评 | 小组评 | 教师评 | | |
| 1 | 程序设计 | 30 | 根据任务写出 I/O 分配表,画出 PLC 接线图及梯形图,并将梯形图转换为指令语句表 | | | | | | |
| 2 | 元件安装 | 20 | 布线平整,接线正确,安装时不损伤导线或电器元件 | | | | | | |
| 3 | 程序输入 | 10 | 将所编程序用编程软件输入到 PLC 中 | | | | | | |
| 4 | 程序调试 | 20 | 按照被控设备的动作要求进行调试,达到设计要求 | | | | | | |
| 5 | 同组协作 | 20 | 互相帮助,共同学习 | | | | | | |
| 6 | 安全文明生产 | 只扣分不加分 | 工具摆放整齐,不发生伤人事故 | | | | | | |

# 项目六　学习可编程序控制器的功能指令

PLC功能指令实际上就是许多功能不同的子程序调用,它既能简化程序设计,又能完成复杂的数据处理、逻辑运算、提升控制功能和信息化处理能力。

本项目主要以四个具体的控制任务为载体,把常用的功能指令的作用、使用、注意等问题进行重点阐述,以期达到使学生触类旁通的目标。

## 任务1　音乐喷泉控制

### 任务目标

1. 掌握三菱PLC功能指令的基本知识;
2. 熟悉传送指令(MOV指令)的使用方法;
3. 掌握音乐喷泉控制系统的设计、安装和调试方法,将PLC与实际应用联系起来。

### 任务描述

随着我国经济的发展,人民的生活水平不断提高,城市的亮化工程和音乐喷泉工程得到了快速的发展,已经成为了人们生活中的一些常见事物。当今喷泉工程和许多高新技术结合,使得喷泉的效果更加绚丽多彩。本任务通过设计一个简单实用的广场音乐喷泉PLC控制系统,简单介绍PLC在音乐喷泉控制系统中的应用,使学生了解整个水柱随着音乐快慢的变化而变化的工作过程,进一步掌握PLC控制系统的设计步骤和方法。

### 任务过程

学一学

#### 一、功能指令的基本格式

1. 功能指令的表示格式

功能指令表示格式与基本指令不同,每条功能指令都有其相应的助记符和代码,它是由助记符和操作数组成的。功能指令用编号FNC00～FNC299表示,并给出对应的助记符(大多用英文名称或缩写表示)。

有的功能指令没有操作数,而大多数功能指令有1～4个操作数。如图6-1所示为一个计算平均值指令,它有三个操作数,[S]表示源操作数,若使用变址寄存器时,表示为[S·];[D]表示目标操作数,若使用变址寄存器时,则可表示为[D·]。当源或目标不止一个时,用[S1·]、[S2·]、[D1·]、[D2·]表示。用n和m表示其他操作数,它们常用来表示常数K和H,或作为源和目标操作数的补充说明,当这样的操作数多时可用n1、n2和m1、m2等来表示。

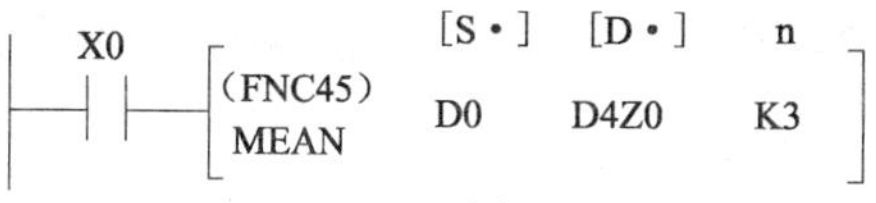

(a)

| | | | | |
|---|---|---|---|---|
| 0 | LD | X000 | | |
| 1 | MEAN | D0 | D4Z0 | K3 |
| 8 | ⋮ | | | |

(b)

图 6-1　功能指令表示格式
(a)梯形图;(b)指令语句表

**温馨提示:**

① 图 6-1 中源操作数的首元件为 D0,n 是指定取值个数为 3,所以源操作的个数有 3 个,即 D0、D1、D2;目标操作数为 D4Z0(Z0 为变址寄存器),即 D4Z0 是指定计算结果存放的数据寄存器地址。当 X0 接通时,执行的操作为[(D0)+(D1)+(D2)]÷3→(D4Z0),如果 Z0 的内容为 20,则运算结果送入 D24 中。

② 功能指令的指令段通常占 1 个程序步,16 位操作数占 2 步,32 位操作数占 4 步。

2. 功能指令的执行方式与数据长度

(1) 连续执行与脉冲执行

功能指令有连续执行和脉冲执行两种类型。如图 6-2 所示,指令助记符 MOV 后面有“P”表示脉冲执行,即该指令仅在 X1 接通(由 OFF 到 ON)时执行(将 D10 中的数据送到 D12 中)一次;如果没有“P”则表示连续执行,即该在 X1 接通(ON)的每一个扫描周期指令都要被执行。

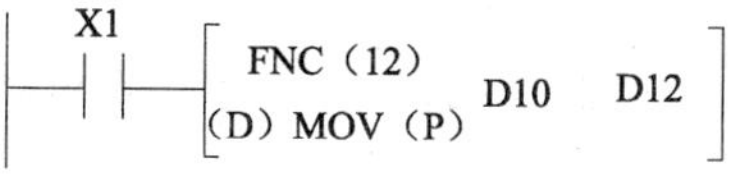

(a)

| | | | |
|---|---|---|---|
| 0 | LD | X001 | |
| 1 | MOV | D0 | D12 |
| 6 | ⋮ | | |

(b)

图 6-2　功能指令的执行方式与数据长度表示
(a)梯形图;(b)指令语句表

(2) 数据长度

功能指令可处理 16 位数据或 32 位数据。处理 32 位数据的指令是在助记符前加“D”标志,无此标志即为处理 16 位数据的指令。如图 6-2 所示,若 MOV 指令前面带“D”,则当 X1 接通时,执行 D11D10→D13D12(32 位)。

**温馨提示:**

① 32 位计数器(C200～C255)中的一个软元件为 32 位,不可作为处理 16 位数据指令的操作数使用。

② 处理 32 位数据时,用元件号相邻的两元件组成元件对。元件对的首地址用奇数、偶数均可,建议元件对首地址统一使用偶数编号。

3. 功能指令的数据格式

(1) 位元件与字元件

像 X、Y、M、S 等只处理 ON/OFF 信息的软元件称为位元件。而像 T、C、D 等处理数值的软元件则称为字元件,一个字元件由 16 位二进制数组成。若要处理 32 位数据,用两个相邻的数据寄存器就可以组成 32 位数据寄存器。

位元件可以通过组合使用,4 个位元件为一个单元,通用表示方法是由 Kn 加起始的软元件号组成,n 为单元数。例如 K2 M0 表示 M0~M7 组成两个位元件组(K2 表示 2 个单元),它是一个 8 位数据,M0 为最低位。如果将 16 位数据传送到不足 16 位的位元件组合(n<4)时,只传送低位数据,多出的高位数据不传送,32 位数据传送也一样。在作 16 位数操作时,参与操作的位元件不足 16 位时,高位的不足部分均作 0 处理,这意味着只能处理正数(符号位为 0),在作 32 位数处理时也一样。

> **温馨提示:**
> 被组合的元件首位元件可以任意选择,但为避免混乱,建议采用编号以 0 结尾的元件,如 S10,X0,X20 等。

(2) 数据格式

在 FX 系列 PLC 内部,数据是以二进制(BIN)补码的形式存储,所有的四则运算都使用二进制数。二进制补码的最高位为符号位,正数的符号位为 0,负数的符号位为 1。FX 系列 PLC 可实现二进制码与 BCD 码的相互转换。

**二、可编程序控制器的传送与比较指令**(FNC10~FNC19 共 10 条)

1. 传送指令(MOV)

传送指令(MOV)的功能是将源操作元件[S]中的数据传送到指定的目标操作元件中[D],即[S]→[D]。MOV 指令的指令应用如图 6-3 所示。

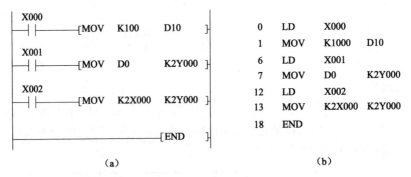

(a) (b)

图 6-3 MOV 指令的梯形图和指令语句表
(a)梯形图;(b)指令语句表

当 X0 闭合时,MOV 指令将源操作数[S]中的数据 K100 即十进制数 100 传送到到目标元件数据寄存器 D10 中。在传送过程中,十进制数 100 自动转换为二进制数。当 X0 为 OFF,指令不执行,数据保持不变。

当 X1 闭合时,MOV 指令将 D0 中数据传送到由位元件组合的字元件 K2Y0 中。

当 X2 闭合时,MOV 指令将字元件 K2X0 中的数据传送到由位元件组合成的字元件 K2Y0 中,X2 闭合时,Y2 有输出。

温馨提示：

　　① 该指令源操作数[S]可取 K、H、KnX、KnY、KnM、KnS、T、C、D、V/Z。目标操作数[D]可取 KnY、KnM、KnS、T、C、D、V/Z。

　　② 当 X0 断开时，不执行 MOV 指令，数据保持不变。

　　③ FNC12 的助记符是 MOV（传送），若使用简易编程器时，键入 FNC12，若采用智能编程器或在计算机上编程时也可键入助记符 MOV。

### 2. 移位传送指令（SMOV）

移位传送指令（SMOV）首先将二进制的源数据（D1）转换成 BCD 码，然后将 BCD 码移位传送，实现数据的分配、组合。移位传送指令（SMOV 指令）的使用说明如图 6-4 所示。执行 SMOV 指令的操作过程如下：当 X0 满足条件，执行 SMOV 指令。源操作数[S]内的 16 位二进制自动转换成 4 位 BCD 码，然后将源数据 BCD 码右起从第 4 位（m1＝4）开始，向右数共 2 位（m2＝2）上的数据传送到数据寄存器标 D2 内 4 位 BCD 码的右起第 3 位（n＝3）开始，向右数共 2 位的位置上去（而 D2 的第 4 和第 1 两位 BCD 码不变），最后自动地将 D2 中的 BCD 码转换成二进制数，即为 D2 的内容。BCD 码值超过 9999 时出错。

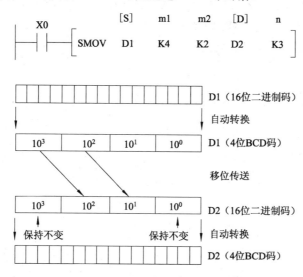

图 6-4　SMOV 指令的梯形图和使用说明

温馨提示：

　　FNC13 的助记符是 SMOV（位移动），若使用简易编程器时，键入 FNC13，若采用智能编程器或在计算机上编程时，也可键入助记符 SMOV。

### 3. 块传送指令（BMOV）

块传送指令（BMOV）的功能是将源操作数指定元件开始的 n 个数组成的数据块传送到指定的目标。BMOV 指令的使用说明如图 6-5 所示。指令中源操作数[S]为指定元件的首地址，n 为传送数据的个数，目标操作数[D]为指定目标元件的首地址。如果元件号超出允许范围,数据则仅传送到允许范围的元件。

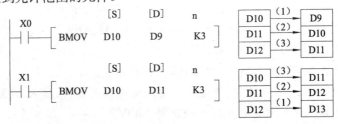

图 6-5　BMOV 指令的梯形图和使用说明

> **温馨提示:**
>
> ① 该指令源操作数[S]可取 KnX、KnY、KnM、KnS、T、C、D 和文件寄存器,目标操作数[D]可取 KnT、KnM、KnS、T、C 和 D。
>
> ② 该指令只有 16 位操作,使用时占 7 个程序步。
>
> ③ 传送顺序既可从高位到低位,也可以从低位到高位,传送顺序是由程序自动确定的。
>
> ④ 若用到需要指定位数的位元件,则源和目标的指定位数必须相同。
>
> ⑤ FNC15 的助记符是 BMOV(成批传送),若使用简易编程器时,键入 FNC15,若采用智能编程器或在计算机上编程时,也可键入助记符 BMOV。

### 4. 多点传送指令(FMOV)

FMOV 指令是将源元件中的数据传送到指定目标开始的 n 个目标元件中,这 n 个元件中的数据完全相同。FMOV 指令的使用说明如图 6-6 所示。当 X0 接通时,执行 FMOV 指令,K0 传送到 D100~D119 中去,即相同的数送到多个目标中去。

图 6-6　FMOV 指令的梯形图

> **温馨提示:**
>
> ① 该指令源操作数[S]可取所有的数据类型,目标操作数可取 KnX、KnM、KnS、T、C 和 D,n≤512。
>
> ② 该指令 16 位操作占 7 个程序步,32 位操作则占 13 个程序步。
>
> ③ 如果元件号超出允许范围,数据仅送到允许范围的元件中。

### 三、可编程序控制器功能指令应用举例

1. 应用传送指令,分别使接在 Y0、Y4、Y11 三个输出端的指示灯亮和熄灭。

分析:要是 Y0、Y4、Y11 有输出信号,只需让由 K3Y0 位元件组成的字元件中的 Y0、Y4、Y11 三位分别为 1,而其他位为 0 即可,如图 6-7 所示。

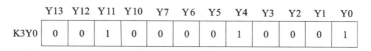

图 6-7 K3Y0 组成的字元件

通过图 6-7 所示的真值表,可以得到 $1 \times 2^0 + 1 \times 2^4 + 1 \times 2^9 = 529$,将十进制常数 K529 转换为二进制数后正好满足要求,结合 MOV 指令,设计梯形图如图 6-8 所示。

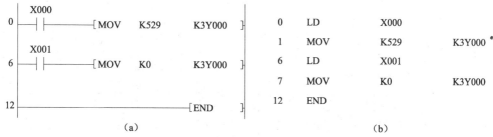

图 6-8 MOV 指令举例的梯形图
(a)梯形图;(b)指令语句表

当 X0 闭合时,K529 传送到 K3Y0 中,在传送过程中,PLC 自动将十进制数转换为二进制数,接在 Y0、Y4、Y11 三个输出端的指示灯亮。当 X1 闭合时,程序将 0 传送到 K3Y0 中,此时 K3Y0 中每一位都为 0,接在 Y0、Y4、Y11 三个输出端的指示灯熄灭。

2. 综合题

(1)控制要求

应用数据传送指令设计三相交流异步电动机丫-△降压启动控制线路和程序。指示灯在启动过程中亮,启动结束时灭。如果发生电动机过载,停车并用灯光报警。

(2)I/O 分配表

I/O 分配表如表 6-1 所示。

表 6-1 丫-△降压启动 I/O 分配表

| 输 入 | | | 输 出 | | |
|---|---|---|---|---|---|
| 功能 | 符号 | 地址 | 功能 | 符号 | 地址 |
| 启动按钮 | SB2 | X2 | 启动/报警指示灯 | HL | Y0 |
| 停止按钮 | SB1 | X1 | 电源主接触器 | KM1 | Y1 |
| 过载保护 | KR | X0 | 丫型启动接触器 | KM2 | Y2 |
| | | | △运行接触器 | KM3 | Y3 |

(3)PLC 接线图

PLC 接线图如图 6-9 所示。

(4)程序设计

程序的设计主要通过输出的 Y0、Y1、Y2、Y3 的真值表状态变化而来,如表 6-2 所示。例如:丫型启动时,Y0=1,Y1=1,Y2=1,Y3=0,所以按下启动按钮 X2 后,通过 MOV 指令把十进制数 K7(换成二进制码为 0111)传送给 K1Y0(即 Y3、Y2、Y1、Y0),并通过 Y1 接通定时器,延时时间到后,断开丫型启动电路,并接通△型运行电路(还是通过 MOV 指令完成,同学们可自行分析)。

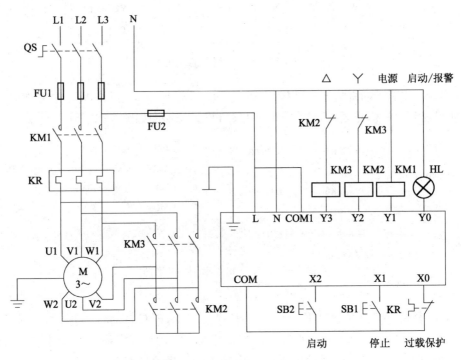

图 6-9 丫-△降压启动控制线路

**表 6-2 丫-△降压启动真值表**

| 操作元件 | 状态 | 输入端子 | 输出端子 | | | | 传送数据 |
| --- | --- | --- | --- | --- | --- | --- | --- |
| | | | Y3/KM3 | Y2/KM2 | Y1/KM1 | Y0/HL | |
| SB2 | 丫型启动<br>T0 延时 10s | X2 | 0 | 1 | 1 | 1 | K7 |
| | T0 延时到<br>T1 延时 1s | | 0 | 0 | 1 | 1 | K3 |
| | T1 延时到<br>△型运行 | | 1 | 0 | 1 | 0 | K10 |
| SB1 | 停止 | X1 | 0 | 0 | 0 | 0 | K0 |
| KR | 过载保护 | X0 | 0 | 0 | 0 | 1 | K1 |

（5）梯形图及指令语句表

梯形图及指令语句表如图 6-10 所示。

**温馨提示:**

① ⵏⵏ为上升沿检出指令,仅在指定元件的上升沿(OFF→ON 变化)时,接通一个扫描周期。该指令在手持编程器上输入时,在原有的指令后加"P",如图 6-11 所示。

② ⵏⵏ为下降沿检出指令,仅在指定元件的下降沿(ON→OFF 变化)时,接通一个扫描周期。该指令在手持编程器上输入时,在原有的指令后加"F"。

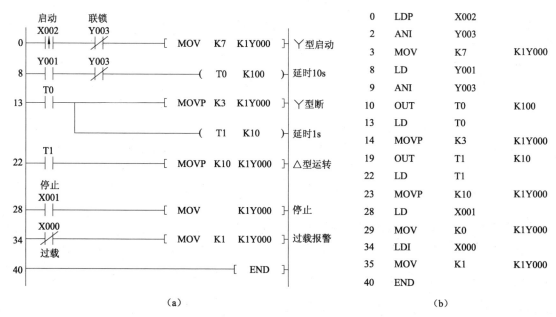

（a）

（b）

图 6-10　梯形图及指令语句表
(a)梯形图；(b)指令语句表

1. 选择题

(1) 下列指令中哪个表示是连续执行型是(　　)。

A. MOV(P)　　　　　B. MOV　　　　　C. PLS　　　　　D. PLF

(2) 下列指令中哪个表示是脉冲执行型(　　)。

A. MOV(P)　　　　　B. MOV　　　　　C. PLS　　　　　D. PLF

(3) SMOV 是(　　)指令。

A. 子程序调用　　　B. 数据处理　　　C. 条件传送　　　D. 移位传送

2. 判断题

(1) (　　) FX2N 系列 PLC 中,32 位运算时 V 和 Z 组合使用,V 为高 16 位,Z 为低 16 位。

(2) (　　) MOV 指令 16 位操作占 7 个程序步,32 位操作则占 13 个程序步。

(3) (　　) 功能指令(又称应用指令)主要由生产厂商设定编写。

3. 综合题

控制要求:应用功能指令中的 MOV 指令,设计彩灯的交替点亮控制程序。要求灯组 L1～L8两两亮暗间隔显示,每 0.5s 变换一次,反复循环。用一个开关实现启停控制。

1. 控制要求

试设计一个音乐喷泉控制系统,要求喷泉控制系统中有 A、B、C 三组喷头,当按下启动按钮后,A组先喷 10s,A 停止后,B、C 同时喷,5s 后 B 停止,A、C 同时喷,3s 后,C 停止而 A、B 同时喷,再过 3s,C 也喷,A、B、C 同时喷 10s 后停止,再过 3s 重复前面的过程,按下停止按钮,立即停止。

2. 分析控制要求

(1)初始状态

音乐喷泉不工作,三组喷头不喷水。

(2)启动工作过程

系统中主要涉及时间及三个喷头的先后工作问题,总结为:A 先启动→10s 后→A 停,B、C 同启→5s 后→B 停,A、C 启→3s 后→C 停,A、B 启→3s 后 A、B、C 同启→10s 后→A、B、C 停止→3s 后循环工作。

(3)停止状态

按下停止按钮,系统立即停止。

3. 确认输入设备

根据控制要求,需要一个启动按钮 SB0,一个停止按钮 SB1,共计 2 个输入点。

4. 确定输出设备

根据控制要求,共需要 A 组喷头电动机控制线圈,B 组喷头电动机控制线圈,C 组喷头电动机控制线圈,共计 3 个输出点。

5. I/O 分配表

I/O 分配表如表 6-3 所示。

表 6-3 音乐喷泉控制 I/O 分配表

| 输 入 | | | 输 出 | | |
|---|---|---|---|---|---|
| 功能 | 符号 | 地址 | 功能 | 符号 | 地址 |
| 启动按钮 | SB0 | X0 | A 组喷头电动机控制线圈 | KM1 | Y0 |
| 停止按钮 | SB1 | X1 | B 组喷头电动机控制线圈 | KM2 | Y1 |
| | | | C 组喷头电动机控制线圈 | KM3 | Y2 |

6. PLC 接线图

PLC 接线图如图 6-11 所示。

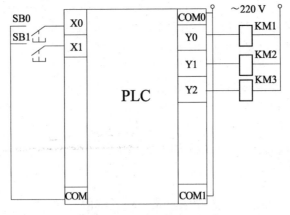

图 6-11 音乐喷泉控制接线图

## 7. 程序设计

程序设计如图 6 - 12 所示。

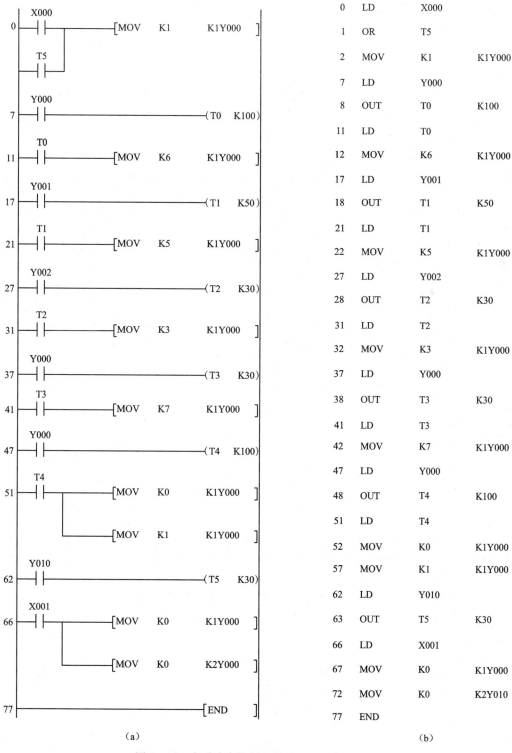

| 0 | LD | X000 | |
| 1 | OR | T5 | |
| 2 | MOV | K1 | K1Y000 |
| 7 | LD | Y000 | |
| 8 | OUT | T0 | K100 |
| 11 | LD | T0 | |
| 12 | MOV | K6 | K1Y000 |
| 17 | LD | Y001 | |
| 18 | OUT | T1 | K50 |
| 21 | LD | T1 | |
| 22 | MOV | K5 | K1Y000 |
| 27 | LD | Y002 | |
| 28 | OUT | T2 | K30 |
| 31 | LD | T2 | |
| 32 | MOV | K3 | K1Y000 |
| 37 | LD | Y000 | |
| 38 | OUT | T3 | K30 |
| 41 | LD | T3 | |
| 42 | MOV | K7 | K1Y000 |
| 47 | LD | Y000 | |
| 48 | OUT | T4 | K100 |
| 51 | LD | T4 | |
| 52 | MOV | K0 | K1Y000 |
| 57 | MOV | K1 | K1Y000 |
| 62 | LD | Y010 | |
| 63 | OUT | T5 | K30 |
| 66 | LD | X001 | |
| 67 | MOV | K0 | K1Y000 |
| 72 | MOV | K0 | K2Y010 |
| 77 | END | | |

（a）

（b）

图 6 - 12 音乐喷泉控制的梯形图和指令语句表
(a)梯形图；(b)指令语句表

8. 程序说明

本项目中主要应用了数据传送指令 MOV 配合定时器计时功能,实现控制要求。程序具有很大的重复性和类似性,下面重点分析第一个工作阶段,其余工作阶段和它类似。

(1)启动阶段

当按下启动按钮 X0 后,传送指令 MOV 把十进制数 K1 化为二进制编码分别传送给 Y0、Y1、Y2,此时得到的状态为 Y0=1,Y1=0,Y2=0,同时 Y0 动合触头闭合接通 T0 定时器电路,计时 10s,进入下一个工作阶段,即 A 停,B、C 同启→5s 后→B 停,A、C 启→3s 后→C 停,A、B 启→3s 后 A、B、C 同启→10s 后→A、B、C 停止→3s 后循环工作。

(2)停止阶段

当按下停止按钮 X1 后,传送指令 MOV 把十进制数 K0 化为二进制编码分别送到 Y0、Y1、Y2,此时得到的状态为 Y0=0,Y1=0,Y2=0,同时传送十进制数 K0 给 Y10~Y16,此时 Y10~Y16 全部为 0,系统立即停止。

### 任务评价

| 任务 | | | 音乐喷泉的 PLC 控制 | | | | |
|---|---|---|---|---|---|---|---|
| 班级 | | | 学号 | | 姓名 | | |
| 序号 | 评价内容 | 配分 | 评 价 标 准 | 评价结果 | | | 综合得分 |
| | | | | 自评 | 小组评 | 教师评 | |
| 1 | 程序设计 | 30 | 根据任务写出 I/O 分配表,画出 PLC 接线图及梯形图,并将梯形图转换为指令语句表 | | | | |
| 2 | 元件安装 | 20 | 布线平整,接线正确,安装时不损伤导线或电器元件 | | | | |
| 3 | 程序输入 | 10 | 将所编程序用编程软件输入到 PLC 中 | | | | |
| 4 | 程序调试 | 20 | 按照被控设备的动作要求进行调试,达到设计要求 | | | | |
| 5 | 同组协作 | 20 | 互相帮助,共同学习 | | | | |
| 6 | 安全文明生产 | 只扣分不加分 | 工具摆放整齐,不发生伤人事故 | | | | |

# 任务 2  彩灯循环控制

### 任务目标

1. 掌握字元件、位组合元件的使用;

2. 理解彩灯循环控制系统设计;

3. 掌握区间比较等功能指令的编程方法及使用。

### 任务描述

在现实生活及工农业生产中,经常会遇到若干彩灯闪烁或者若干小灯报警的情况。为了方便理解区间比较等功能指令,熟悉彩灯闪烁、报警等电路的控制思路,本任务设计了一个简单的彩灯循环控制系统,通过使用相关的功能指令,来实现红、绿、黄三个彩灯的交替闪烁循环。

**任务过程**

### 一、可编程序控制器的传送与比较指令

#### 1. 数据比较指令(CMP)

比较指令 CMP 是将两个源操作数[S1]和[S2]的代数值大小进行比较,结果送到目标操作数[D]～[D+2]中。该指令有三个操作数:两个源操作数[S1]和[S2],一个目标操作数[D]。如图 6-13 所示,当 X0 为 ON 时,将十进制数 100 与计数器 C2 的当前值比较,比较结果送到 M0～M2 中,若 100>C2 的当前值时,M0 为 ON,若 100=C2 的当前值时,M1 为 ON,若 100<C2 的当前值时,M2 为 ON。当 X0 为 OFF 时,不进行比较,M0～M2 的状态保持不变。

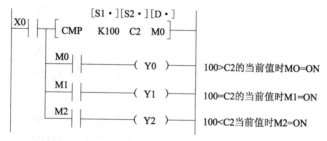

图 6-13 比较指令的使用

**温馨提示:**

① CMP 中的[S1]和[S2]可以是所有的字元件,[D]为 Y、M、S。

② 当比较指令的操作数不完善(若只指定一个或者两个操作数),或者指定的操作数不符合要求(例如:把 X、K、T、C 指定为目标元件操作数),或者指定的操作数元件号超出了允许范围等时,则显示为出错。

③ 如果要清除比较结果,可以采用复位指令 RST,在不执行指令或者需要清除比较结果时,也要用 RST 或者 ZRST 复位指令。

④ 所有的源数据都被看成二进制值处理。

⑤ FNC10 的助记符是 CMP(比较),若使用简易编程器时,键入 FNC10,若采用智能编程器或在计算机上编程时,也可键入助记符 CMP。

#### 2. 区间比较指令(ZCP)

区间比较指令 ZCP 是将一个操作数[S]与两个操作数[S1]和[S2]形成的区间的数据进行代数比较,且[S1]不得大于[S2],比较结果送到[D]～[D+2]中。该指令有四个操作数:三个源操作数[S]、[S1]和[S2],一个目标操作数[D]。区间比较指令包括 ZCP、ZCP(P)、(D)ZCP、(D)ZCP(P)四种。如图 6-14 所示,当 X1 为 ON 时,执行 ZCP 指令,将 T2 的当前值与 10 和 150 比较,比较结果送到 M0~M2 中,当 10>T2 的当前值时,M0 为 ON;当 10≤T2 的当前值 ≤150 时,M1 为 ON;当 150<T2 的当前值时,M2 为 ON。当 X1 为 OFF 时,ZCP 指令不执行,M0~M2 的状态保持不变。

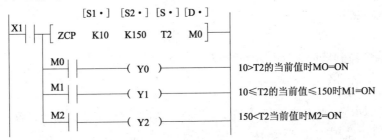

图 6-14  区域比较指令的使用

**温馨提示:**
　　① ZCP 中的[S1]和[S2]可以是所有的字元件,[D]为 Y、M、S。
　　② 源操作数[S1]的内容比源操作数[S2]的内容要小,若[S1]>[S2],则[S2]被看作与[S1]一样大。
　　③ 如果要清除比较结果,可以采用复位指令 RST 或者 ZRST 复位指令。
　　④ 比较的数据均为二进制数,且带符号位比较。
　　⑤ FNC11 的助记符是 ZCP(区域比较),若使用简易编程器时,键入 FNC11,若采用智能编程器或在计算机上编程时,也可键入助记符 ZCP。

### 二、可编程序控制器功能指令应用举例

1. 根据如图 6-15 所示梯形图写出相应的指令语句表,并说明该梯形图程序的工作方式。

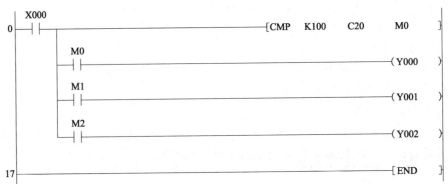

图 6-15  梯形图

图 6-15 所示梯形图相应的指令语句表如下所示:

| 0 | LD | X000 | | |
|---|---|---|---|---|
| 1 | CMP | K100 | C20 | M0 |
| 8 | MPS | | | |
| 9 | AND | M0 | | |
| 10 | OUT | Y000 | | |
| 11 | MRD | | | |
| 12 | AND | M1 | | |
| 13 | OUT | Y001 | | |
| 14 | MPP | | | |
| 15 | AND | M2 | | |
| 16 | OUT | Y002 | | |
| 17 | END | | | |

程序说明：当 X0 为断开时，不执行 CMP 指令，M0～M2 的状态保持不变；当 X0 为接通时，把常数 100 与 C20 的当前值进行比较，比较的结果送入 M0～M2 中。即当 C20 的当前值小于十进制数 K100 时，M0 为 ON，此时 Y0 线圈得电，M1、M2 为 OFF。当 C20 的当前值等于十进制数 K100 时，M1 为 ON，此时 Y1 线圈得电，M0、M2 为 OFF。当 C20 的当前值大于十进制数 K100 时，M2 为 ON，此时 Y2 线圈得电，M0、M1 为 OFF。

2. 根据下列指令语句表画出对应的梯形图，并说明该梯形图程序的工作方式。

| 0 | LD | X000 | | | |
|---|---|---|---|---|---|
| 1 | ZCP | K100 | K120 | C30 | M0 |
| 10 | MPS | | | | |
| 11 | AND | M3 | | | |
| 12 | OUT | Y000 | | | |
| 13 | MRD | | | | |
| 14 | AND | M4 | | | |
| 15 | OUT | Y0001 | | | |
| 16 | MPP | | | | |
| 17 | AND | M5 | | | |
| 18 | OUT | Y002 | | | |
| 19 | END | | | | |

该指令语句表对应的梯形图如图 6-16 所示。

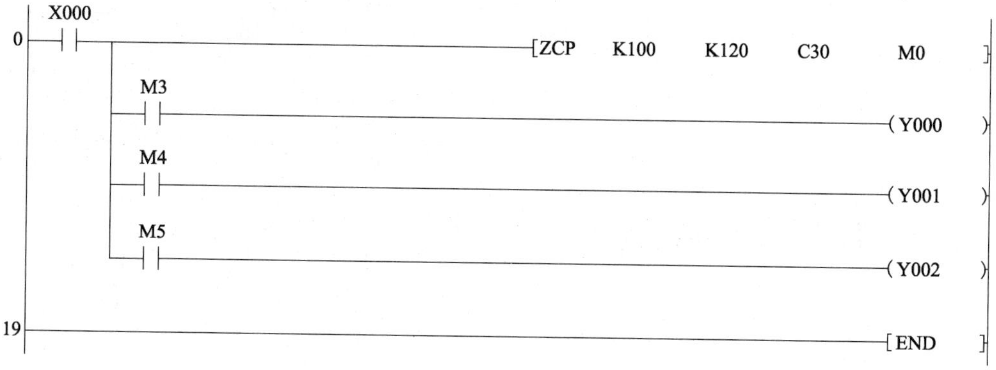

图 6-16 梯形图

程序说明：当 X0 为断开时，ZCP 指令不执行，M3～M5 的状态保持不变；在 X0 接通时，把 C30 当前值与 K100 和 K120 相比较，当 C30 的当前值小于十进制数 K100 时，M3 为 ON，M4、M5 为 OFF，此时 Y0 线圈得电。当 C30 的当前值大于或等于十进制数 K100 且小于或等于十进制数 K120 时，M4 为 ON，M3、M5 为 OFF，此时 Y1 线圈得电。当 C30 的当前值大于十进制数 K120 时，M5 为 ON，M3、M4 为 OFF，此时 Y2 线圈得电。

3. 综合题

某生产线要求小车执行以下控制：初始状态下，小车停在行程开关 SQ1 的位置，且行程开关 SQ1 被压合。第一次按下按钮 SB1 后，小车前进至行程开关 SQ2 处停止，5s 后退回行程开关 SQ1 处停止。第二次按下 SB1 后，小车前进到行程开关 SQ3 处停止，5s 后退回到行程开关 SQ1 处停止。第三次按下 SB1 后，小车前进到行程开关 SQ4 处停止，5s 后退回至行程开关 SQ1 处停止。再按下按钮 SB1，重复以上过程。生产流水线小车运动示意图如图 6-17 所示。

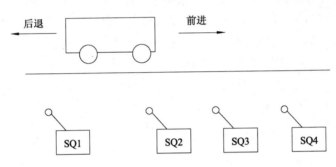

图 6-17　生产流水线小车运动示意图

（1）I/O 分配表

I/O 分配表如表 6-4 所示。

表 6-4　I/O 分配表

| 输　　　入 | | 输　　　出 | |
|---|---|---|---|
| 元件代号 | 输入继电器 | 元件代号 | 输出继电器 |
| SB1 | X0 | 前进接触器 | Y0 |
| SQ1 | X1 | 后退接触器 | Y1 |
| SQ2 | X2 | | |
| SQ3 | X3 | | |
| SQ4 | X4 | | |

（2）I/O 接线图

I/O 接线图如图 6-18 所示。

（3）程序设计

程序设计如图 6-19 所示。

（4）指令语句表

请参照本小节内容学习及相关知识，自行写出上图中的指令语句表。

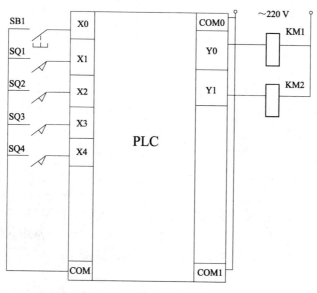

图 6-18　I/O 接线图

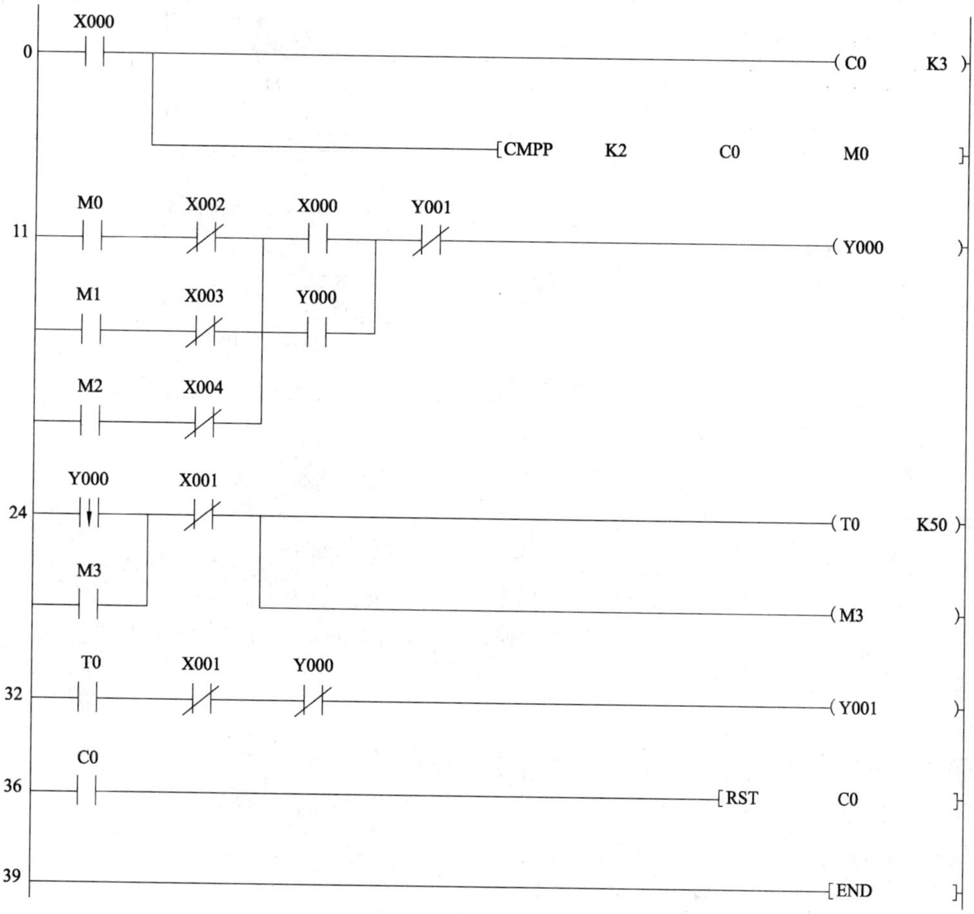

图 6-19　生产流水线小车运动 PLC 控制梯形图

 练一练

**1. 选择题**

(1) 在 FX 系列 PLC 中,比较两个数值的大小,用( )功能指令。

A. TD          B. TM          C. TRD          D. CMP

(2) 下面指令中表示区间比较功能的指令是( )。

A. MPP          B. ZCP          C. CMP          D. FOR

**2. 判断题**

(1) ( ) 在三菱 FX 系列 PLC 中,功能指令分为 32 位和 16 位运算方式。

(2) ( ) 在三菱 FX 系列 PLC 中,功能指令分为连续执行型和脉冲执行型。

(3) ( ) 功能指令 ZCP 中的源操作数和目标操作数都可以是所有的字元件。

(4) ( ) 如果要清除比较结果,可以采用复位指令 RST。

**3. 综合题**

根据 X0、X1 的状态变化,写出图 6 - 20 中 Y0、Y1、Y2 的状态变化。

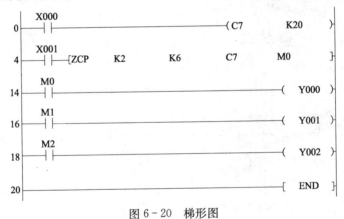

图 6 - 20 梯形图

 做一做

**1. 控制要求**

设计一个有红、绿、黄三个彩灯的循环控制系统,要求:

① 按下启动按钮时,红灯亮 1s,绿灯亮 1s,黄灯亮 1s,然后三个彩灯同时亮 1s,最后 3 个彩灯全部熄灭 1s,完成一个工作过程。

② 系统能连续循环运行。

③ 按下停止按钮,系统停止,3 个彩灯全部熄灭。

**2. 分析控制要求**

(1) 初始状态

三个彩灯均不工作,等待启动按钮按下。

(2) 工作过程状态

① 按下启动按钮 SB1,三个彩灯按 1s 时间间隔顺序闪烁。

② 三个彩灯闪烁结束后(需 3s 时间)同时亮 1s,然后熄灭 1s(共计 5s)。

③ 系统为连续循环工作。

结合以上分析,可以采用区间比较指令来实现第一个工作状态,设定[S]为 K10,通过 K10 和 K20 及 T0(5s)的比较,分别接通三个彩灯。第二个工作状态,同样可以采用区间比较指令来实现。

3. 确认输入设备

根据控制要求,PLC 输入信号有启动按钮 SB1,停止按钮 SB2。

4. 确定输出设备

根据控制要求,三个彩灯红绿黄共需三个输出点。

5. I/O 分配表

I/O 分配表如表 6-5 所示。

表 6-5 I/O 分配表

| 输　　　入 | | | 输　　　出 | | |
| --- | --- | --- | --- | --- | --- |
| 元件代号 | 作用 | 输入继电器 | 元件代号 | 作用 | 输出继电器 |
| SB1 | 启动按钮 | X0 | L1 红灯 | 亮灭红灯 | Y0 |
| SB2 | 停止按钮 | X1 | L2 绿灯 | 亮灭绿灯 | Y1 |
| | | | L3 黄灯 | 亮灭黄灯 | Y2 |

6. I/O 接线图

I/O 接线图如图 6-21 所示。

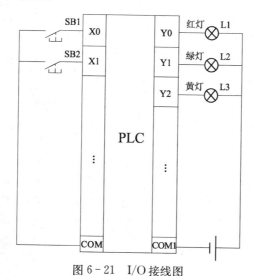

图 6-21 I/O 接线图

7. 程序设计

程序设计如图 6-22 所示。

8. 程序说明

(1) 启动

PLC 上电后,当按下按钮 SB1 时,输入继电器 X0 动合触点闭合,辅助继电器 M0 线圈得电,辅助动合触头闭合形成自锁,并使 T0 线圈得电,开始 5s 计时,同时执行 ZCP 指令,把 T0

的当前值与 K10 及 K20 进行比较。当 T0 计时在 1s 内，小于 K10 时，Y0＝1，Y1＝0，Y2＝0；当 T0 计时在 1s 与 2s 之间，大于 K10 而小于 K20 时，Y0＝0，Y1＝1，Y2＝0；当 T0 计时在 2s 与 3s 之间，大于 K20 时，Y0＝0，Y1＝0，Y2＝1。这样就实现了控制要求中的红、绿、黄三个彩灯顺序点亮。

（2）停止

当按下按钮 SB2 后，X1 的辅助动断触头使得 M0 线圈失电，同时 X1 的辅助动合触头闭合，成批复位了 M1～M6 的辅助继电器。

（3）循环

程序在设计时，使用了 T0 的动断辅助触头，当 5s（即一个工作周期的时间）计时时间到，T0 的动断辅助触头断开 ZCP 支路，使得三个彩灯全部失电，同时 T0 线圈失电，触点复位，为下次工作作好准备，实现了系统的循环。

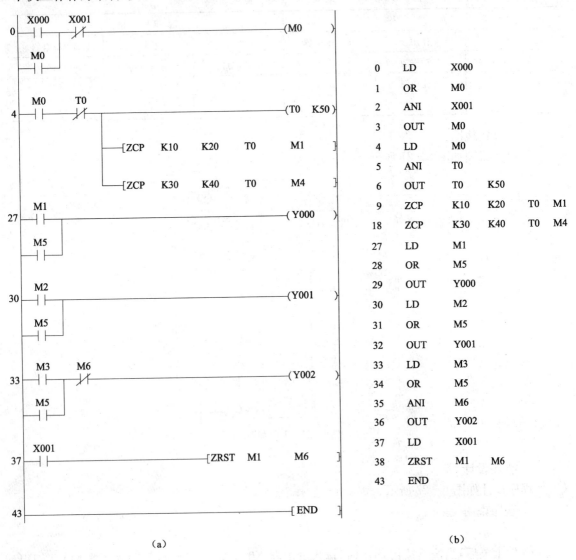

（a）　　　　　　　　　　　　　　　　　（b）

图 6-22　三个彩灯循环 PLC 控制梯形图及指令语句表
(a)梯形图；(b)指令语句表

**任务评价**

| 任务 | 彩灯循环的 PLC 控制 | | | | | | |
|---|---|---|---|---|---|---|---|
| 班级 | | 学号 | | | 姓名 | | |
| 序号 | 评价内容 | 配分 | 评价标准 | 评价结果 | | | 综合得分 |
| | | | | 自评 | 小组评 | 教师评 | |
| 1 | 程序设计 | 30 | 根据任务写出 I/O 分配表,画出 PLC 接线图及梯形图,并将梯形图转换为指令语句表 | | | | |
| 2 | 元件安装 | 20 | 布线平整,接线正确,安装时不损伤导线或电器元件 | | | | |
| 3 | 程序输入 | 10 | 将所编程序用编程软件输入到 PLC 中 | | | | |
| 4 | 程序调试 | 20 | 按照被控设备的动作要求进行调试,达到设计要求 | | | | |
| 5 | 同组协作 | 20 | 互相帮助,共同学习 | | | | |
| 6 | 安全文明生产 | 只扣分不加分 | 工具摆放整齐,不发生伤人事故 | | | | |

# 任务3 自动售货机

**任务目标**

1. 掌握数据运算指令等功能指令的编程方法及使用;
2. 进一步了解利用功能指令实现编程的方法;
3. 理解自动售货机控制系统设计。

**任务描述**

自动售货机在人们的日常生活中已经非常普遍。它经常被设置在一些大商场门口、繁华街道两旁、公园入口处以及其他热闹的场所。因为其具有节省人力资源、节约运营成本及全天候营业、智能化操作等特点,深受广大人民特别是年轻人的喜爱。

本任务通过自动售货机为载体,学习 PLC 功能指令中的算术运算指令,进一步了解利用功能指令实现编程的方法。

**任务过程**

**一、算术运算指令学习**

**1. 加法指令 ADD(FNC20)**

加法指令 ADD 是将两个源操作数[S1]和[S2]中的二进制数相加,结果送到指定的目标操作数[D]中。每个数据的最高位作为符号位(0 为正,1 为负),运算是二进制代数运算。该指令有三个操作数:两个源操作数[S1]和[S2],一个目标操作数[D]。加法指令 ADD 的梯形图格式如图 6-23 所示。

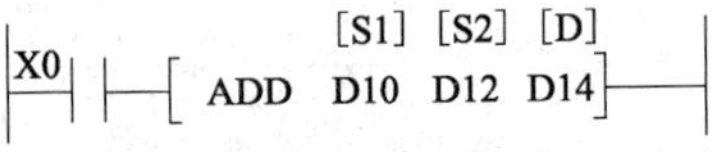

图 6-23　加法指令 ADD 的梯形图

当 X0 闭合时,执行 ADD 指令,[S1]+[S2]→[D],即[D10]+[D12]→[D14]。

2. 减法指令 SUB(FNC21)

减法指令 SUB 是将指定的两个源操作数[S1]和[S2]中的二进制数相减,结果送到指定的目标操作数[D]中。减法指令的各种标志的动作、32 位运算中软元件的指定方法等与 ADD 指令相同。减法指令 SUB 的梯形图格式如图 6-24 所示。

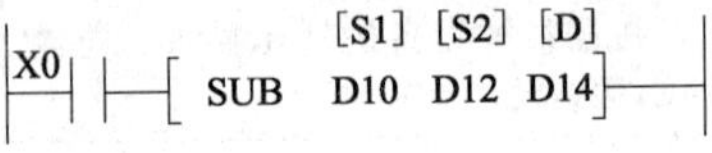

图 6-24　减法指令 SUB 的梯形图

当 X0 闭合时,执行 SUB 指令,[S1]-[S2]→[D],即[D10]-[D12]→[D14]。

3. 乘法指令 MUL(FNC22)

乘法指令 MUL 是将两个源操作数[S1]和[S2]中的二进制数相乘,乘积送到指定的目标操作数[D]中。16 位运算梯形图如图 6-25 所示。

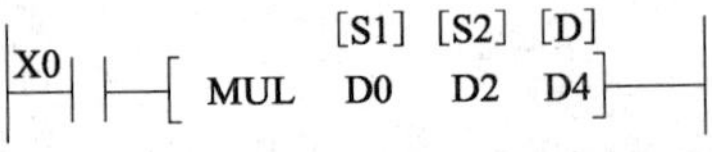

图 6-25　乘法指令 MUL 的 16 位运算梯形图

当 X0 接通时,执行 MUL 指令,D0 的 16 位二进制与 D2 中的 16 位二进制相乘,结果送到 D5、D4 中。低 16 位放在 D4 中,高位放在 D5 中。若(D0)=8,(D2)=9,则(D5,D4)=72,最高位为符号位(0 为正,1 为负)。

4. 除法指令 DIV(FNC23)

除法指令 DIV 是将两个源操作数[S1]和[S2]中的二进制数相除,[S1]为被除数,[S2]为除数,商送到指定的目标操作数[D]中,余数送到[D]的下一个目标元件[D+1]中。除法指令 DIV 的梯形图格式如图 6-26 所示。

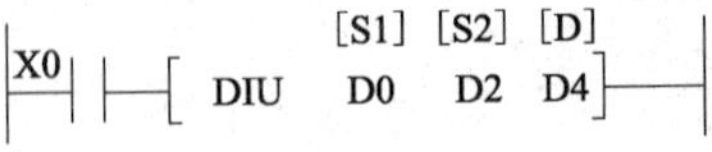

图 6-26　除法指令 DIV 的梯形图

5. 二进制数加 1 指令 INC(FNC24)

二进制数加 1 指令 INC 是将目标元件[D]中的二进制数自动加 1,即将目标元件的当前值[D]+1→[D]中。若用连续指令,则每个周期加 1。二进制数加 1 指令 INC 的梯形图格式如图 6-27 所示。

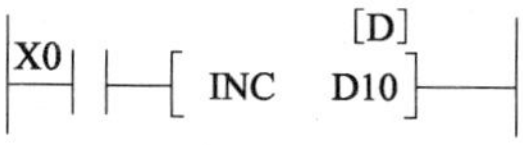

图 6 - 27　二进制数加 1 指令 INC 的梯形图

当 X0 闭合时,INC 指令执行,将 D10 中的二进制数加 1,结果仍存放在 D10 中。

6. 二进制数减 1 指令 DEC(FNC25)

二进制数减 1 指令 DEC 是将目标元件[D]中的二进制数自动减 1,即将目标元件的当前值[D]-1→[D]中。若用连续指令,则每个周期减 1。二进制数减 1 指令 DEC 的梯形图格式如图 6 - 28 所示。

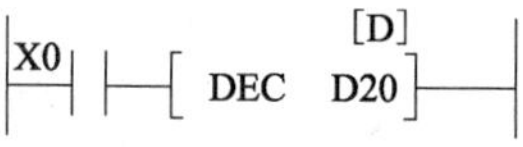

图 6 - 28　二进制数减 1 指令 DEC 的梯形图

当 X0 闭合时,DEC 指令执行,将 D10 中的二进制数减 1,结果仍存放在 D10 中。

**二、算数运算指令使用举例**

1. 二进制数的加法、减法、乘法、除法运算

分析图 6 - 29 的梯形图中的各个指令,并计算经过指令执行后的 D3、D4、D5、D10 数值分别是多少,并将该梯形图转换为指令语句表。

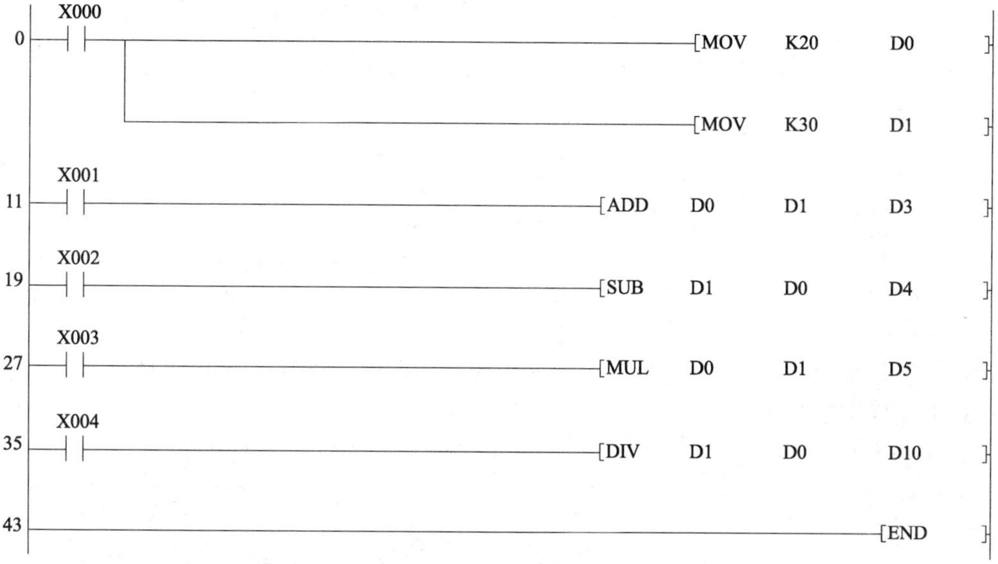

图 6 - 29　梯形图

分析:当按下 X0 时,数据传送指令 MOV 把十进制数 K20 送到目标元件 D0 中,同时把 K30 送到目标元件 D1 中。当 X1 由 OFF→ON 时,执行加法指令 ADD,即[D0]+[D1]→[D3],计算结果为 20+30=50。当 X2 由 OFF→ON 时,执行减法指令 SUB,即[D1]-[D0]→[D4],计算结果为 30-20=10。当 X3 由 OFF→ON 时,执行乘法指令 MUL,即[D0]×[D1]→[D5],计算结果为 20×30=600。注意:此时若[D0]、[D1]为 16 位,则运算结果为 32 位,目标

元件[D5]存放低 16 位地址,D6 存放高 16 位地址(64 位同理)。当 X4 由 OFF→ON 时,执行除法指令 DIV,即[D1]÷[D0]→[D10],计算结果为 30÷20＝1,余数为 10。若[D1]、[D0]为 16 位,则商存放在 D10 中,余数存放在 D11 中。通过上述分析可知,执行运算后的结果为[D3]＝50,[D4]＝10,[D5]＝600,[D10]＝1,[D11]＝10。

图 6－29 所示梯形图相应的指令语句表如下所示:

| | | | | | | | | | |
|---|---|---|---|---|---|---|---|---|---|
| 0 | LD | X000 | | | 20 | SUB | D1 | D0 | D4 |
| 1 | MOV | K20 | D0 | | 27 | LD | X003 | | |
| 6 | MOV | K30 | D1 | | 28 | MUL | D0 | D1 | D5 |
| 11 | LD | X001 | | | 35 | LD | X004 | | |
| 12 | ADD | D0 | D1 | D3 | 36 | DIV | D1 | D0 | D10 |
| 19 | LD | X002 | | | 43 | END | | | |

2. 加 1、减 1 指令使用举例

分析如图 6－30 所示的工作过程,并将该梯形图转换为指令语句表。

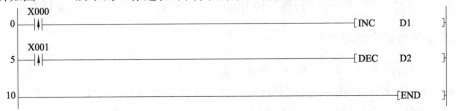

图 6－30　梯形图

分析:每当 X0 闭合,D1 的当前值就加 1,每当 X1 闭合,D2 的当前值就减 1。图 6－35 所示梯形图相应的指令语句表如下所示:

| | | |
|---|---|---|
| 0 | LDP | X000 |
| 2 | INC | D1 |
| 5 | LDP | X001 |
| 7 | DEC | D2 |
| 10 | END | |

3. 综合题

控制要求:假设有一汽车停车场,最大停车容量为 50 辆,为了表示停车场是否有空位,试用 PLC 来实现控制。

(1) I/O 分配表

I/O 分配表如表 6－6 所示。

表 6－6　I/O 分配表

| 输 | 入 | 输 | 出 |
|---|---|---|---|
| 元件代号 | 输入继电器 | 元件代号 | 输出继电器 |
| 传感器 1(进库) | X0 | 车库有空位指示灯 L1 | Y0 |
| 传感器 2(出库) | X1 | 车库已满指示灯 L2 | Y1 |

(2) I/O 外部接线图

本课题在实验室验证时,学生可根据具体情况,用按钮 SB1、SB2 分别表示传感器 1 和传感器 2,用小灯 L1、L2 分别模拟车库的空与满。I/O 接线图如图 6－31 所示。

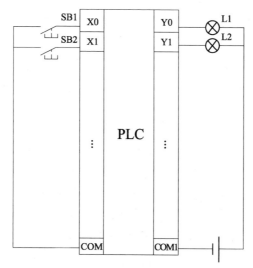

图 6-31 I/O 外部接线图

（3）程序设计

程序设计如图 6-32 所示。

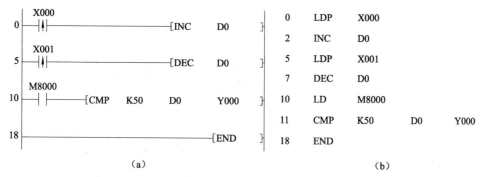

（a）                                （b）

图 6-32 车库停车位 PLC 控制的梯形图及指令语句表
（a）梯形图；（b）指令语句表

（4）程序说明

当有车辆进库时，X0 闭合一次，执行一次加 1 指令，D0 中数据加 1；当有车辆出库时，X1 闭合一次，执行一次减 1 指令，D0 中数据减 1。然后实时把 D0 中的数据和常数 K50 进行比较，比较的结果送到 Y0、Y1 中。当 D0＜K50 时，Y0 输出，表征有空位的指示灯 L1 亮；当 D0＞K50 时，Y1 输出，表征车库已满的指示灯 L2 亮。

 练一练

1. 选择题

（1）下列指令中表示是连续执行型的是（        ）。

A. (D)ADD              B. ADD              C. SUB              D. MUL

（2）在 FX 系列 PLC 中，16 位除法指令是（        ）。

A. (D)ADD              B. (D)DIV              C. DIV              D. (D)MUL

（3）由于交替输出指令在执行中每个扫描周期输出状态翻转一次，因此采用脉冲执行方式，即在指令后缀加（　　）。

A. L　　　　　　　　　B. F　　　　　　　　　C. R　　　　　　　　　D. P

（4）16 位数乘法运算，源操作数 S1、S2 是 16 位，目标操作数 D 占用是（　　）。

A. 10　　　　　　　　　B. 16　　　　　　　　　C. 32　　　　　　　　　D. D

（5）FX2N 的初始化脉冲继电器是（　　）。

A. M8000　　　　　　　B. M8001　　　　　　　C. M8002　　　　　　　D. M8004

2. 综合题

用 PLC 的算数运算指令实现某控制程序中算式 38X/255＋2 的运算要求。式中"X"代表输入端口 K2X0 送入的二进制数，运算结果需送输出口 K2Y0。

要求：①进行 I/O 的分配；②硬件连线；③软件的设计。

1. 控制要求

① 自动售货机可投入三种面值的货币：1 元、5 元、10 元。

② 在本项目中只设有 3 种商品，即 4 元的牛奶、3 元的可乐、2 元的汽水。

③ 投入金额大于或等于某件商品单价时，则对应的 LED 指示灯会点亮，选择该商品时，灯就会闪烁 3 次。

④ 数码管会显示出实时的金额，当投入钱币总值超过所需的钱数时，按退币按钮退币。

综上分析，总结出自动售货机的控制流程图如图 6-33 所示。

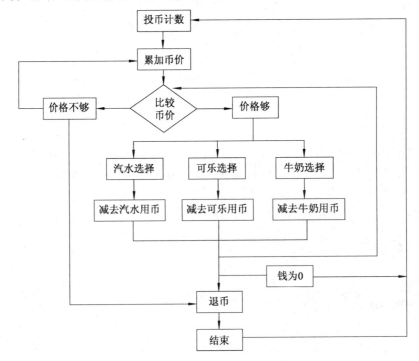

图 6-33　自动售货机控制流程图

2. 分析控制要求

（1）初始状态

自动售货机货物数量充沛，能正常使用，等待顾客购买。

（2）投币比较阶段

① 当钱数大于或等于 2 时，汽水指示灯亮。

② 当钱数大于或等于 3 时，汽水、可乐指示灯亮。

③ 当钱数大于或等于 4 时，汽水、可乐、牛奶指示灯亮。

（3）选择购买阶段

顾客必须在投入了相应的钱币数量后，才能选择自己想购买的饮料。按下饮料的按钮，相应饮料的灯闪，等闪烁 3s 后，电磁阀推出相应的饮料，出货结束。

（4）退币阶段

系统经过比较指令的程序运行，计算出剩余的钱数，并在按下退币按钮后退币。

3. 确认输入设备

根据控制要求，需要一个启动开关 SA，1 元、5 元、10 元三个投币光电开关 SB1、SB2、SB3，可乐按钮 SB4，汽水按钮 SB5，牛奶按钮 SB6，退币按钮 SB9，共计 8 个输入点。

4. 确定输出设备

根据控制要求，需要可乐指示灯 HL1，汽水指示灯 HL2，牛奶指示灯 HL3，退币指示灯 HL4，可乐输出电磁阀 YV1，汽水输出电磁阀 YV2，牛奶输出电磁阀 YV3，退币电磁阀 YV4，七段数码管 8421，共计 16 个输出点。

5. I/O 分配表

I/O 分配表如表 6 - 7 所示。

表 6 - 7　自动售货机控制 I/O 分配表

| 输　　　入 | | | 输　　　出 | | |
| --- | --- | --- | --- | --- | --- |
| 功能 | 符号 | 地址 | 功能 | 符号 | 地址 |
| 启动开关 | SA | X0 | 汽水指示灯 | HL1 | Y0 |
| 1 元投币 | SQ1 | X1 | 可乐指示灯 | HL2 | Y1 |
| 5 元投币 | SQ2 | X2 | 牛奶指示灯 | HL3 | Y2 |
| 10 元投币 | SQ3 | X3 | 退币指示灯 | HL4 | Y3 |
| 汽水按钮 | SB1 | X4 | 汽水输出电磁阀 | YV1 | Y4 |
| 可乐按钮 | SB2 | X5 | 可乐输出电磁阀 | YV2 | Y5 |
| 牛奶按钮 | SB3 | X6 | 牛奶输出电磁阀 | YV3 | Y6 |
| 退币按钮 | SB4 | X7 | 退币电磁阀 | YV4 | Y7 |
| | | | 七段数码管 | 8421 | Y10～Y16 |

6. PLC 接线图

如图 6 - 34 所示，SA 为自动售货机的开关，SQ1、SQ2、SQ3 是光电开关，主要用来检测钱币的种类，分别设定为 1 元硬币光电开关、5 元纸币光电开关、10 元纸币光电开关。

7. 程序设计

程序设计可分为以下几个部分：启动清零部分、投币部分、价格比较部分、可买饮料显示部分、选择饮料推出部分、货币相减部分和退币部分。

**(1) 启动清零部分**

M8002 初始脉冲,当 PLC 从 STOP 拨到 RUN 时接通瞬间。按下启动开关 X0,运行 MOV 指令,系统自动初始清零。其梯形图如图 6-35 所示。

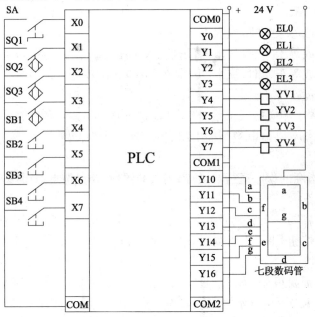

图 6-34 自动售货机 PLC 控制 I/O 接线图

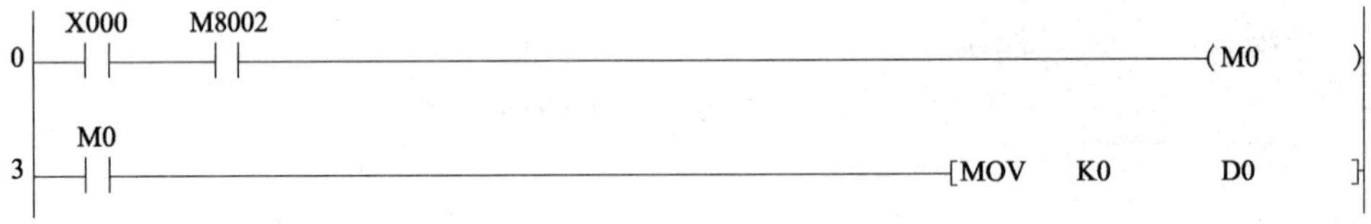

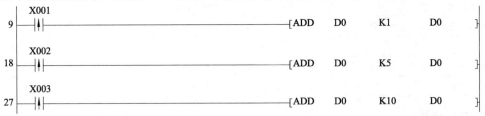

图 6-35 启动清零程序

**(2) 投币部分**

X1、X2、X3 为投币识别,用 PLS 上升沿触发投币每投币一次,即 X1、X2 或 X3 接通一次,用 ADD 指令作加法运算往寄存器 D0 中累加一次按键代表的相应金额。其梯形图如图 6-36 所示。

```
        X001
9   ——| |——                              [ADD    D0    K1    D0  ]

        X002
18  ——| |——                              [ADD    D0    K5    D0  ]

        X003
27  ——| |——                              [ADD    D0    K10   D0  ]
```

图 6-36 投币累加程序

**(3) 价格比较部分**

寄存在 D0 中的货币金额和商品的单价相比较,如第一句是把投入的币值大小和汽水价格比较,(D0)>2,则 M0=1;(D0)=2,则 M1=1;(D0)<2,则 M2=1;其他同理。其梯形图如图 6-37 所示。

36
M8000
CMP D0 K2 M0
CMP D0 K3 M3
CMP D0 K4 M6
BCD D0 K2 Y010

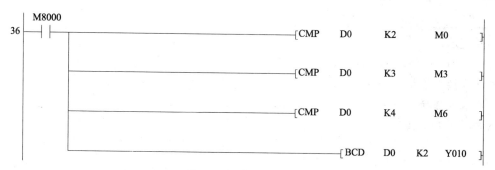

图 6－37 价格比较程序

**温馨提示：**

图 6－37 中用到了 BCD 码变换指令，它是将源操作数中的二进制数变换成 BCD 码送至目标操作数中。当 M8000 为 ON 时，将 D0 中的二进制数变换成 BCD 码送到输出口 Y10～Y17 中。之后的 BCD 码可送到 LED 七段显示器显示钱币数据寄存器 D0 中的值。

（4）可买饮料显示部分

程序经过价格比较部分的处理，会根据顾客的实际投币状况，得到辅助继电器 M0～M8 的一系列状态。以汽水即 Y0 为例：当投入的币值小于 2 元时，比较指令得到的状态是 M0＝0，M1＝0，M2＝1，此时系统的三个饮料指示都不亮；当投入的币值等于 2 元时，比较指令得到的状态是 M0＝0，M1＝1，M2＝0，此时汽水指示灯亮，其他两个饮料指示灯不亮；当投入的币值大于 2 元时，比较指令得到的状态是 M0＝1，M1＝0，M2＝0，此时汽水指示灯也亮；其他两种饮料的指示灯亮灭状态同上。其梯形图如图 6－38 所示。

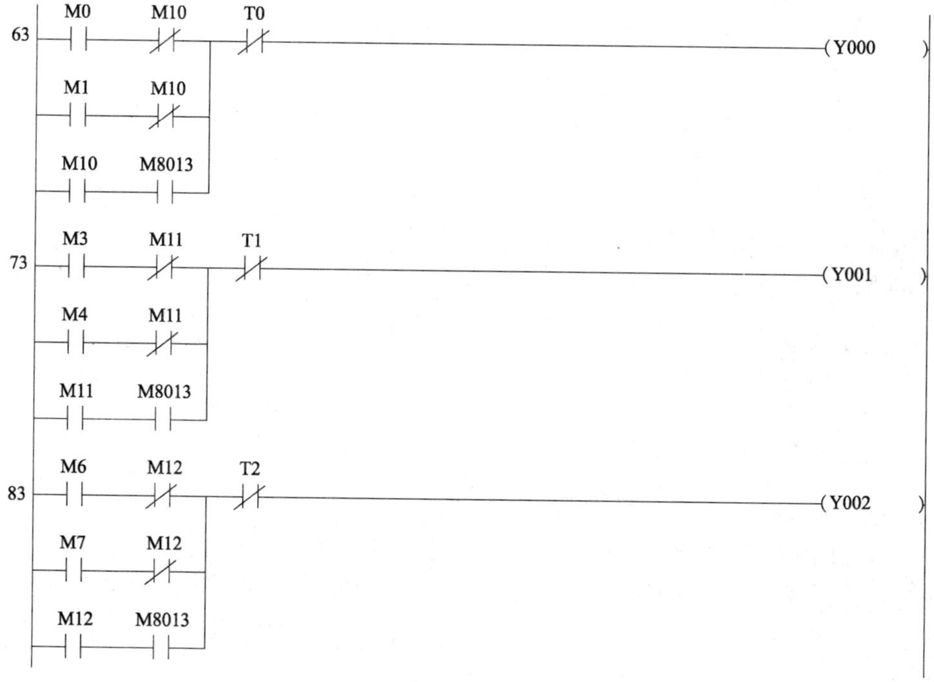

63
M0
M10
T0
Y000
M1
M10
M10
M8013
73
M3
M11
T1
Y001
M4
M11
M11
M8013
83
M6
M12
T2
Y002
M7
M12
M12
M8013

图 6－38 可买饮料程序

**温馨提示:**

如图 6-38 中的 M8013 为 1s 周期震荡,T0、T1、T2 都是 3s 的定时器,M10 线圈会在顾客按下选择汽水按钮后得电,所以当顾客投入合适的币值后,汽水指示灯亮,当按下汽水选择按钮后,汽水指示灯会在 M10 和 M8013 的作用下闪烁,在 T0 的作用下,闪烁 3s。其他同理。

(5) 选择饮料推出部分

选择目标饮料部分由三段程序构成,分别用来处理汽水、可乐和牛奶的不同选择,下面以选择汽水为例进行详细说明,其他同理。图 6-34 中 Y0 表示可购买汽水,X4 表示选择汽水,Y4 表示输出汽水。当按下购买汽水的按钮之后,相应的商品指示灯闪烁,T0 定时器线圈得电,同时推出商品。3s 后,货物排出完毕,相应指示灯停止闪烁。其梯形图如图 6-39 所示。

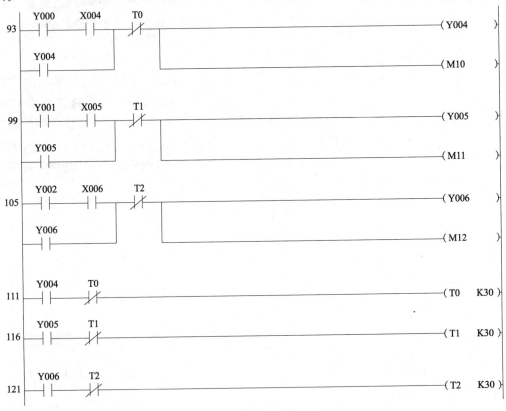

图 6-39　选择饮料程序

(6) 货币相减部分

图 6-40 中使用了减法运算指令 SUB 用于计算投币额与商品价格之差。当选择汽水饮料按钮 X4 被按下后,系统自动对 D0 中的数据进行减 2 操作;当选择可乐饮料按钮 X5 被按下后,系统自动对 D0 中的数据进行减 3 操作;当选择牛奶饮料按钮 X6 被按下后,系统自动对 D0 中的数据进行减 4 操作。

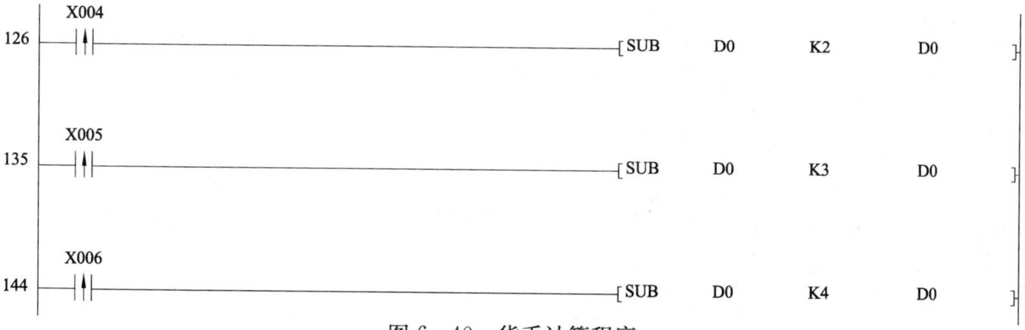

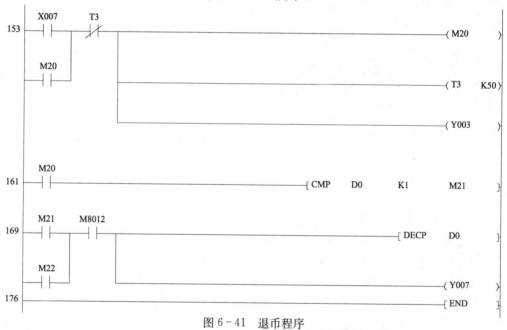

图 6-40 货币计算程序

(7) 退币部分

按下退币按钮 X7 后，辅助继电器 M20 得电，定时器 T3 线圈得电，退币过程计时 5s，同时退币指示灯 Y3 亮，运行比较指令 CMP，当 D0 中的数据大于 1 时，M21 得电。D1 等于 1 时，M22 得电。执行 DECP 指令(减 1)并输出。退币线圈 Y7 得电。退币过程完成后，T3 的动断触点把电路断开，完成售货。其梯形图如图 6-41 所示。

图 6-41 退币程序

**温馨提示：**

自动售货机的 PLC 控制程序就是图 6-35～图 6-41 梯形图的综合。

8. 程序说明

此段程序首先采用 M8002 进行自动清零。用 PLS 上升沿触发实现投币。用 ADD 指令进行货币的累加并把数据储存在 D0 数据存储器中。用比较指令 CMP 来判断可买的饮料。还使用了 T 计时器用于计时。用减法指令进行货币的相减以及退币程序。完成整个自动售货的程序。

### 任务评价

| 任务 | 自动售货机的 PLC 控制 | | | | | | | |
|------|------|------|------|------|------|------|------|------|
| 班级 | | | 学号 | | | 姓名 | | |
| 序号 | 评价内容 | 配分 | 评价标准 | | 评价结果 | | | 综合得分 |
| | | | | | 自评 | 小组评 | 教师评 | |
| 1 | 程序设计 | 30 | 根据任务写出 I/O 分配表,画出 PLC 接线图及梯形图,并将梯形图转换为指令语句表 | | | | | |
| 2 | 元件安装 | 20 | 布线平整,接线正确,安装时不损伤导线或电器元件 | | | | | |
| 3 | 程序输入 | 10 | 将所编程序用编程软件输入到 PLC 中 | | | | | |
| 4 | 程序调试 | 20 | 按照被控设备的动作要求进行调试,达到设计要求 | | | | | |
| 5 | 同组协作 | 20 | 互相帮助,共同学习 | | | | | |
| 6 | 安全文明生产 | 只扣分不加分 | 工具摆放整齐,不发生伤人事故 | | | | | |

# 任务4  自控轧钢机

## 任务目标

1. 学习循环右移位 ROR 指令和循环左移位 ROL 指令;
2. 学习带进位右循环移位 RCR 指令和带进位左循环移位 RCL 指令;
3. 学习位右移位 SFTR 指令和位左位 SFTL 指令;
4. 学会自控轧钢机的系统设计。

## 任务描述

钢铁已成为全球广泛应用的主要基础材料。用轧制方法生产钢材,具有生产率高、品种多、生产过程连续性强、易于实现机械化和自动化等优点,因此全球约 90% 的钢材都是用轧制方法生产的。目前,我国已引进了世界上主要的先进轧钢机械和轧制技术,并在不断创新中逐步推广、应用和发展。随着现代工业的迅速发展,PLC 在国内外已广泛用于各个行业,特别是在现代工厂生产中已经非常重要,不仅可以提高工作效率,而且减少了不必要的资金投入。

本任务通过自控轧钢机为载体,学习 PLC 功能指令中的循环和移位指令,进一步了解利用功能指令实现编程的方法。

任务过程

**一、循环与移位指令**（FNC30～FNC39 共 10 条）

循环和移位指令包括循环右移、循环左移，带进位右移、左移，位右移、位左移，字右移、字左移等指令。

**1. 循环右移位 ROR 指令和循环左移位 ROL 指令**

循环右移位 ROR 指令和循环左移位 ROL 指令的编号分别为 FNC30 和 FNC31。执行这两条指令时，各位数据向右（或向左）循环移动 n 位，最后一次移出来的那一位同时存入进位标志 M8022 中，其梯形图格式如图 6－42 所示。

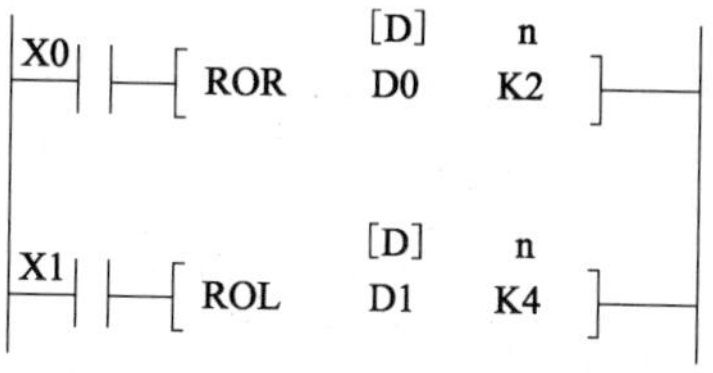

```
X0           [D]     n
├─┤─┤ ROR    D0     K2 ├─┤


X1           [D]     n
├─┤─┤ ROL    D1     K4 ├─┤
```

图 6－42 循环右移位 ROR 指令和循环左移位 ROL 指令的梯形图

当 X0 接通时，执行右循环 ROR 指令，目标元件[D]，即（D0）中的 16 位二进制数最右端的 2 位（n＝K2）循环移位到最左端的 2 位；当 X1 接通时，执行左循环 ROL 指令，目标元件[D]，即（D1）中的 16 位二进制数最右端的 4 位（n＝K4）循环移位到最右端的 4 位。

**2. 带进位右循环移位 RCR 指令和带进位左循环移位 RCL 指令**

带进位右循环移位 RCR 指令和带进位左循环移位 RCL 指令的编号分别为 FNC32 和 FNC33。执行这两条指令时，各位数据连同进位（M8022）向右（或向左）循环移动 n 位，其梯形图格式如图 6－43 所示。

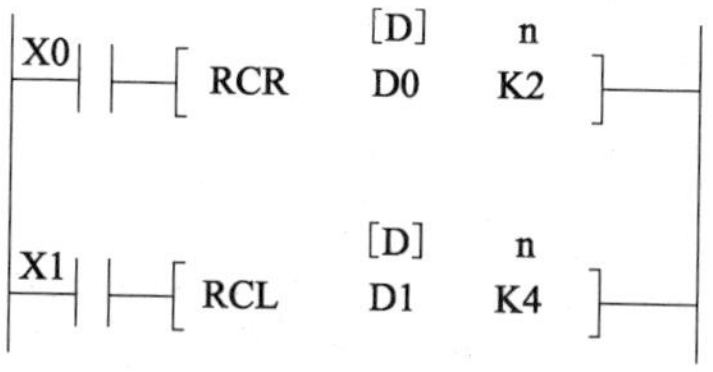

```
X0           [D]     n
├─┤─┤ RCR    D0     K2 ├─┤


X1           [D]     n
├─┤─┤ RCL    D1     K4 ├─┤
```

图 6－43 带进位右循环移位指令 RCR、带进位左循环移位指令 RCL 的梯形图

执行一次 RCR 或 RCL，基本上与 ROR 或 ROL 情况相同。不同的是在执行 RCR 或 RCL 时，标志位 M8002 不再表示向左或向右移出的最后一位的状态，而是作为循环移位单元中的一位处理。

**3. 位右移 SFTR 指令和位左移 SFTL 指令**

位右移 SFTR 指令和位左移 SFTL 指令的编号分别为 FNC34 和 FNC35。它们使位元件中的状态成组地向右（或向左）移动。n1 指定位元件的长度，n2 指定移位位数，n1 和 n2 的关系及范围因机型不同而有差异，一般为 n2≤n1≤1024。其梯形图格式如图 6－44 所示。

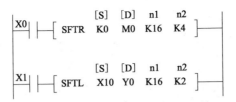

图 6-44　位右移指令 SFTR、位左移指令 SFTL 的梯形图

当 X0 接通时,执行位右移指令 SFTR,因为 n2 为 K4,即 4 位为一组右移;当 X1 接通时,执行位左移指令 SFTL,因为 n2 为 K2,即 2 位为一组左移。

> **温馨提示:**
> ① SFTL 指令有 4 个操作数,SFTR 指令也有 4 个操作数。
> ② 利用 SFTR、SFTL 指令,可以实现步进顺控。步进顺控时一般都是每次移动一个状态。

**二、可编程序控制器移位指令应用举例**

1. 如图 6-45 所示梯形图,试说明它们的动作情况。

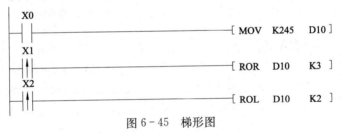

图 6-45　梯形图

分析:当 X0 闭合时,MOV 指令把 K245 传送给 D10,即 D10 的值为 $2^7+2^6+2^5+2^4+2^2+2^0=245$。

当 X1 闭合时,执行 ROR 指令 1 次,D10 右移 3 位。此时 D10 的值为(参照微机原理可知:首位为"1"表示负数,计算时剩余位取反加 1 即得到相关数据。)—24546($2^{14}+2^{12}+2^{11}+2^{10}+2^9+2^8+2^7+2^6+2^5+2^0+1=24546$)。同时进位标志 M8022 为"1"。循环右移指令执行情况如图 6-46 所示。

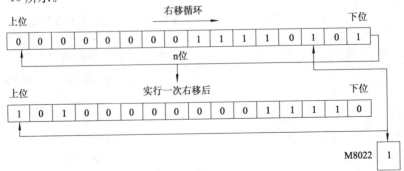

图 6-46　循环右移指令执行情况

当 X2 闭合时，执行 ROL 指令 1 次，D10 的各位左移 2 次，此时 D10 的值为 $2^9+2^8+2^7+2^6+2^4+2^2=980$。同时进位标志 M8022 为"0"。循环左移指令执行情况如图 6-47 所示。

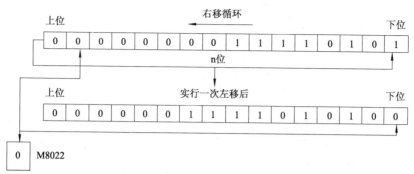

图 6-47 循环左移指令执行情况

2. 如图 6-48 所示梯形图，试说明它们的动作情况。

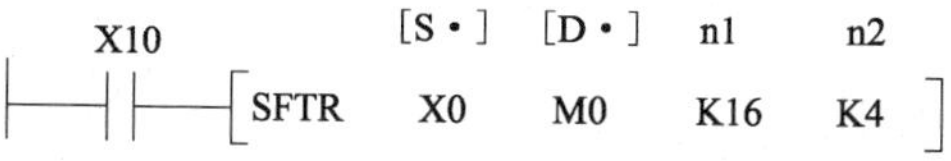

$$
\begin{array}{cccc}
& [\text{S}\cdot] & [\text{D}\cdot] & n1 \quad n2 \\
\text{X10} & & & \\
\vdash\!\vdash\!\!\!\!-\![\text{SFTR} & \text{X0} & \text{M0} & \text{K16} \quad \text{K4}\ ]
\end{array}
$$

图 6-48 梯形图

当按下 X10 按钮时，执行位右移指令 SFTR，它表征的动作是：把[S]中的数据存放到堆栈[D]中，堆栈右移。n1 指定位元件组的长度为 K16，n2 指定每次移动的位数为 K4。即把 X3～X0 分别存放到 M15～M12 中，M15～M12 分别存放到 M11～M8 中，M11～M8 分别存放到 M7～M4 中，M7～M4 分别存放到 M3～M0 中，而 M3～M0 则溢出。位右移指令执行情况如图 6-49 所示。

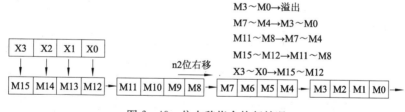

图 6-49 位右移指令执行情况

**温馨提示：**

　　PLC 初学者不必对应用指令逐条深入学习，首先可以浏览一下应用指令的分类、名称和基本功能（见附录），知道有哪些应用指令可供使用。学习应用指令时应重点了解指令的基本功能和有关的基本概念，最好带着问题和编程任务学习应用指令，应通过读例程、编程序和调试程序，逐渐加深对应用指令的理解，在实践中提高编程能力。

1. 填空题

(1) 循环和移位指令包括循环右移、循环左移、_____、_____、_____、_____、_____、_____等指令。

(2) 循环左移和循环右移指令根据所移位的方式和数的长度不同,可分为_____、_____、_____和_____。

(3) 位右移指令 SFTR 与位左移指令 SFTL 使位元件中的状态成组地向右或者向左移动,其中 n1 指定_____,n2 指定_____,常数 n2 _____ n1 _____ 1024。

2. 问答题

请根据本节课程所学,当 X0 闭合时,分析如图 6-50 所示的程序,回答以下两个问题:

(1) 当 X1 闭合时,此时 D10 中的值是多少?

(2) 当 X2 闭合时,此时 D10 中的值是多少?

3. 设计题

如图 6-51 所示为 LED 数码显示控制,要求:按下启动按钮后,由八组 LED 发光二极管模拟的八段数码管开始显示:先是一段段显示,显示次序是 A、B、C、D、E、F、G、H。随后显示数字及字符,显示次序是 0、1、2、3、4、5、6、7、8、9、A、b、C、d、E、F,再返回初始显示,并循环不止。

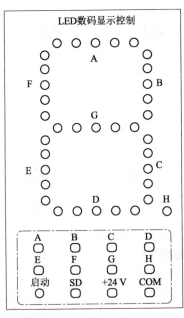

图 6-51 LED 数码显示控制

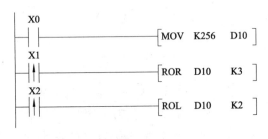

图 6-50 梯形图

温馨提示:

　左边面板中的 A、B、C、D、E、F、G、H 用发光二极管模拟输出。

1. 控制要求

① 打开 SD 启动开关，系统开始运行，MZ2 点亮，表示电动机 M2 正转，钢板从右侧送入，打开 S1 开关，模拟钢板被检测到，MZ1、MZ2 点亮，表示电动机 M1、M2 正转，将钢板自右向左传送。同时指示灯 A 点亮，表示此时只有下压量 A 作用。

② 钢板经过轧压后，超出 S1 传感器检测范围，电动机 M2 停止转动，M3 启动正转。

③ 钢板在电动机的带动下，被传送到左侧，被 S2 传感器检测到后，MF3 先被点亮，表示电动机 M3 反转，将钢板自左向右传送。S2 传感器无检测信号。MF1、MF2 被点亮，表示 M1、M2 反转，同时指示灯 A、B 点亮，表示此时有下压量 A、B 一起作用。

④ 钢板在电动机的带动下，被传送到右侧，被 S1 传感器检测到后，MZ2 点亮，表示电动机 M2 正转，将钢板自右向左传送。超出 S1 传感器检测范围，MZ1、MZ2、MZ3 被点亮，同时指示灯 A、B、C 点亮，表示此时有下压量 A、B、C 一起作用。

⑤ 钢板传送到左侧，被 S2 传感器检测到后，电动机 M1 停止转动。

⑥ 钢板从左侧送出后，超出 S2 传感器检测范围，电动机 M3 停止转动。

⑦ S1 传感器再次检测到钢板后，根据 2 至 6 的步骤完成对钢板的轧压。

在运行时，断开 SD 开关，系统完成后一个工作周期后停止运行。实验面板如图 6-52 所示。

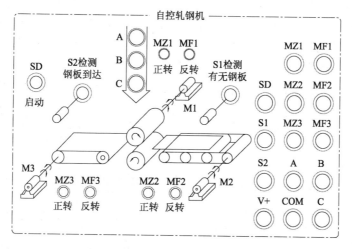

图 6-52　自动轧钢机实验面板图

**温馨提示：**

图 6-52 中 SD 表示启动按钮，传感器 S1 检测有无钢板，传感器 S2 检测钢板是否到达，MZ1 表示电动机 M1 正转，MZ2 表示电动机 M2 正转，MZ3 表示电动机 M3 正转，MF1 表示电动机 M1 反转，MF2 表示电动机 M2 反转，MF3 表示电动机 M3 反转。

2. 分析控制要求

① 系统控制要求中有 3 台电动机,而且都包含正反转,电路设计时,主电路就要同时对 3 台电动机的电源相序作好区分,特别是反转时,要改变电动机的电源相序。控制电路中,要分别用 6 个输出端子对 3 台电动机的正反转发出控制指令。

② 启动开关 SD 是系统的开关,所以在设计、调试、运行中必须考虑到。

③ 系统中有 2 个传感器,分别是 S1 检测有无钢板,S2 检测钢板是否到达,设计时,可以是自动传感信号,也可以是手动开关信号。

④ 轧钢机有 3 个下压量 A、B、C,它们在整个工作过程中,分 3 次完成下压动作,即先 A,然后再 A、B,最后是 A、B、C。

⑤ 钢板经过轧压后,超出 S1 传感器检测范围,电动机 M2 停止转动。钢板传送到左侧,被 S2 传感器检测到后,电动机 M1 停止转动。钢板从左侧送出后,超出 S2 传感器检测范围,电动机 M3 停止转动。

3. 确认输入设备

根据控制要求,结合上述分析可知:

① 启动开关 SD 对应输入信号为 PLC 中 X0 的输入端子。

② S1 检测有无钢板、S2 检测钢板是否到达传感器开关分别需要 X1、X2、两个输入端子。

4. 确定输出设备

根据控制要求,三个皮带分别由三个电动机拖动,三个电动机正反转分别需要 Y0、Y1、Y2、Y3、Y4、Y5 六个输出点,加上下压量 A、B、C 的 Y6、Y7、Y10 三个输出点,所以本系统共需要 9 个输出点。结合实际生产状况考虑,选用三菱的 FX2N - 32MR - 001 型号的 PLC 来完成本次设计的控制要求。在轧钢机控制系统中有 3 个输入和 9 个输出。考虑到 I/O 接口要留有 10%～15% 的预留,所以输入有 5 个接口,输出有 13 个接口。而 FX2N - 32MR - 001 型号的 PLC 有 16 个输出和 16 个输入,能够满足设计要求。

5. I/O 分配表

I/O 分配表如表 6 - 8 所示。

表 6 - 8　自动轧钢机控制系统 I/O 分配表

| 输　　入 | | | 输　　出 | | |
|---|---|---|---|---|---|
| 元件代号 | 作用 | 输入继电器 | 元件代号 | 作用 | 输出继电器 |
| SD | 启动按钮 | X0 | MZ1 | 控制 M1 正转 | Y0 |
| S1 | 传感器 | X1 | MF1 | 控制 M1 反转 | Y1 |
| S2 | 传感器 | X2 | MZ2 | 控制 M2 正转 | Y2 |
| | | | MF2 | 控制 M2 反转 | Y3 |
| | | | MZ3 | 控制 M3 正转 | Y4 |
| | | | MF3 | 控制 M3 反转 | Y5 |
| | | | A | 压量 A | Y6 |
| | | | B | 压量 B | Y7 |
| | | | C | 压量 C | Y10 |

**温馨提示：**

① 主机模块的 COM 接主机模块输入端的 COM 和输出端的 COM1、COM2、COM3、COM4、COM5。

② 主机模块的 24＋、COM 分别接在实训单元的 V＋,COM。

③ 传感器安装时应注意"正"、"负"极。安装时统一将所有传感器的正极(或负极)并接后经检查无误,接入电源的正极(或负极)。

6. PLC 接线图

PLC 接线图如图 6-53 所示。

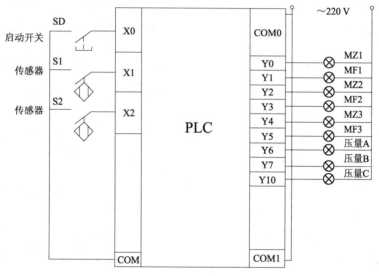

图 6-53　自动轧钢机控制接线图

7. 程序设计

程序设计如图 6-54 所示。

8. 程序说明

当 PLC 上电后,M8002 动合触点自动闭合一个扫描周期,置位 M100,此时 M100 的状态为"1"。同时成批复位 Y0～Y10 即 MZ1～C,为系统运行作好准备。

其操作过程如下:

① 启动按钮 SD(X0 闭合)接通,系统开始运行,执行左移指令 SFTL,此时把 M100 中的"1"移位到 M101 中,执行置位指令 SET Y2,此时 MZ2 点亮,表示电动机 M2 正转,钢板从右侧送入,复位 Y4,防止出现加工碰撞等意外。打开 S1(X1 上升沿触发动合触点闭合)开关,模拟钢板被检测到,再执行一次左移指令 SFTL,此时把 M101 中的"1"移位到 M102,程序执行置位指令 SET Y0、SET Y6,此时 MZ1、MZ2 点亮,表示电动机 M1、M2 正转,将钢板自右向左传送。同时指示灯 A 点亮(Y6),表示此时只有下压量 A 作用。

② 钢板经过轧压后,超出 S1(X1 下降沿触发动合触点闭合)传感器检测范围,再执行一次左移指令 SFTL,此时把 M102 中的"1"移位到 M103,程序执行置位指令 SET Y4、RST Y2,此时 MZ3 点亮,表示电动机 M3 正转,同时复位 MZ2,M2 停止转动。

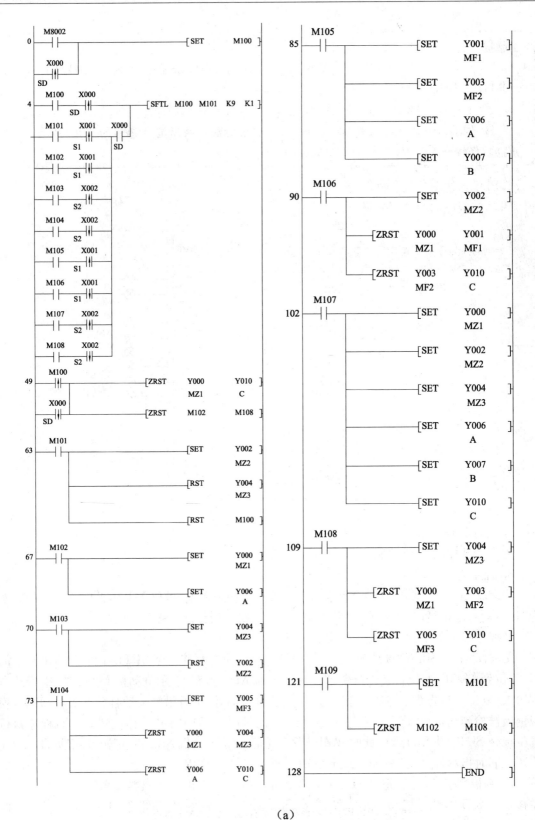

(a)

图 6-54 自动轧钢机 PLC 控制梯形图和指令语句表

| | | | | | |
|---|---|---|---|---|---|
| 0 | LD | M8002 | 40 | SFTL | M100 | M101 | K9 | K1 |
| 1 | ORP | X000 | 49 | LDP | M100 | | | |
| 3 | SET | M100 | 51 | ORF | X000 | | | |
| 4 | LD | M100 | 53 | ZRST | Y000 | Y010 | | |
| 5 | ANDP | M000 | 58 | ZRST | M102 | M108 | | |
| 7 | LD | M101 | 63 | LD | M101 | | | |
| 8 | ANDP | X001 | 64 | SET | Y002 | | | |
| 10 | LD | M102 | 65 | RST | Y004 | | | |
| 11 | ANDF | X001 | 66 | RST | M100 | | | |
| 13 | ORB | | 67 | LD | M102 | | | |
| 14 | LD | M103 | 68 | SET | Y000 | | | |
| 15 | ANDP | X002 | 69 | SET | Y006 | | | |
| 17 | ORB | | 70 | LD | M103 | | | |
| 18 | LD | M104 | 71 | SET | Y004 | | | |
| 19 | ANDF | X002 | 72 | RST | Y002 | | | |
| 21 | ORB | | 73 | LD | M104 | | | |
| 22 | LD | M105 | 74 | SET | Y005 | | | |
| 23 | ANDP | X001 | 75 | ZRST | Y000 | Y004 | | |
| 25 | ORB | | 80 | ZRST | Y006 | Y010 | | |
| 26 | LD | M106 | 85 | LD | M105 | | | |
| 27 | ANDF | X001 | 86 | SET | Y001 | | | |
| 29 | ORB | | 87 | SET | Y003 | | | |
| 30 | LD | M107 | 88 | SET | Y006 | | | |
| 31 | ANDP | X002 | 89 | SET | Y007 | | | |
| 33 | ORB | | 90 | LD | M106 | | | |
| 34 | LD | M108 | 91 | SET | Y002 | | | |
| 35 | ANDF | X002 | 92 | ZRST | Y000 | Y001 | | |
| 37 | ORB | | 97 | ZRST | Y003 | Y010 | | |
| 38 | AND | X000 | 102 | LD | M107 | | | |
| 39 | ORB | | 103 | SET | Y000 | | | |
| 104 | SET | Y002 | 111 | ZRST | Y000 | Y003 | | |
| 105 | SET | Y004 | 116 | ZRST | Y005 | Y010 | | |
| 106 | SET | Y006 | 121 | LD | M109 | | | |
| 107 | SET | Y007 | 122 | SET | M101 | | | |
| 108 | SET | Y010 | 123 | ZRST | M102 | M108 | | |
| 109 | LD | M108 | 128 | END | | | | |
| 110 | SET | Y004 | | | | | | |

(b)

图 6-54 自动轧钢机 PLC 控制梯形图和指令语句表(续)
(a)自动轧钢机 PLC 控制梯形图;(b)自动轧钢机 PLC 控制指令语句表

③ 钢板在电动机的带动下,被传送到左侧,被 S2(X2 上升沿触发动合触点闭合)传感器检测到后,再执行一次左移指令 SFTL,此时把 M103 中的"1"移位到 M104,程序执行置位指令 SET Y5,成批复位 Y0～Y4、Y6～Y10,此时 MF3 先被点亮,表示电动机 M3 反转,将钢板自左向右传送。S2(X2 下降沿触发动合触点闭合)传感器无检测信号。再执行一次左移指令 SFTL,此时把 M104 中的"1"移位到 M105,程序执行置位指令 SET Y1、SET Y3、SET Y6、SET Y7。此时 MF1、MF2 被点亮,表示 M1、M2 反转,同时指示灯 A、B 点亮,表示此时有下压量 A、B 一起作用。

④ 钢板在电动机的带动下,被传送到右侧,被 S1(X1 上升沿触发动合触点闭合)传感器检测到后,再执行一次左移指令 SFTL,此时把 M105 中的"1"移位到 M106,程序执行置位指令 SET Y2,成批复位 Y0～Y1、Y3～Y10,此时 MZ2 点亮,表示电动机 M2 正转,将钢板自右向左传送。超出 S1(X1 下降沿触发动合触点闭合)传感器检测范围,再执行一次左移指令 SFTL,此时把 M106 中的"1"移位到 M107,程序执行置位指令 SET Y0、SET Y2、SET Y4、SET Y6、SET Y7、SET Y10。此时 MZ1、MZ2、MZ3 被点亮,同时指示灯 A、B、C 点亮,表示此时有下压量 A、B、C 一起作用。

⑤ 钢板传送到左侧,被 S2(X2 上升沿触发动合触点闭合)传感器检测到后,再执行一次左移指令 SFTL,此时把 M107 中的"1"移位到 M108,程序执行置位指令 SET Y4 成批复位 Y0～Y3、Y5～Y10,此时 MZ2 被点亮,表示 M3 正转。

⑥ 钢板从左侧送出后,超出 S2(X2 下降沿触发动合触点闭合)传感器检测范围,再执行一次左移指令 SFTL,此时把 M108 中的"1"移位到 M109,程序执行置位指令 SET M101,成批复位 M102～108,为下个工作周期作好准备。

⑦ S1 传感器再次检测到钢板后,根据 2 至 6 的步骤完成对钢板的轧压。

### 任务评价

| 任务 | | | | 自控轧钢机 PLC 控制 | | | | |
|---|---|---|---|---|---|---|---|---|
| 班级 | | | 学号 | | | 姓名 | | |
| 序号 | 评价内容 | 配分 | 评 价 标 准 | | 评价结果 | | | 综合得分 |
| | | | | | 自评 | 小组评 | 教师评 | |
| 1 | 程序设计 | 30 | 根据任务写出 I/O 分配表,画出 PLC 接线图及梯形图,并将梯形图转换为指令语句表 | | | | | |
| 2 | 元件安装 | 20 | 布线平整,接线正确,安装时不损伤导线或电器元件 | | | | | |
| 3 | 程序输入 | 10 | 将所编程序用编程软件输入到 PLC 中 | | | | | |
| 4 | 程序调试 | 20 | 按照被控设备的动作要求进行调试,达到设计要求 | | | | | |
| 5 | 同组协作 | 20 | 互相帮助,共同学习 | | | | | |
| 6 | 安全文明生产 | 只扣分不加分 | 工具摆放整齐,不发生伤人事故 | | | | | |

# 项目七 PLC系统综合设计练习

PLC具有控制能力强、可靠性高、使用灵活方便和易于编程、扩展、通信等功能,在生活、生产实践中的应用越来越广泛,是当今工业控制的主要手段和控制核心。对于这样一种应用性极强的专业技术,必须通过各种实际应用的综合实训来诠释它,强化工程意识,提高应用能力。

通过之前对PLC的学习和了解,已经逐步掌握了基本指令,步进指令和功能指令的使用,为了结合实际应用,加强学生的设计和动手能力,本项目将从抢答器控制、三层电梯控制、四节传送带控制和机械手的自动控制四个案例入手,重点讲解在PLC控制下系统的设计、连接、调试等内容。

## 任务1 抢答器控制

### 任务目标

1. 学会PLC控制系统的硬件和软件设计;
2. 能够编辑抢答器控制程序并进行调试和运行。

### 任务描述

抢答器常用于各种知识竞赛,它为各种竞赛增添了刺激性、娱乐性,在一定程度上丰富了人们的业余生活。实现抢答器功能的方法有多种,可以采用早期的模拟电路、数字电路或者模数混合电路,但用PLC进行竞赛抢答器的设计,其控制方便、灵活,只要改变输入PLC的控制程序,便可改抢答器的抢答方案。

### 任务过程

#### 一、PLC控制系统的硬件设计

1. 选择适合的PLC机型

PLC机型选用应从性能结构、I/O点数、存储量以及特殊功能等方面来综合和衡量。目前PLC的生产厂家很多,品牌也很多,可以根据控制要求的复杂程度、控制精度、(估计)控制程序的存储容量、输入和输出的点数、电气性能指标和用户要求等加以选择。一般来说,机型选择的基本原则应是在功能满足要求的情况下,保证可靠、维护、使用方便以及最佳的性能价格比。

2. 输入、输出点数的选择

I/O点数是PLC的一项重要指标。合理选择I/O点数不但可以使系统满足控制要求,又可以使系统总投资降低。PLC 的 I/O 总点数和种类应根据被控对象所需控制的模拟量、数字量等 I/O 设备情况来确定,一般每个输入、输出元件要各占一个 I/O 点。考虑到今后的调整和扩充,一般应在估计的 I/O 总点数上再加上 20%～30% 的备用量。另外,一些高精度输入模块对输入点数的使用是有限制的。一般同时接通的输入点数不得超过总输入点数的 60%;对输出的驱动能力也有限制,有的 PLC 每点输出电流的大小随所加负载电压的不同而异。一般 PLC 的允许输出电流随环境温度的升高而有所下降。

### 3. 输入输出模块的选择

除了 I/O 点数之外,还要考虑 I/O 模块的工作电压(直流或交流)以及外部接线方式。

对于输入模块主要考虑两点:一是根据现场输入信号与 PLC 输入模块距离的远近来选择工作电压的高低,一般 24V 以下属于低电压,其传输距离不宜太远,例如 12V 电压模块一般不超过 10m。距离较远的设备选用较高电压模块比较可靠。二是高密度的输入模块,如 32 点输入模块,能允许同时接通的点数取决于输入电压和环境温度,一般同时接通的点数不超过总输入点数的 60%。

开关量输出模块有三种输出方式:继电器输出、晶闸管输出和晶体管输出。继电器输出的价格便宜,既可以用于驱动交流负载,又可用于直流负载,而且适用的电压大小范围较宽,导通压降小,同时承受瞬时过电压和过电流的能力较强。但它属于有触点元件,其动作速度较慢,寿命短,可靠性较差,因此,只能适用于不频繁通断的场合。当用于驱动感性负载时,其触点动作频率不超过 1Hz。对于频繁通断的负载,应该选用双向晶闸管输出或晶体管输出,它们属于无触点元件。但双向晶闸管输出只能用于交流负载,而晶体管输出只能用于直流负载。

另外,输出模块的输出电流(驱动能力)必须大于负载的额定电流。用户应根据实际负载电流的大小选择模块的输出电流。如果实际负载电流较大,输出模块无法直接驱动,可增加中间放大环节。

### 4. 用户存储容量的选择

PLC 的常用内存有 EPROM、EEPROM 和带锂电池供电的 RAM。一般微型和小型 PLC 的存储容量是固定的,介于 1～2KB 之间。用户应用程序占用内存的大小与许多因素有关,如 I/O 点数、控制要求、运算处理量和程序结构等。因此,在程序设计之前只能粗略地估算,在估算的结果之上再考虑增加 25% 左右的备用量,从而选择合适的 PLC 内存。

> **温馨提示:**
> 对于缺乏经验的设计者,在选择 PLC 内存容量时,应留有较大的余量。

### 5. I/O 分配

尽管 PLC 的安装、接线和硬件设置的工作都不太复杂,但也要认真完成。为了防止接线错误,首先要对 I/O 进行分配,做一个 I/O 分配表,并设计 PLC 的 I/O 端口接线图。在分配 I/O 点编号时,尽量将同类的信号集中配置,地址号按顺序连续编排。例如:对彼此关联的输出器件(正转和反转、前进和后退等),它们的地址应连续编号。一般来说,中间继电器、定时器和计数器等元件不必列在 I/O 表中。

6. PLC的接线方式

按PLC的输出接线方式的不同,输出接线方式一般有分组式输出和分隔式输出两种。分组式输出是几个输出点为一组,共用一个公共端,各组之间是分隔的,可分别使用不同的电源。而分隔式输出的每一个输出点有一个公共端,各输出点之间相互隔离,每个输出点可使用不同的电源。主要应根据系统负载的电源种类的多少而定。一般整体式PLC既有分组式输出,也有分隔式输出。

**二、PLC控制系统的软件设计**

PLC控制系统的软件设计就是在其硬件设计的基础上,分配输入元件和输出元件的地址号,应用相关编程软件编写用户应用程序。根据控制要求设计出顺序功能图、梯形图或指令语句表等程序,这是整个设计的核心工作。

PLC软件中常用的编程方法主要有经验设计法和逻辑设计法。逻辑设计是以逻辑代数为理论基础,通过列写输入与输出的逻辑表达式,再转换成梯形图。由于一般逻辑设计过程比较复杂,而且周期较大,大多采用经验设计的方法。如果控制系统比较复杂,可以借助流程图。所谓经验设计是在一些典型应用基础上,根据被控对象对控制系统的具体要求,选用一些基本环节,适当组合、修改、完善,使其成为符合控制要求的程序。一般经验设计法没有普通的规律可以遵循,只有在大量的程序设计中不断地积累、丰富自己,并且逐渐形成自己的设计风格。一个程序设计的质量,以及所用的时间往往与编程者的经验有很大关系。

**温馨提示:**

常用基本环节很多是借鉴继电接触器控制线路转换而来的。它与继电接触器线路图画法十分相似,信号输入、输出方式及控制功能也大致相同。对于熟悉继电接触器控制系统设计原理的工程技术人员来讲,掌握梯形图语言设计无疑是十分方便和快捷的。

**做一做**

1. 竞赛抢答器的控制要求

① 竞赛抢答器设有1个主持人总台和3个参赛台,总台设有电源开关SB0及指示灯EL0、撤销抢答(抢答超时)报警器,并设有抢答开始/复位按钮1个。各参赛台各设有1个抢答按钮和抢答指示,1～3号参赛台分别对应按钮SB1～SB3及参赛台灯EL1～EL3。

② 竞赛开始前,主持人首先接通"启动/停止"转换开关,电源指示灯亮。

③ 比赛规则:出题后,各队抢答必须在主持人说出"开始"并按下总台开始按钮后15s内抢答,在主持人没有按下开始抢答按钮前,各参赛台按下抢答按钮无效,15s时间到,若无队抢答,则抢答器发出2s中的警报,该题作废。在有队抢答的情况下,则抢答器发出"抢答"信号,数码管显示抢答到题目的参赛队号。

④ 在某个题目结束后或者规定时间内无人抢答时,主持人按下总台上的抢答开始/复位按钮,所有参赛台抢答器指示灯熄灭,抢答器恢复原来的状态,为下轮抢答作好准备。

2. 分析控制要求

从对上述控制要求分析可知:只有当主持人合上总电源开关,抢答器才能工作,当抢答开始后，若 15s 内某队率先按下抢答器按钮，则该组抢答器指示灯亮，数码管显示参赛台队号，表示获得抢答权，其他组再按抢答按钮无效，回答完毕后，主持人在此按下复位按钮后，抢答指示灯熄灭，进行下一轮抢答。

① 对于控制要求中的时间，可以通过定时器的设定完成精确的控制动作。

② 要确保每次抢答只能有一个参赛台成功，可以在三个参赛台之间使用互锁，完成要求。

③ 因为抢答过程是发生在主持人按下"开始抢答"按钮的瞬间，所以应考虑使用上升沿脉冲微分指令。

④ 数码管的显示驱动，应从它的 7 段结构入手，分析在 1 号、2 号、3 号参赛台抢答成功时其相对应的工作段，例如：1 号抢答成功时，数码管中 b、c 段发光，分别列出 2 号、3 号抢答成功时的工作段，总结设计出 a～g 段各自发光的条件和电路要求。

3. 确认输入设备

根据控制要求，经过分析发现，系统的输入设备有电源总开关 SA、总台主持人抢答开始/复位按钮 SB0、各参赛分台抢答按钮 SB1～SB3，共计 5 个输入元件。

4. 确定输出设备

根据控制要求，系统的输出设备有一个总电源指示灯 EL0、三个分参赛台抢答指示灯 EL1～EL3、一个报警器 B，共计 5 个输出元件。

考虑到本次设计的参赛队只有 3 个，且主要是开关量；对于开关量控制为主的系统而言，一般 PLC 的响应速度足以满足控制的要求，在小型 PLC 中整体式比模块式的价格便宜，体积也小，但是在设计活动中，经常碰到一些估计的指标，在设计活动中需要进行局部调整，另外模块式 PLC 排除故障所需时间短；估算输入输出接口比较多；结合本项目特点，考虑到工厂造价，采用离线编程的方式，以减小软硬件的开销。统计输入、输出点数并选择 PLC 型号。

本项目中输入信号有 5 个，考虑到有 15% 的备用点，即 $5 \times (1+15\%)=5.75$，取整数 6，因此共需 6 个输入点。输出信号有 5 个，考虑到有 15% 的备用点，即 $5 \times (1+15\%)=5.75$，取整数 6，故共需 6 个输出点。

因此可选用三菱 FX1N-24MR 类型可编程控制器，它有 14 个输入点，10 个输出点，满足本项目及系统升级的要求。

5. I/O 分配表

I/O 分配表如表 7-1 所示。

表 7-1 知识竞赛抢答器 I/O 地址分配表

| 输 入 信 号 | | | 输 出 信 号 | | |
|---|---|---|---|---|---|
| 元件代号 | 作用 | 输入继电器 | 元件代号 | 作用 | 输出继电器 |
| SA | 总电源开关 | X0 | HL0 | 总电源指示灯 | Y0 |
| SB0 | 抢答开始/复位按钮 | X4 | HL1 | 1 号台抢答指示灯 | Y1 |
| SB1 | 1 号台抢答按钮 | X1 | HL2 | 2 号台抢答指示灯 | Y2 |
| SB2 | 2 号台抢答按钮 | X2 | HL3 | 3 号台抢答指示灯 | Y3 |
| SB3 | 3 号台抢答按钮 | X3 | B | 撤销抢答/超时警报 | Y4 |

**6. PLC 接线图**

PLC 接线图如图 7-1 所示。

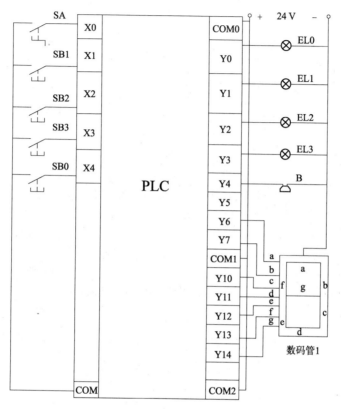

图 7-1　三路知识抢答器 I/O 接线图

**7. 程序设计**

（1）设计总电源开关及指示灯控制梯形图

考虑到整个系统必须在主持人合上总电源开关 SA 后才能工作，在此使用主控指令 MC、MCR 进行编程，如图 7-2 所示。

图 7-2　总电源开关及指示灯控制梯形图

（2）设计各参赛台指示灯控制梯形图

设计时采用互锁，确保正常情况下，只能有一队抢答成功，同时串接一个 M2 的辅助动合触头，能保证只有在主持人按下"抢答开始/复位"按钮并宣布开始后，各分台的抢答按钮才能进行有效动作，如图 7-3 所示。

（3）设计系统"抢答开始/复位"梯形图

因为抢答器的工作特点，是在主持人按下"抢答开始/复位"按钮并说开始的一瞬间发生抢答的，可以用上升沿脉冲微分指令结合置位/复位进行编程，如图 7-4 所示。

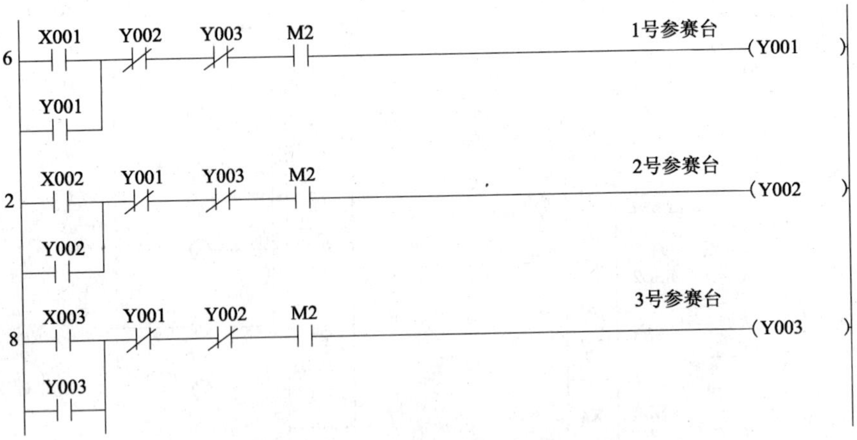

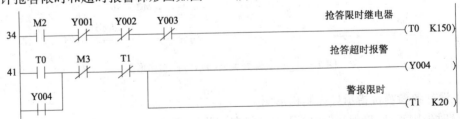

图 7-3　各参赛台指示灯控制梯形图

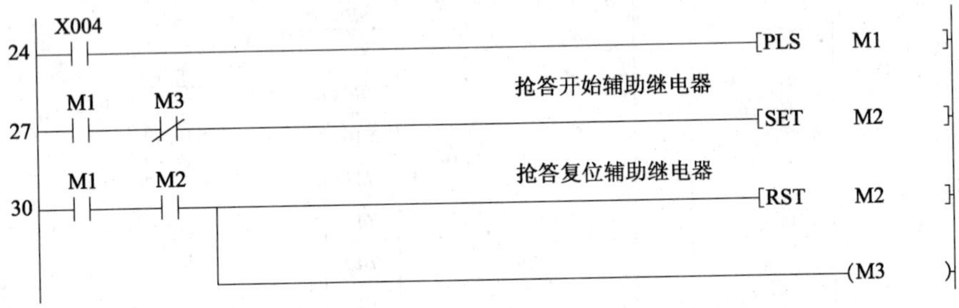

图 7-4　"抢答开始/复位"梯形图

温馨提示:

　　图 7-4 中当首次按下 X4,上升沿触发 M1,M1 接通一个扫描周期,使得 M2 被置位,松开 X4,辅助继电器 M2 状态保持;当再次按下 X4 时,辅助继电器 M3 得电,M2 被复位。M2 的线圈失电,其辅助触头处于断开状态,为下次抢答作好准备。

(4) 设计抢答限时和超时报警梯形图

设计抢答限时和超时报警梯形图如图 7-5 所示。

图 7-5　抢答限时和超时报警梯形图

(5) 设计数码管显示梯形图

结合本控制系统特点及 7 段数码管的工作方式,当 1 号台抢答时,数码管 b 段和 c 段亮;当 2 号台抢答时,数码管 a 段、b 段、d 段、e 段和 g 段亮;当 3 号台抢答时,数码管 a 段、b 段、c 段、d 段和 g 段亮。因此设计数码管显示梯形图如图 7-6 所示。

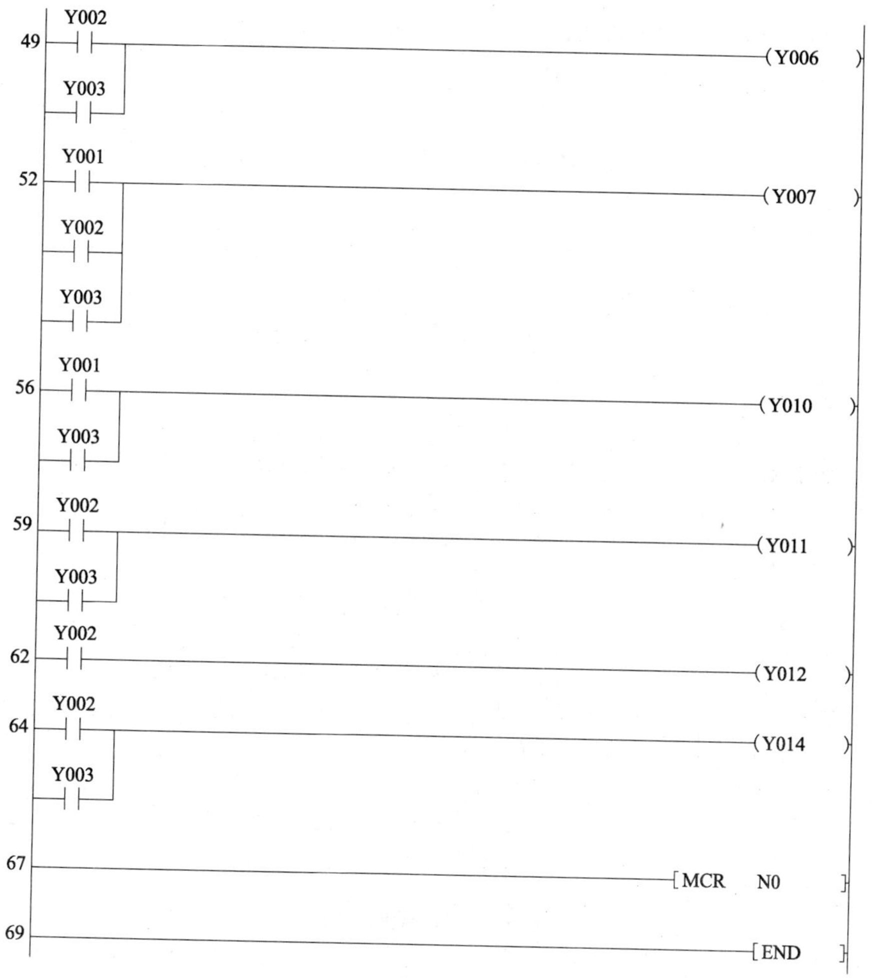

图 7-6 数码管显示梯形图

温馨提示:

三路知识抢答器控制程序就是图 7-2～图 7-6 梯形图的综合。

8. 程序说明

抢答器在使用时,先由主持人按下电源开关 SA,使得输入继电器 X0 接通,此时在主控指令的作用下,输出继电器 Y0 线圈接通,总电源指示灯 HL0 亮,表示系统电源正常,可以进行抢答竞赛。

抢答时,当主持人按下"抢答开始/复位"按钮 SB0,使得输入继电器 X4 接通并说开始后,在辅助继电器 M1 的驱动下,辅助继电器 M2 被置位,为各个参赛台的抢答作好了准备,此时,如果 1 号参赛台抢答成功,即按钮 SB1 最先被按下,使得输入继电器 X1 接通,则输出继电器 Y1 线圈得电,其控制指示灯 HL1 亮,因为互锁的关系,输出继电器 Y2、Y3 均不能得电,在数码显示部分,输出继电器 Y7、Y10 线圈得电,数码管的 b、c 段被点亮,显示为 1,表示 1 号参赛台抢答成功(其余两参赛台类似,请同学们自行分析)。若在规定的 15s 时间里,没有参赛台抢答,则定时器 T0 线圈在主持人按下"抢答开始/复位"按钮 SB0 并说开始后一直得电,当定时器 T0 定时时间到,定时器 T0 的动合触头驱动抢答超时输出继电器 Y4 线圈和报警限时定时器 T1,此时,抢答器发出警报并维持 2s。

竞赛时,当一轮题目比赛结束后,主持人按下"抢答开始/复位"按钮 X4,辅助继电器 M2 被复位,其动合触头复位,使得各个参赛台指示灯及报警器均复位,为下轮比赛作好准备。

## 任务评价

| 任务 | 抢答器控制 | | | | | | | |
|---|---|---|---|---|---|---|---|---|
| 班级 | | | 学号 | | | 姓名 | | |
| 序号 | 评价内容 | 配分 | 评价标准 | | 评价结果 | | | 综合得分 |
| | | | | | 自评 | 小组评 | 教师评 | |
| 1 | 程序设计 | 30 | 根据任务写出 I/O 分配表,画出 PLC 接线图及梯形图,并将梯形图转换为指令语句表 | | | | | |
| 2 | 元件安装 | 20 | 布线平整,接线正确,安装时不损伤导线或电器元件 | | | | | |
| 3 | 程序输入 | 10 | 将所编程序用编程软件输入到 PLC 中 | | | | | |
| 4 | 程序调试 | 20 | 按照被控设备的动作要求进行调试,达到设计要求 | | | | | |
| 5 | 同组协作 | 20 | 互相帮助,共同学习 | | | | | |
| 6 | 安全文明生产 | 只扣分不加分 | 工具摆放整齐,不发生伤人事故 | | | | | |

# 任务 2  三层电梯控制

## 任务目标

1. 通过对工程实例的模拟,熟练掌握 PLC 的编程和调试方法;
2. 掌握工程中减少 I/O 点数的方法;
3. 熟悉三层电梯采用轿厢外按钮控制的编程方法。

## 任务描述

随着现代建筑的发展,日益增高的高层建筑已成为现代都市的重要标志,作为高层建筑的垂直运载工具——电梯得到了快速发展。电梯是机电一体的大型复杂产品,机械部分相当于人的躯体,电气部分相当于人的神经。机与电的高度合一,使电梯成了现代科学技术的综合产品。电梯的结构主要由机械部分和电气部分组成,本任务主要研究如何使用 PLC 来实现它的电气控制部分。

## 任务过程

PLC 在实际应用中常常会碰到点数不够的问题,若通过增加扩展来解决,需要较大的经济投入,甚至由于可扩展的 I/O 点数有限以及扩展单元无法安装等原因,而无法通过增加扩

展来解决。因此,在满足控制系统要求的前提下,合理使用 I/O 点,尽量减少所需的 I/O 点数是很有意义的。PLC 的每个 I/O 点的平均价格高达数十元,减少所需的 I/O 点数是降低 PLC 控制系统的硬件成本的主要措施。

### 一、节省输入点数的方法

#### 1. 分组输入

自动程序和手动程序不会同时执行,自动和手动这两种工作方式分别使用的输入量可以分成两组。X0 用来输入自动/命令信号,供自动程序和手动程序切换之用。“手动”时输入信号为 SB0～SB3,如果按正常的设计思路,那么需要 X0～X7 一共 8 个输入点,若按如图 7 - 7 所示的方法设计,则只需要 X1～X4 一共 4 个输入点。

图 7 - 7 中的二极管用来切断寄生电路。如果图中没有二极管,系统处于自动状态,SB0、SB1、S0 闭合,S1 断开,这时电流从 COM 端流出,经 SB0、SB1、S0 形成寄生回路流入 X0 端子,使输入位 X2 错误的变为 ON。各开关串联了二极管后,切断了寄生回路,避免了错误的产生。

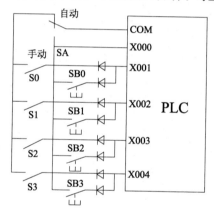

图 7 - 7  分组输入

#### 2. 组合输入

对于不会同时接通的输入信号,可采用组合编码的方式输入。如图 7 - 8 所示,三个输入信号 SB0～SB2 只占用两个输入点。

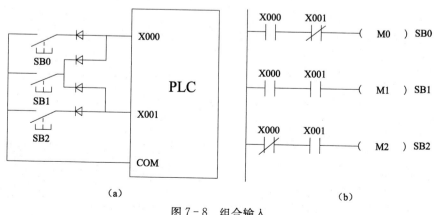

(a)                                    (b)

图 7 - 8  组合输入

(a)硬件连接图;(b)梯形图

### 3. 输入触点的合并

如果是外部某些输入信号总是以某种"或与非"组合的整体形式出现在梯形图中，可以将它们对应的某些触点在 PLC 外部串、并联后作为一个整体输入 PLC，只占 PLC 的一个输入点。

例如某负载可在多处启动和停止，可以将多个启动用的动合触点并联，将多个停止用的动合触点串联，分别送给 PLC 的两个输入点，如图 7-9 所示，与每一个启动信号和停止信号占用同一个输入点的方法相比，不仅节约了输入点，还简化了梯形图电路。

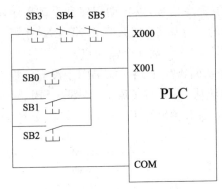

图 7-9　输入触点的合并

### 4. 输入设备多功能化

在传统的继电器控制系统中，一个主令电器（如按钮、开关等）只产生一种功能信号。在 PLC 系统控制中，一个输入设备在不同的条件下可产生不同的信号，一个按钮既可用来产生启动信号，又可用来产生停止信号。如图 7-10 所示，只用一个按钮通过 X0 去控制 Y0 的通与断，即第一次接通 X0 时 Y0 通，再次接通 X0 时 Y0 断开。

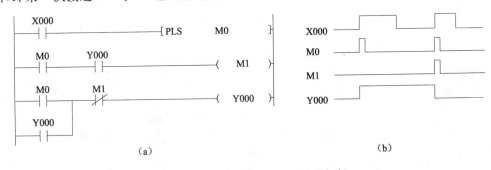

（a）　　　　　　　　　　　　　　　（b）

图 7-10　一个按钮控制 Y0 的通与断
(a)梯形图；(b)时序图

### 5. 将信号设置在 PLC 外部电路上

系统的某些控制逻辑简单而又不参与工作循环的输入信号，如手动按钮、过载保护的热继电器触点等，在 PLC 输入点数不够的情况下，可以不必作为 PLC 的输入，将它们设计在外部电路中同样可以满足控制要求。热继电器 KR1～KR3 的过载保护触点，手动按钮 SB1～SB3 如果接在输入端，将占有 PLC 的 6 个输入点，这时如果把它们设计在外部电路中，如图 7-11

所示。这样不仅节省了 6 个输入点,同时还简化了程序。某些手动按钮需要串接一些联锁触点,如果外部硬件联锁电路过于复杂,则应考虑仍将有关信号送入 PLC,用梯形图实现联锁。

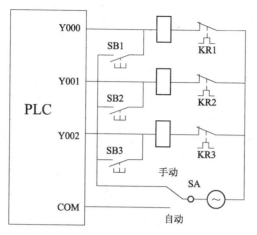

图 7-11　将信号设置在 PLC 外部电路上

## 二、节省输出点数的方法

### 1. 输出点合并

在 PLC 的输出功率允许的条件下,通/断状态完全相同的多个负载并联后,可以共用一个输出点,通过外部的或 PLC 控制的转换开关的切换,一个输出点可以控制两个或多个不同时工作的负载。如电梯控制系统的轿厢上升下降及其指示灯合并后可共用一个输出点,如图 7-12 所示。

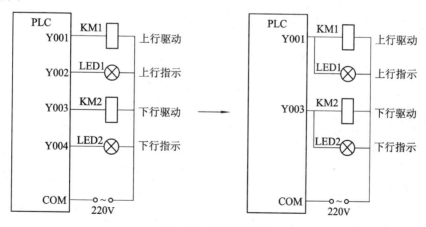

图 7-12　输出点合并

### 2. 输出点分组

通过转换开关的切换,PLC 的一个输出点可以控制两个或多个不同时工作的负载。如自动或手动的不同的工作方式下,有些输出点不会同时出现,可以采用合并输出扩展技术,如图 7-13所示。

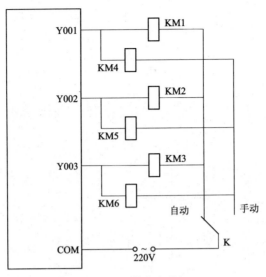

图 7-13　输出点分组

### 3. 将信号设置在外部电路上

系统中某些相对独立或比较简单的部分,可以不进 PLC 来控制其输出,而直接采用继电器-接触器电路来进行控制,这样同时减少了所需的 PLC 的输入点和输出点。

### 4. 利用程序设计技巧节省输出点

用设计技巧使程序实现同一负载传递不同的信息,如一个指示灯长亮表示正常,闪烁表示事故,节省一个输出点;又如电梯的楼层指示,如果使用信号灯,则一层就要一个输出点,楼层越高占用输出点越多,设计时可使用数码管显示就可节省输出点。

> **温馨提示:**
> 　　以上介绍的节省 I/O 点数的方法与技巧,可有效解决工程实践应用中 I/O 点数不够的问题,但在应用时一定要对控制系统进行具体的分析,选择有效可行的方法,并注意有些方法要在软件编程上进行配合,同时要认真进行模拟调试和联机统调,确保万无一失。

### 1. 控制要求

试设计一个三层电梯的模拟控制系统,要求:电梯由安装在各楼层厅门口的呼叫按钮操作,操作内容为呼叫电梯、运行方向和停靠楼层。每层楼设有呼叫按钮 SB1～SB3,指示灯 L1 指示电梯在底层和二层之间运行,L2 指示在二层与三层之间运行,L3 指示在三层与二层之间运行,SQ1～SQ3 为到位行程开关。电梯上升途中只响应上升呼叫,下降途中只响应下降呼叫,任何反方向的呼叫均无效。模拟开关 SB1、SB2、SB3 分别与 X5、X4、X3 相连;SQ1、SQ2、SQ3 分别与 X2、X1、X0 相连;输出可不接输出设备,而用输出指示灯的状态来模拟输出设备的状态。

2. 分析控制要求

分析以上控制要求,将电梯控制要实现的功能罗列如下:

① 开始时,电梯处于任意一层。

② 当有外呼梯信号到来时,电梯响应该呼梯信号,到达该楼层时,限位开关被按下,电梯停止运行,延时 0.5s 电梯门打开,等待人或者货物进入电梯后,延时 1s 后自动关门。

③ 在电梯运行过程中,电梯上升(或下降)途中,任何反向下降(或上升)的呼梯信号均不响应;如果某反向呼梯信号前方再无其他呼梯信号,则电梯响应该呼梯信号。

④ 系统中的开门/关门不需要直接输出,用发光二极管模拟即可。

⑤ 电梯未平层或运行时,开门按钮和关门按钮均不起作用。平层且电梯停止运行后,按开门按钮可使电梯门打开,按关门按钮可使电梯门关闭。

3. 确认输入设备

根据电梯控制的特点,输入信号应该包括以下几个部分:

(1) 位置信号

位置信号由安装于各楼层的电梯停靠位置的 3 个限位开关 SQ1、SQ2、SQ3 产生,对应的主机输入点为 X2、X1、X0。平时为常开,当电梯运行到平层时关闭。

(2) 各层呼叫信号

各层呼叫信号由呼叫按钮 SB1、SB2、SB3 分别接入主机的输入点 X5、X4、X3。

(3) 开关门信号

开关信号由安装在电梯轿门的 2 个限位开关 SQ4、SQ5 产生,对应的主机输入点为 X6、X7。

(4) 防夹信号

为保护人员及设备安全,设置防夹按钮 SB4,对应主机的输入点 X10。

综上所述,三层电梯模拟控制系统中共需 9 个输入点。

4. 确定输出设备

(1) 层指示灯

电梯所在层指示灯 L1、L2、L3 分别用 Y2、Y1、Y0 表示。

(2) 电梯上下行

电梯的上升 UP、下降 DOWN 分别用 Y4、Y3 表示。

(3) 呼叫指示信号

呼叫指示信号用指示灯 A1、A2、A3 显示,分别用 Y7、Y6、Y5 表示。

(4) 开关门指示灯

电梯开关门指示灯 L4、L5 分别用 Y10、Y11 表示。

综上所述,共需要输出点 10 个。

综合输入、输出点的计算以及要实现的电梯控功能,实验室现有的三菱 FX1N(c)型号的 PLC 完全能实现设计要求。因为 FX1N(c)型号的 PLC 是一款面对小型工业应用的 PLC,输入输出点、内存容量以及响应时间均符合条件,并且三菱 PLC 具有稳定性高、功能强大、环境适应性强、编程软件简单完善、价格适中等优点,所以采用了 FX1N-40MR 型号的可编程控制器。

5. I/O 分配表

I/O 分配表如表 7-2 所示。

表7-2　三层电梯的I/O分配表

| 输 入 信 号 | | | 输 出 信 号 | | |
|---|---|---|---|---|---|
| 元件代号 | 作用 | 输入继电器 | 元件代号 | 作用 | 输出继电器 |
| SQ1 | 一层限位 | X2 | L1 | 一层指示灯 | Y2 |
| SQ2 | 二层限位 | X1 | L2 | 二层指示灯 | Y1 |
| SQ3 | 三层限位 | X0 | L3 | 三层指示灯 | Y0 |
| SB1 | 底层呼叫 | X5 | UP | 电梯上升运行 | Y4 |
| SB2 | 二层呼叫 | X4 | DOWN | 电梯下降运行 | Y3 |
| SB3 | 三层呼叫 | X3 | A1 | 一层呼叫指示灯 | Y7 |
| SQ4 | 开门限位 | X6 | A2 | 二层呼叫指示灯 | Y6 |
| SQ5 | 关门限位 | X7 | A3 | 三层呼叫指示灯 | Y5 |
| SB4 | 防夹开关 | X10 | L4 | 开门指示灯 | Y10 |
| | | | L5 | 关门指示灯 | Y11 |

6. PLC接线图

(1) I/O接线图

I/O接线图如图7-14所示。

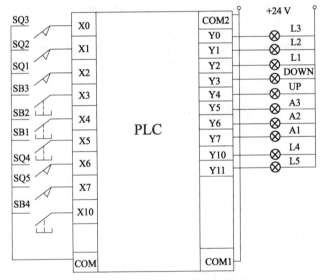

图7-14　三层电梯I/O接线图

**温馨提示:**

　　每层楼设有呼叫按钮SB1~SB3,指示灯L1指示电梯在底层与二层之间运行,L2指示在二层与三层之间运行,L3指示在三层与二层之间运行,SQ1~SQ3为限位行程开关。电梯上升途中只响应上升呼叫,下降途中只响应下降呼叫,任何反方向的呼叫均无效。模拟开关SB1、SB2、SB3分别与X005、X004、X003相连,SQ1、SQ2、SQ3分别与X002、X001、X000相连。输出端可不接输出设备,而用输出指示灯的状态来模拟输出设备的状态。

（2）实验面板图

实验面板图如图 7-15 所示。

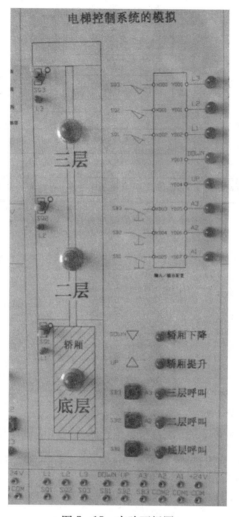

图 7-15　实验面板图

**温馨提示：**

　　实验面板中，输入端子中没有开门限位开关、关门限位开关和防夹按钮，为了实验的完整性和项目的可操作性，学生可根据自己的兴趣，用其他开关和按钮分别表示。输出端子中没有开门指示灯和关门指示灯，同理，可以用其他小灯模拟。

7. 程序设计

　　程序设计时，可根据控制要求，对任务进行模块化分解，例如可分解为电梯的呼叫子程序、开/关门子程序、层指示灯子程序、限位子程序等。图 7-16 给出了三层电梯模拟控制的程序结构图，并分部分讲解相关模块梯形图。

（1）电梯呼叫信号分析

　　如图 7-17 所示，根据不同的按钮动作把呼叫信号转换成数值存入寄存器 D1 里面。

当第一层呼叫(X5 闭合)时,就把常数 1 放在 D1 里面;

当第二层呼叫(X4 闭合)时,就把常数 2 放在 D1 里面;

当第三层呼叫(X3 闭合)时,就把常数 3 放在 D1 里面。

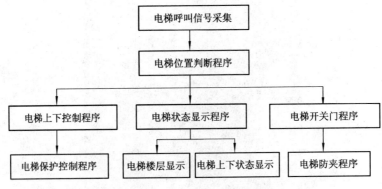

图 7-16　三层电梯程序结构图

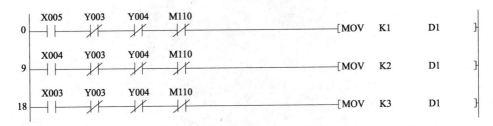

图 7-17　电梯呼叫信号程序

(2) 电梯位置判断程序分析

如图 7-18 所示,通过限位开关把电梯位置信息转换成相应的电信号送到寄存器 D2 里面去。

如果在第一层(X2 闭合),把常数 1 赋给 D2;

如果在第二层(X1 闭合),把常数 2 赋给 D2;

如果在第三层(X0 闭合),把常数 3 赋给 D2。

图 7-18　电梯位置判断程序

(3) 电梯楼层显示程序

如图 7-19 所示,利用三个层限开关进行判断:

当一层层限开关触发时,一层指示灯 Y2 亮;

当二层层限开关触发时,二层指示灯 Y1 亮;

当三层层限开关触发时,三层指示灯 Y0 亮。

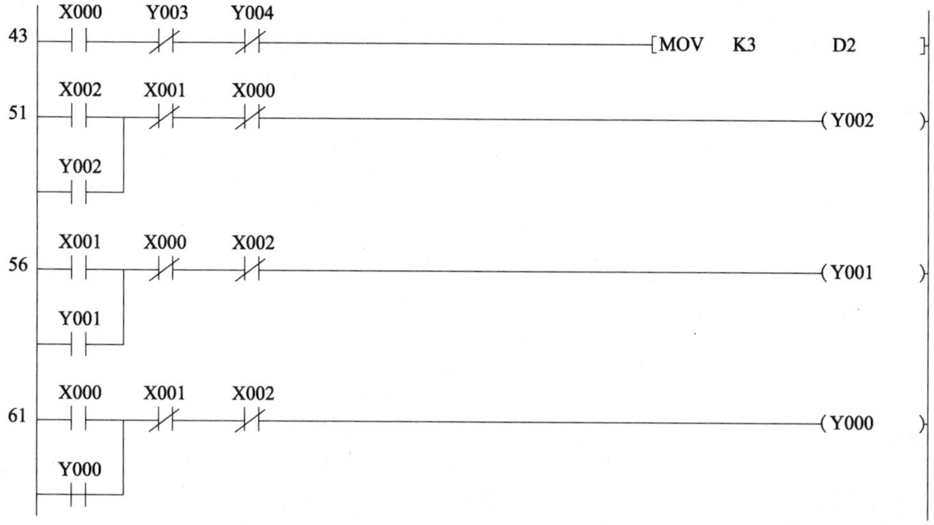

图 7-19　电梯楼显程序

（4）电梯上下控制程序分析

如图 7-20 所示，比较呼叫信号 D1、电梯位置寄存器 D2 里面的数值，以比较结果指挥电梯动作：

① D1＜D2，电梯在上，呼叫在下，此时辅助继电器 M102 触点闭合，电梯此时应该下降，Y3 线圈得电。

② D1＞D2，电梯在下，呼叫在上，此时辅助继电器 M100 触点闭合，电梯此时应该上升，Y4 线圈得电。

③ D1＝D2，电梯与呼叫在同一位置，此时辅助继电器 M101 触点闭合，可根据不同的楼层位置（限位开关）驱动不同的门进行开关或等待。

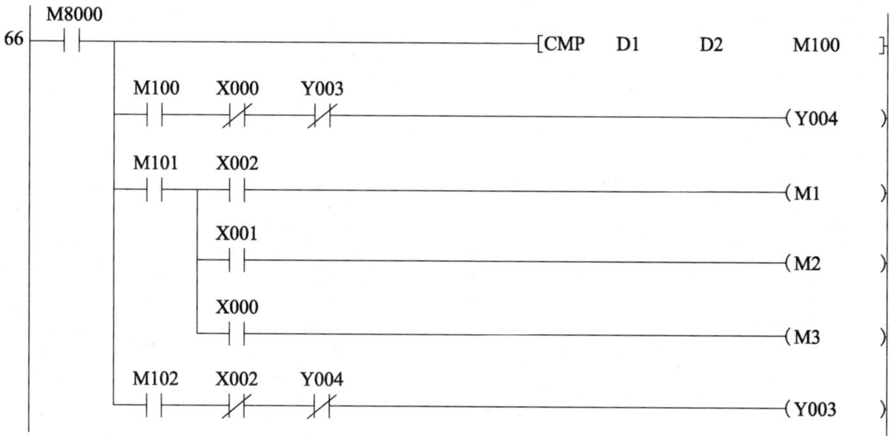

图 7-20　电梯上下控制程序

（5）电梯呼叫程序分析

如图 7-21 所示，当底层呼叫信号出现时，即 X5 闭合后，输出点 Y7 线圈得电，即底层指示灯亮，并形成自锁，只有当电梯轿厢到达底层后，底层限位开关被按下，此时 X2 动断触点断开，底层呼叫指示灯灭。其他层的呼叫类似，请同学们自行分析。

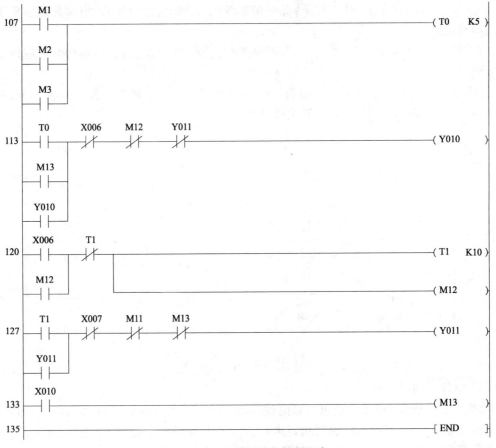

图 7 - 21　电梯呼叫程序

（6）电梯开关门程序分析

如图 7 - 22 所示，实验面板中没有开门和关门的设计时，考虑到实际情况，增加设计了电梯的开关门程序，并在实验面板中用小灯表示关门和开门。学生可根据实际情况，进行分析、实验。当电梯到位后，延时 0.5s，根据当前的楼层驱动相应的门进行开门动作。开门到位后再延时 1s 进行关门。如果在关门过程中检测到有障碍，立即停止关门动作，继续重新开门。

图 7 - 22　电梯开关门控制程序

温馨提示：

　　三层电梯控制程序就是图 7-17～图 7-22 梯形图的综合。

### 8. 程序说明

　　本系统使用三菱 FX1N-40MR PLC 实现三层电梯的控制,程序中采用了传送指令把呼叫信号和轿厢位置信号传送到 PLC 中,在经过比较指令,判断电梯的运动方向是上升还是下降,并配有相关的指示灯程序及开关门程序,具体分析可参照各个分支程序进行研究和验证。在此不再赘述。

### 任务评价

| 任务 | 三层电梯控制 | | | | | | | |
|------|------|------|------|------|------|------|------|------|
| 班级 | | | 学号 | | | 姓名 | | |
| 序号 | 评价内容 | 配分 | 评 价 标 准 | 评价结果 | | | 综合得分 | |
| | | | | 自评 | 小组评 | 教师评 | | |
| 1 | 程序设计 | 30 | 根据任务写出 I/O 分配表,画出 PLC 接线图及梯形图,并将梯形图转换为指令语句表 | | | | | |
| 2 | 元件安装 | 20 | 布线平整,接线正确,安装时不损伤导线或电器元件 | | | | | |
| 3 | 程序输入 | 10 | 将所编程序用编程软件输入到 PLC 中 | | | | | |
| 4 | 程序调试 | 20 | 按照被控设备的动作要求进行调试,达到设计要求 | | | | | |
| 5 | 同组协作 | 20 | 互相帮助,共同学习 | | | | | |
| 6 | 安全文明生产 | 只扣分不加分 | 工具摆放整齐,不发生伤人事故 | | | | | |

# 任务 3　四节传送带控制

### 任务目标

　　1. 进一步熟悉软件设计、硬件设计及电路连接、调试;

　　2. 掌握 PLC 置位复位指令、步进指令等相关指令;

　　3. 培养学生理论联系实际,用 PLC 分析和解决实际问题的能力。

### 任务描述

　　四节传送带主要用来输送散物料或成件物品,具有运输量大、结构简单、维修方便、部件标准化等优点,广泛应用于矿山、冶金、煤炭等行业。根据输送工艺要求,既能单台输送,也可由多带组成或与其他输送设备组成水平或倾斜的输送系统,以满足不同工作形式的作业线需要。本任务是通过四节传送带控制,使读者了解技术相关知识,理解可编程序控制器应用技术是综合性和系统性的有机融合。

### 1. 控制要求

① 四节传送带装置由四皮带传送带 1、传送带 2、传送带 3、传送带 4 组成,四条皮带分别由 M1~M4 驱动。

② 为实现货物从高点输送到低点的控制要求,设备启动后,按下启动按钮,四台电动机逆序启动,即 KM4 先启动,每间隔 2s 启动下一台电动机。

③ 设备停止时,按下停止按钮,四台电动机顺序停止,KM1 先停,每个 2s 停止下一台电动机。

④ 当带式运输机装置中的任意一台带式运输机发生故障时,该台带式运输机前面的带式运输机会立即停止工作,而该台带式运输机后面的带式运输机必须延时 2s 后停止运行。

### 2. 分析控制要求

① 四节传送带传送顺序是 M4→M1 由上向下传送。启动时先启动最末一条皮带机,经过 2s 延时,再依次启动其他皮带机即 M4→M3→M2→M1。

② 停止时应先停止最前一条皮带机,再依次停止其他皮带机即 M1→M2→M3→M4。

③ 当 M1 故障,则 M1 立即停止,2s 后 M2 停止,4s 后 M3 停止,6s 后 M4 停止。M2 故障,则 M1、M2 立即停止,2s 后 M3 停止,4s 后 M4 停止。M3 故障,则 M1、M2、M3 立即停止,2s 后 M4 停止。M4 故障,则 M1、M2、M3、M4 立即停止。

结合以上分析可知,系统是一个逆序启动、顺序停止的电路,涉及的时间通过定时器的设定来完成,涉及的故障可以采用置位、复位指令结合步进指令来完成。

### 3. 确认输入设备

根据控制要求,结合上述分析可知:

① 启动、停止按钮 SB0、SB5 输入信号分别需要 X0、X5 两个输入点。

② M1、M2、M3、M4 的故障测试按钮分别需要 X1、X2、X3、X4 四个输入点。

### 4. 确定输出设备

根据控制要求,四节皮带分别由四个电动机拖动,四个电动机的通断由 KM1、KM2、KM3、KM4 控制,所以,本项目需要 Y1、Y2、Y3、Y4 四个输出点。

### 5. I/O 分配表

I/O 分配表如表 7-3 所示。

表 7-3　四节传送带 I/O 分配表

| 输　入　信　号 | | | 输　出　信　号 | | |
|---|---|---|---|---|---|
| 元件代号 | 作用 | 输入继电器 | 元件代号 | 作用 | 输出继电器 |
| SB0 | 启动按钮 | X0 | KM1 | 控制带 1 运行 | Y1 |
| SB5 | 停止按钮 | X5 | KM2 | 控制带 2 运行 | Y2 |
| SB1 | 带 1 故障检测 | X1 | KM3 | 控制带 3 运行 | Y3 |
| SB2 | 带 2 故障检测 | X2 | KM4 | 控制带 4 运行 | Y4 |
| SB3 | 带 3 故障检测 | X3 | | | |
| SB4 | 带 4 故障检测 | X4 | | | |

6. PLC 接线图

（1）实验面板图

实验面板图如图 7 - 23 所示。

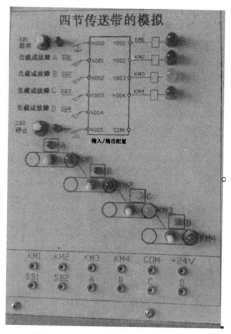

图 7 - 23　四节传送带实验面板图

**温馨提示：**

　　四节传送带实验台具体接线时，输入部分应使 SB1 接到 PLC 的 X0 端子，SB2 接到 X5 端子，A、B、C、D 分别接到 X1、X2、X3、X4 上。输出部分 KM1～KM4 分别接到 PLC 的输出端子 Y1～Y4 上。

（2）I/O 接线图

I/O 接线图如图 7 - 24 所示。

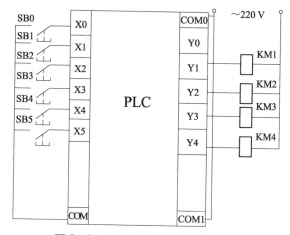

图 7 - 24　四节传送带的 I/O 接线图

7. 程序设计

在用 PLC 对较复杂的系统进行分析、设计时,常常采用模块化的设计和分割式的分析。这种设计理念,一般先将总任务分割成几个模块,然后分别设计各个模块,通过逐条逐句的设计,最后汇总成满足控制要求的总程序。

(1) 系统启动分程序

考虑到传送带为逆序启动,所以可以采用时间继电器驱动各级启动,也可采用步进指令、置位指令来方便地实现要求,启动子程序如图 7-25 所示。

PLC 上电运行后,按下 X0,置位 Y4,同时 T0 线圈得电,开始计时,2s 后置位 Y3,再过 2s 后置位 Y2,再过 2s 后置位 Y1,系统完成逆序启动过程。

(2) 系统停止分程序

停止部分为顺序控制,采用步进指令、复位指令完成控制要求,停止子程序如图 7-26 所示。

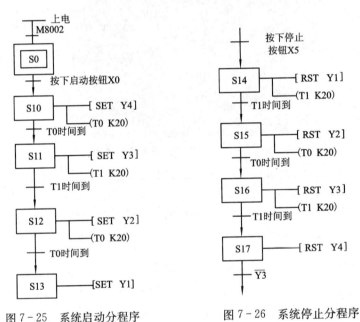

图 7-25 系统启动分程序　　　图 7-26 系统停止分程序

当按下停止按钮 X5 后,复位 Y1,同时 T1 线圈得电,2s 后复位 Y2,再过 2s 后复位 Y3,再过 2s 后复位 Y4,实现系统的顺序停止。

(3) 电路故障分程序

① M1 故障分程序如图 7-27 所示。经过分析可知,系统中,M1 故障时,电动机的停止过程和正常停止的工作过程一致,所以可以采用并联输入,即选择分支模式,共用一个停止电路。

② M2 故障分程序如图 7-28 所示。当传送带 2 故障时,按下按钮 X2,Y1、Y2 立即复位,同时 T2 得电,延时 2s 后,Y3 复位,再过 2s,Y4 复位。系统停止。

③ M3 故障分程序如图 7-29 所示。当传送带 3 故障时,按下按钮 X3,Y1、Y2、Y3 立即复位,同时 T3 得电,延时 2s 后,Y4 复位,系统停止。

④ M4 故障分程序如图 7-30 所示。当带 4 故障时,按下按钮 X4,Y1、Y2、Y3、Y4 立即复位,系统停止。

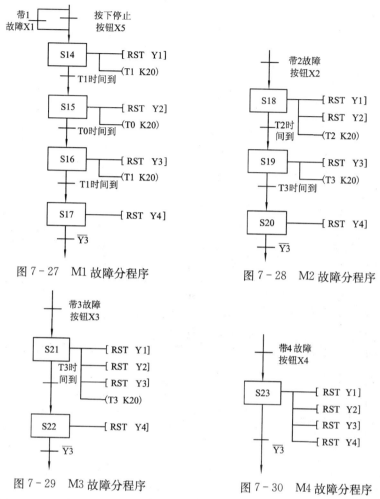

图 7-27  M1 故障分程序

图 7-28  M2 故障分程序

图 7-29  M3 故障分程序

图 7-30  M4 故障分程序

结合上述分析、描述,给出完整的四节运输带的控制流程图如图 7-31 所示。

8. 程序说明

(1) 启动部分

当 PLC 通电后,M8002 接通一个扫描周期,按下 X0,置位 Y4,同时 T0 线圈得电,开始计时,2s 后置位 Y3,再过 2s 后置位 Y2,再过 2s 后置位 Y1,系统完成逆序启动过程。

(2) 停止部分

当按下停止按钮 X5 后,复位 Y1,同时 T1 线圈得电,2s 后复位 Y2,再过 2s 后复位 Y3,再过 2s 后复位 Y4,实现系统的顺序停止。

(3) 故障部分

当 M1 故障时,电动机的停止过程和正常停止的工作过程一致,所以可以采用并联输入,即选择分支模式,共用一个停止电路。

当传送带 2 故障时,按下按钮 X2,Y1、Y2 立即复位,同时 T2 得电,延时 2s 后,Y3 复位,再过 2s,Y4 复位。系统停止。

当传送带 3 故障时,按下按钮 X3,Y1、Y2、Y3 立即复位,同时 T3 得电,延时 2s 后,Y4 复位,系统停止。

当传送带 4 故障时,按下按钮 X4,Y1、Y2、Y3、Y4 立即复位,系统停止。

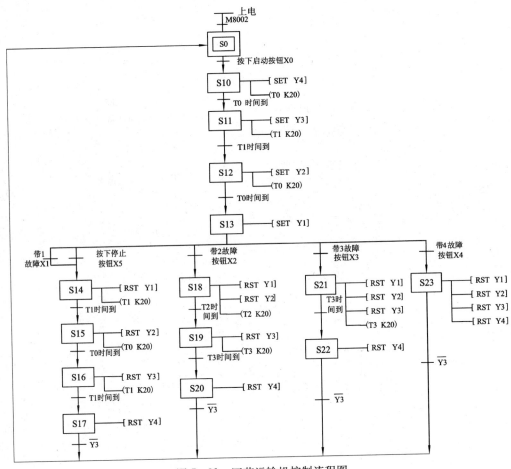

图 7 - 31　四节运输机控制流程图

🔥 **任务评价**

| 任务 | | | 四节传送带控制 PLC 控制 | | | | |
|---|---|---|---|---|---|---|---|
| 班级 | | | 学号 | | | 姓名 | |
| 序号 | 评价内容 | 配分 | 评 价 标 准 | 评价结果 | | | 综合得分 |
| | | | | 自评 | 小组评 | 教师评 | |
| 1 | 程序设计 | 30 | 根据任务写出 I/O 分配表，画出 PLC 接线图及梯形图，并将梯形图转换为指令语句表 | | | | |
| 2 | 元件安装 | 20 | 布线平整，接线正确，安装时不损伤导线或电器元件 | | | | |
| 3 | 程序输入 | 10 | 将所编程序用编程软件输入到 PLC 中 | | | | |
| 4 | 程序调试 | 20 | 按照被控设备的动作要求进行调试，达到设计要求 | | | | |
| 5 | 同组协作 | 20 | 互相帮助，共同学习 | | | | |
| 6 | 安全文明生产 | 只扣分不加分 | 工具摆放整齐，不发生伤人事故 | | | | |

# 任务4　机械手的自动控制

**任务目标**

1. 通过对工程实例的模拟,熟练掌握 PLC 的编程和调试方法;
2. 掌握系统设计中常用的指令和基本单元电路;
3. 熟悉机械手的自动控制的编程方法。

**任务描述**

随着经济的发展,在各行各业的生产及运输过程中,自动运输带及机械手的使用已经相当普及了,如码头集装箱的装卸、物流系统、现代工厂生产等。也正是因为这些现代化设备的使用,大大地节省了人力、物力资源,极大地提高了生产效率。本项目主要讨论如何使用 PLC 控制把工件从生产线的一边搬运到另一边。文中主要讲述机械手的工作原理、PLC 的控制过程、程序的设计、调试等内容。

如图 7-32 所示为一台机械手的动作示意图。该机械手可以上下左右动作,机械手的左移、右移、上升、下降都是由双线圈双位电磁阀驱动气缸来完成的。一旦某个方向的电磁阀得电,机械手就一直保持当前状态,直到下一个电磁阀得电后,才终止机械手的动作。机械手的夹紧和放松动作由一个单线圈双位电磁阀驱动气缸来实现,要求线圈通电时夹紧工件,线圈断电时松开工件。对机械手的上、下、左、右、前、后分别用六个限位开关进行限位控制,夹紧、松开由时间控制。

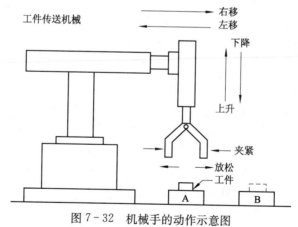

图 7-32　机械手的动作示意图

**任务过程**

1. 控制要求

（1）初始状态

机械手停在初始位置,其上限位开关和左限位开关闭合。

（2）启动状态

① 机械手由初始位置开始向下运动,直到下限位开关闭合为止。

② 机械手夹紧工件,时间为1s。

③ 夹紧工件后向上运动,直到上限位开关闭合为止。

④ 再向右运动,直到右限位开关闭合为止。

⑤ 再向下运动,直到下限位开关闭合为止。

⑥ 机械手将工件放在工作台上,其放松时间为 1s。

⑦ 再向上运动,直到上限位开关闭合为止。

⑧ 再向左运动,直到左限位开关闭合,一个工作周期结束。

⑨ 机械手返回初始状态。

(3) 停止状态

按下停止开关后,机械手要将一个工作周期的动作完成后,才能返回到初始位置。

2. 分析控制要求

分析以上控制要求,将机械手控制要实现的功能罗列如下:

① 运动过程示意图如图 7 - 33 所示。

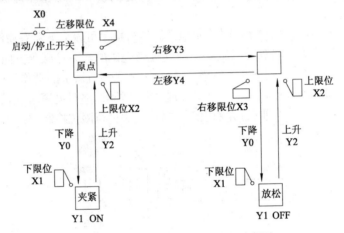

图 7 - 33  机械手控制运动过程示意图

② 工作过程如图 7 - 34 所示,共有八个动作。

③ 程序的设计可以用控制顺序性强的步进指令设计,也可采用灵活简单的移位指令设计。

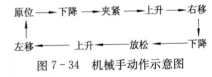

图 7 - 34  机械手动作示意图

3. 确认输入设备

根据机械手的控制特点,输入信号应该包括以下两个部分。

(1) 位置信号

位置信号由安装于机械手上的 4 个限位开关 SQ1、SQ2、SQ3、SQ4 产生,对应的主机输入点为 X1、X2、X3、X4。

(2) 启动/停止开关

启动/停止复合开发出系统启动/停止信号,对应的主机输入点为 X0。

综上所述,三层电梯模拟控制系统中共需 5 个输入点。

4. 确定输出设备

(1) 机械手运动部分

机械手的运动包括左行、右行、上行、下行总共 4 个方向的运动,对应的电磁阀为 YV1、

YV3、YV4、YV5,故分别需要 Y0、Y2、Y3、Y4 共计 4 个输出点。

（2）电磁阀夹紧/放松部分

机械手中的夹紧和放松动作由一个电磁阀 YV2 控制,故只需 1 个输出点。

综上所述,共需要输出点 5 个。

5.I/O 分配表

I/O 分配表如表 7-4 所示。

表 7-4　PLC 控制机械手的 I/O 分配表

| 输 入 信 号 | | | 输 出 信 号 | | |
|---|---|---|---|---|---|
| 元件代号 | 作用 | 输入继电器 | 元件代号 | 作用 | 输出继电器 |
| SA | 启动/停止开关 | X0 | YV1 | 机械手下降 | Y0 |
| SQ1 | 下限位开关 | X1 | YV2 | 机械手夹紧/放松 | Y1 |
| SQ2 | 上限位开关 | X2 | YV3 | 机械手上升 | Y2 |
| SQ3 | 右限位开关 | X3 | YV4 | 机械手右行 | Y3 |
| SQ4 | 左限位开关 | X4 | YV5 | 机械手左行 | Y4 |

6.PLC 接线图

（1）I/O 接线图

I/O 接线图如图 7-35 所示。

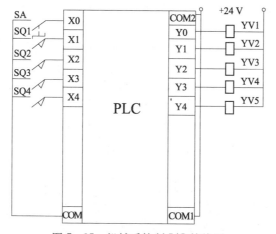

图 7-35　机械手控制 I/O 接线图

**温馨提示：**

　　电磁阀安装时应注意"正"、"负"极。安装时应将所有电磁阀正极（或负极）并接后经检查无误,接入电源正极（或负极）。

（2）实验面板图

如图 7-36 所示为机械手的实验面板图,实验时应注意:

① 汇点式输入输出接线。主机模块的 COM 接主机模块输入端的 COM 和输出端的 COM1、COM2、COM3、COM4、COM5;主机模块的 24＋、COM 分别接在实训单元的 V＋、COM。

② I/O 接线。对照接线图和面板图,接线时应注意各个端口的接线正确。

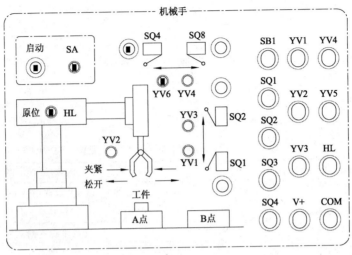

图 7-36　实验面板图

## 7. 程序设计

程序设计如图 7-37 所示。

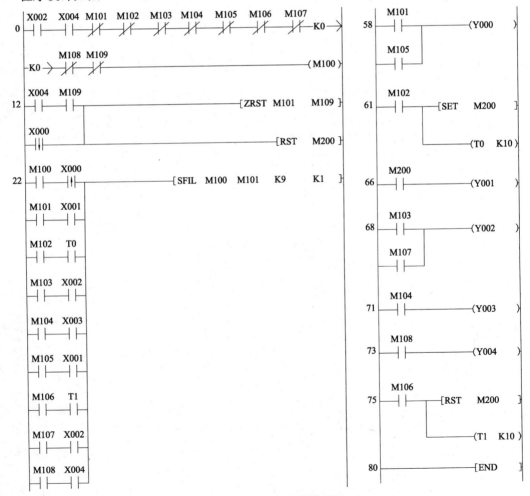

图 7-37　机械手控制梯形图

8. 程序说明

当机械手处于原位时,上升限位开关 X002、左限位开关 X004 均处于接通("1"状态),移位寄存器数据输入端接通,使 M100 置"1",Y005 线圈接通,原位指示灯亮。

按下启动开关,X000 置"1",产生移位信号,M100 的"1"态移至 M101,下降阀输出继电器 Y000 接通,执行下降动作,由于上升限位开关 X002 断开,M100 置"0",原位指示灯灭。

当下降到位时,下限位开关 X001 接通,产生移位信号,M100 的"0"态移位到 M101,下降阀 Y000 断开,机械手停止下降,M101 的"1"态移到 M102,M200 线圈接通,M200 动合触点闭合,夹紧电磁阀 Y001 接通,执行夹紧动作,同时启动定时器 T0,延时 1.7s。机械手夹紧工件后,T0 动合触点接通,产生移位信号,使 M103 置"1","0"态移位至 M102,上升电磁阀 Y002 接通,X001 断开,执行上升动作。由于使用 S 指令,M200 线圈具有自保持功能,Y001 保持接通,机械手继续夹紧工件。

当上升到位时,上限位开关 X002 接通,产生移位信号,"0"态移位至 M103,Y002 线圈断开,不再上升,同时移位信号使 M104 置"1",X004 断开,右移阀继电器 Y003 接通,执行右移动作。

待移至右限位开关动作位置,X003 动合触点接通,产生移位信号,使 M103 的"0"态移位到 M104,Y003 线圈断开,停止右移,同时 M104 的"1"态已移到 M105,Y000 线圈再次接通,执行下降动作。

当下降到使 X001 动合触点接通位置,产生移位信号,"0"态移至 M105,"1"态移至 M106,Y000 线圈断开,停止下降,R 指令使 M200 复位,Y001 线圈断开,机械手松开工件。同时 T1 启动延时 1.5s,T1 动合触点接通,产生移位信号,使 M106 变为"0"态,M107 为"1"态,Y002 线圈再度接通,X001 断开,机械手又上升,行至上限位置,X002 触点接通,M107 变为"0"态,M110 为"1"态,Y002 线圈断开,停止上升,Y004 线圈接通,X003 断开,左移。

到达左限位开关位置,X004 触点接通,M110 变为"0"态,M111 为"1"态,移位寄存器全部复位,Y004 线圈断开,机械手回到原位,由于 X002、X004 均接通,M100 又被置"1",完成一个工作周期。

再次按下启动按钮,将重复上述动作。

🔥 **任务评价**

| 任务 | | | 机械手的自动控制 | | | | |
|------|----------|------|------------------|------|--------|--------|------|
| 班级 | | | 学号 | | | 姓名 | |
| 序号 | 评价内容 | 配分 | 评 价 标 准 | 评价结果 | | | 综合得分 |
| | | | | 自评 | 小组评 | 教师评 | |
| 1 | 程序设计 | 30 | 根据任务写出 I/O 分配表,画出 PLC 接线图及梯形图,并将梯形图转换为指令语句表 | | | | |
| 2 | 元件安装 | 20 | 布线平整,接线正确,安装时不损伤导线或电器元件 | | | | |
| 3 | 程序输入 | 10 | 将所编程序用编程软件输入到 PLC 中 | | | | |
| 4 | 程序调试 | 20 | 按照被控设备的动作要求进行调试,达到设计要求 | | | | |
| 5 | 同组协作 | 20 | 互相帮助,共同学习 | | | | |
| 6 | 安全文明生产 | 只扣分不加分 | 工具摆放整齐,不发生伤人事故 | | | | |

# 附录　三菱 PLC 功能指令表

| 分类 | FNC No. | 助记符 | 指　令　功　能 | D 指令 | P 指令 |
|---|---|---|---|---|---|
| 程序流程 | 00 | CJ | 有条件跳转 | — | ○ |
| | 01 | CALL | 子程序调用 | — | ○ |
| | 02 | SRET | 子程序返回 | — | — |
| | 03 | IRET | 中断返回 | — | — |
| | 04 | EI | 开中断 | — | — |
| | 05 | DI | 关中断 | — | — |
| | 06 | FEND | 主程序结束 | — | — |
| | 07 | WDT | 监视定时器刷新 | — | ○ |
| | 08 | FOR | 循环区起点 | — | — |
| | 09 | NEXT | 循环区终点 | — | — |
| 传送比较 | 10 | CMP | 比较 | ○ | ○ |
| | 11 | ZCP | 区间比较 | ○ | ○ |
| | 12 | MOV | 传送 | ○ | ○ |
| | 13 | SMOV | 移位传送 | — | ○ |
| | 14 | CML | 反向传送 | ○ | ○ |
| | 15 | BMOV | 块传送 | — | ○ |
| | 16 | FMOV | 多点传送 | ○ | ○ |
| | 17 | XCH | 交换 | ○ | ○ |
| | 18 | BCD | BCD 转换 | ○ | ○ |
| | 19 | BIN | BIN 转换 | ○ | ○ |
| 四则逻辑运算 | 20 | ADD | BIN 加 | ○ | ○ |
| | 21 | SUB | BIN 减 | ○ | ○ |
| | 22 | MUL | BIN 乘 | ○ | ○ |
| | 23 | DIV | BIN 除 | ○ | ○ |
| | 24 | INC | BIN 增 1 | ○ | ○ |
| | 25 | DEC | BIN 减 1 | ○ | ○ |
| | 26 | WAND | 逻辑字"与" | ○ | ○ |
| | 27 | WOR | 逻辑字"或" | ○ | ○ |
| | 28 | WXOR | 逻辑字异或 | ○ | ○ |
| | 29 | NEG | 求补码 | ○ | ○ |

续表

| 分类 | FNC No. | 助记符 | 指 令 功 能 | D 指令 | P 指令 |
|---|---|---|---|---|---|
| 移位指令 | 30 | ROR | 循环右移 | ○ | ○ |
| | 31 | ROL | 循环左移 | ○ | ○ |
| | 32 | RCR | 带进位右移 | ○ | ○ |
| | 33 | RCL | 带进位左移 | ○ | ○ |
| | 34 | SFTR | 位右移 | — | ○ |
| | 35 | SFTL | 位左移 | — | ○ |
| | 36 | WSFR | 字右移 | — | ○ |
| | 37 | WSFL | 字左移 | — | ○ |
| | 38 | SFWR | 移位写入 | — | ○ |
| | 39 | SFRD | 移位读出 | — | ○ |
| 数据处理 | 40 | ZRST | 区间复位 | — | ○ |
| | 41 | DECO | 解码 | — | ○ |
| | 42 | ENCO | 编码 | — | ○ |
| | 43 | SUM | ON 位总数 | ○ | ○ |
| | 44 | BON | ON 位判别 | ○ | ○ |
| | 45 | MEAN | 平均值 | ○ | ○ |
| | 46 | ANS | 报警器置位 | — | — |
| | 47 | ANR | 报警器复位 | — | ○ |
| | 48 | SQR | 二进制平方 | ○ | ○ |
| | 49 | FLT | 二进制整数→二进制浮点数转换 | ○ | ○ |
| 高速处理 | 50 | REF | 输入输出刷新 | — | ○ |
| | 51 | REFE | 滤波调整 | — | ○ |
| | 52 | MTR | 矩阵输入 | — | — |
| | 53 | HSCS | 比较置位(高速计数器) | ○ | |
| | 54 | HSCR | 比较复位(高速计数器) | ○ | |
| | 55 | HSZ | 区间比较(高速计数器) | ○ | |
| | 56 | SPD | 速度检测 | — | |
| | 57 | PLSY | 脉冲输出 | ○ | |
| | 58 | PWM | 脉冲幅宽调制 | — | |
| | 59 | PLSR | 带加减速的脉冲输出 | ○ | |
| 方便指令 | 60 | IST | 状态初始化 | — | — |
| | 61 | SER | 数据搜索 | ○ | ○ |
| | 62 | ABSD | 绝对值式凸轮控制 | ○ | |
| | 63 | INCD | 增量式凸轮控制 | — | — |
| | 64 | TTMR | 示教定时器 | — | — |
| | 65 | STMR | 特殊定时器 | — | — |
| | 66 | ALT | 交替输出 | | ○ |
| | 67 | RAMP | 斜坡信号 | — | — |
| | 68 | ROTC | 旋转工作台控制 | — | — |
| | 69 | SORT | 列表数据排序 | — | — |

| 分类 | FNC No. | 助记符 | 指 令 功 能 | D指令 | P指令 |
|---|---|---|---|---|---|
| 外部设备（O/I） | 70 | TKY | 0～9 数字键输入 | ○ | — |
| | 71 | HKY | 16 键输入 | ○ | — |
| | 72 | DSW | 数字开关 | — | — |
| | 73 | SEGD | 7 段编码 | — | ○ |
| | 74 | SEGL | 带锁存的 7 段显示 | — | — |
| | 75 | ARWS | 方向开关 | — | — |
| | 76 | ASC | ASCⅡ码转换 | — | — |
| | 77 | PR | ASCⅡ码打印输出 | — | — |
| | 78 | FROM | 特殊功能模块读出 | ○ | ○ |
| | 79 | TO | 特殊功能模块写入 | ○ | ○ |
| 外部设备（SER） | 80 | RS | 串行数据传送 | — | — |
| | 81 | PRUN | 并联运行 | ○ | ○ |
| | 82 | ASCI | HEX→ASCⅡ 转换 | — | ○ |
| | 83 | HEX | ASCⅡ→HEX 转换 | — | ○ |
| | 84 | CCD | 校正代码 | — | ○ |
| | 85 | VRRD | 电位器变量输入 | — | ○ |
| | 86 | VRSC | 电位器变量区间 | — | ○ |
| | 87 | — | — | | |
| | 88 | PID | PID 运算 | ○ | ○ |
| | 89 | — | — | | |
| 浮点运算 | 110 | ECMP | 二进制浮点数比较 | ○ | ○ |
| | 111 | EZCP | 二进制浮点数区域比较 | ○ | ○ |
| | 118 | EBCD | 二进制浮点数→十进制浮点数转换 | ○ | ○ |
| | 119 | EBIN | 十进制浮点数→二进制浮点数转换 | ○ | ○ |
| | 120 | EADD | 二进制浮点数加法 | ○ | ○ |
| | 121 | ESUB | 二进制浮点数减法 | ○ | ○ |
| | 122 | EMUL | 二进制浮点数乘法 | ○ | ○ |
| | 123 | EDIV | 二进制浮点数除法 | ○ | ○ |
| | 127 | ESOR | 二进制浮点数开平方 | ○ | ○ |
| | 129 | INT | 二进制浮点数→BIN 整数转换 | ○ | ○ |
| | 130 | SIN | 浮点数 SIN 运算 | ○ | ○ |
| | 131 | COS | 浮点数 COS 运算 | ○ | ○ |
| | 132 | TAN | 浮点数 TAN 运算 | ○ | ○ |
| 定位 | 147 | SWAP | 上下字节交换 | ○ | ○ |

注：D指令—列有"○"表示该指令可以处理 32 位数据。
P指令—列有"○"表示该指令可以采用脉冲执行方式。

# 参考文献

[1] 张桂香. 电气控制与 PLC 应用[M]. 北京:化学工业出版社,2003.

[2] 徐辉,张艳. PLC 编程与应用[M]. 南京:江苏教育出版社,2011.

[3] 李长久. PLC 原理及应用[M]. 北京:机械工业出版社,2006.

[4] 范永胜,王岷. 电气控制与 PLC 应用[M]. 北京:中国电力出版社,2004.

[5] 苏家建. 可编程序控制器应用实训(三菱机型)[M]. 北京:电子工业出版社,2009.

[6] 姜治臻. PLC 项目实训—FX2N 系列[M]. 北京:高等教育出版社,2009.

[7] 高勤. 电器及 PLC 控制技术[M]. 2 版. 北京:高等教育出版社,2008.

[8] 郭琼. PLC 应用技术[M]. 北京:机械工业出版社,2009.

[9] 廖常初. PLC 基础及应用[M]. 2 版. 北京:机械工业出版社,2013.